安全生产事故调查与案例分析

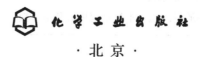

第二版

吕淑然　车广杰　编著

U0228943

化学工业出版社
·北京·

内容简介

本书以安全生产事故调查、处理以及预案编制、事故预防、控制和典型事故案例分析为主要内容，为工矿企业进行安全生产培训提供案例丰富、通俗易懂的普及性读物。使从业人员知道为什么会发生事故，如何预防事故的发生，事故发生后应如何开展事故调查。

全书参照现行的安全生产法律、法规以及安全事故界定标准，并按照这一界定标准对事故进行分类分析和说明，涉及高危行业以及机械、电力、冶金、建材等行业近年来发生的典型事故案例，引导读者对照自己的工作岗位，查找事故隐患、整改事故隐患，提高安全意识。

本书适合各级政府安全生产监督管理人员、工矿企业干部/职工从事安全生产管理、安全生产司法实践和安全生产教育培训之用，也可供安全工程教学、注册安全工程师考试参考。

图书在版编目（CIP）数据

安全生产事故调查与案例分析/吕淑然，车广杰编著.
—2版.—北京：化学工业出版社，2020.2（2025.1重印）
ISBN 978-7-122-35625-3

Ⅰ.①安… Ⅱ.①吕… ②车… Ⅲ.①工伤事故-事故分析 ②工伤事故-案例 Ⅳ.①X928

中国版本图书馆CIP数据核字（2019）第252471号

责任编辑：刘丽宏　　文字编辑：谢蓉蓉
责任校对：李雨晴　　装帧设计：王晓宇

出版发行：化学工业出版社（北京市东城区青年湖南街13号　邮政编码100011）
印　　装：北京盛通数码印刷有限公司
710mm×1000mm　1/16　印张 21½　字数 397 千字　2025年1月北京第2版第16次印刷

购书咨询：010-64518888　　售后服务：010-64518899
网　　址：http://www.cip.com.cn
凡购买本书，如有缺损质量问题，本社销售中心负责调换。

定　　价：78.00元

前言

当前，我国正处于高速发展时期，生产节奏快，开工项目多，人口密集度高，安全隐患较多，特别是煤矿、金属/非金属矿山、交通运输、建筑等领域伤亡事故多发的状况尚未根本扭转，安全生产形势仍然十分严峻。因此，按照相关政策规定，生产经营单位必须对所有从业人员进行必要的安全生产技术培训，其主要负责人及有关经营管理人员、重要工种从业人员必须按照有关法律、法规的规定，接受规范的安全生产培训，经考试合格，持证上岗。安全培训工作的重点在基层、在企业，只有把企业的广大员工培训好，提高他们的安全意识和安全技能，才能从根本上提高企业整体安全生产水平。《中华人民共和国安全生产法》规定："生产经营单位应当对从业人员进行安全生产教育和培训，保证从业人员具备必要的安全生产知识，熟悉有关的安全生产规章制度和安全操作规程，掌握本岗位的安全操作技能，了解事故应急处理措施，知悉自身在安全生产方面的权利和义务。未经安全生产教育培训和培训不合格的从业人员，不得上岗作业"。

为了搞好生产企业的安全培训工作，使企业有适合企业职工自我培训、自我教育的教材资料，提高企业安全培训的质量，提高从业者事故预防、事故处置的能力，切实提高从业人员的自觉安全意识和能力，有效保障从业人员的生命财产安全减少一般事故，杜绝重特大事故的发生，我们组织编写了此书。

本书以安全生产管理理论、事故调查处理、应急预案编制与应急管理和典型事故案例及相关法律法规的梳理为主要内容，为广大安全生产监督管理人员、工矿企业干部/职工进行安全生产培训和安全生产管理与事故调查工作提供全面的指导。全书系统介绍了生产中为什么会发生事故、如何预防事故发生、如何编制事故应急预案，以及事故发生后应如何开展事故调查等，介绍的案例涉及高危行业以及机械、电力、冶金、建材等行业。同时，书中全面总结了我国现行法律法规对安全生产事故的相关规定（如参照了 2021 年修订的《中华人民共和国安全生产法》），相应的配套课件可以扫描下方二维码下载。

本书适合各级政府安全生产监督管理人员、工矿企业干部/职工从事安全生产管理、安全生产司法实践和安全生产教育培训之用，也可供安全工程教学、注册安全工程师考试参考。

由于水平所限，书中不足之处在所难免，恳请广大读者批评指正。

编著者

课件

目录

第6章 相关法律法规 225

第1章

绪 论

1.1 基本概念

1.1.1 事故的基本概念

事故是发生在人们的生产、生活活动中的意外事件。在事故的种种定义中，伯克霍夫（Berckhoff）的定义较著名。

伯克霍夫认为，事故是人（个人或集体）在为实现某种意图而进行的活动过程中，突然发生的、违反人的意志的、迫使活动暂时或永久停止的事件。事故包含三层含义。

① 事故是一种发生在人类生产、生活活动中的特殊事件，人类的任何生产、生活活动过程中都可能发生事故。

② 事故是一种突然发生的、出乎人们意料的意外事件。由于导致事故发生的原因非常复杂，往往包括许多偶然因素，因而事故的发生具有随机性质。在一起事故发生之前，人们无法准确地预测什么时候、什么地方、发生什么样的事故。

③ 事故是一种迫使进行着的生产、生活活动暂时或永久停止的事件。事故中断、终止人们正常活动的进行，必然给人们的生产、生活带来某种形式的影响。因此，事故是一种违背人们意志的事件，是人们不希望发生的事件。

事故这种意外事件除了影响人们的生产、生活活动顺利进行之外，往往还可能造成人员伤害、财物损坏或环境污染等其他形式的严重后果。在这个意义上说，事故是在人们生产、生活活动过程中突然发生的、违反人意志的、迫使活动暂时或永久停止，可能造成人员伤害、财产损失或环境污染的意外事件。

事故和事故后果（Consequence）是互为因果的两件事情：由于事故的发生产生了某种事故后果。但是在日常生产、生活中，人们往往把事故和事故后果看作一件事件，这是不正确的。之所以产生这种认识，是因为事故的后果，特别是引起严重伤害或损失的事故后果，给人的印象非常深刻；相反地，当事故带来的后果非常轻微，没有引起人们注意的时候，人们也就忽略了事故。

事故是一系列的事件和行为所导致的不希望出现的后果（伤亡、财产损失、工作延误、干扰）的最终产物，而后果包括了事故本身和其产生的后果。事件是其中的过程或者行动，一个事件不一定有一个明确的开头和结尾（例如，载油车翻倒在公路上，油流出来，溅满道路，并流入下水道。这时，不好区分事件的开头和结束)。

伤亡，是系统失效的后果，但不是唯一可能的后果。人们做过统计，在工业部门中，每发生数百起事件，才有一件造成伤亡或损失，但每一件都有伤亡及损失的可能性。这就是为什么要把所有的事件作为分析事故原因的信息源。单纯地依赖于伤亡报告，仅能观察到那些导致严重伤亡后果的少数事件。

安全生产事故是指在生产经营领域中发生的意外的突发事件，通常会造成人员伤亡或财产损失，使正常的生产、生活活动中断，又叫安全事故。

因此，人们应从防止事故发生和控制事故的严重后果两方面来预防事故。

1.1.2 事故的特性

(1) 因果性

事故的因果性是说一切事故的发生都是有其原因的，这些原因就是潜伏的危险因素。这些危险因素有来自人的不安全行为和管理缺陷，也有物和环境的不安全状态。这些危险因素在一定的时间和空间内相互作用就会导致系统的隐患、偏差、故障、失效，以至发生事故。

因果关系表现为继承性，即第一阶段的结果可能是第二阶段的原因，第二阶段的结果又可能是引起第三阶段的原因，见图 1-1。

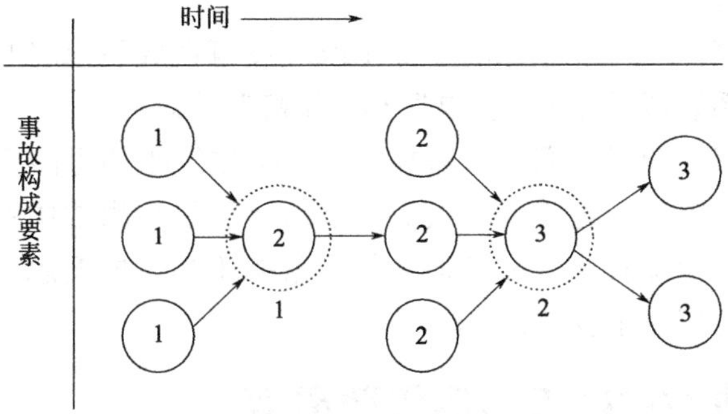

图 1-1 事故的因果关系

因果性说明事故的原因是多层次的。有的原因与事故有直接联系，有的则有间接联系，绝不是某一个原因就可能造成事故，而是诸多不利因素相互作用促成事故。因此，不能把事故原因归结为一时或一事，而应在识别危险时对所有的潜在因素（包括直接的、间接的和更深层次的因素）都进行分析。只有充分认识了所有这些潜在因素的发展规律，分清主次地对其加以控制和消除，才能有效地预防事故。

事故的因果性还表现在事故从其酝酿到发生发展具有一个演化的过程。事故发生之前总会出现一些可以被人类认识的征兆，人类正是通过识别这些事故征兆来辨识事故的发展进程，控制事故，化险为夷的。事故的征兆是事故爆发的量的积累，表现为系统的隐患、偏差、故障、失效等，这些量的积累是系统突发事故和事故后果的原因。认识事故发展过程的因果性既有利于预防事故，也有利于控制事故后果。

（2）随机性

事故的随机性是说事故的发生是偶然的。同样的前因事件随时间的进程导致的后果不一定完全相同。但是在偶然的事故中孕育着必然性，必然性通过偶然事件表现出来。

事故的随机性说明事故的发生服从于统计规律，可用数理统计的方法对事故进行分析，从中找出事故发生、发展的规律，认识事故，为预防事故提供依据。

事故的随机性还说明事故具有必然性。从理论上说，若生产中存在着危险因素，只要时间足够长，样本足够多，作为随机事件的事故迟早必然会发生，事故总是难以避免的。但是安全工作者对此不是无能为力，而是可以通过客观的和科学的分析，从随机发生的事故中发现其规律，通过不懈的和能动性的努力，使系统的安全状态不断改善，使事故发生的概率不断降低，使事故后果严重度不断减弱。

（3）潜伏性

事故的潜伏性是说事故在尚未发生或还没有造成后果之时，各种事故征兆是被掩盖的。系统似乎处于“正常”和“平静”状态。

事故的潜伏性使得人们认识事故、弄清事故发生的可能性及预防事故成为一项非常困难的事情。这就要求人们百倍珍惜已发生事故中的经验教训，不断地探索和总结，消除盲目性和麻痹思想，常备不懈，居安思危，明察秋毫，在任何情况下都要把安全放在第一位。

1.1.3 事故发生概率与后果严重度

人们是通过评价事故发生概率的大小和事故一旦发生其后果的严重程度两个方面来评价事故的危险性的。

事故发生的概率是时间长度或样本个数趋近无限大的情况下，系统发生事故次数与系统正常工作次数的比值。即

$$P=\lim_{t\to\infty}\frac{N_{\mathrm{d}}}{N} \tag{1-1}$$

或

$$P=\lim_{n\to\infty}\frac{N_{\mathrm{d}}}{N} \tag{1-2}$$

式中 P——事故发生的概率；

N_d——系统发生事故的次数；

N——系统正常工作的次数；

t——系统工作时间；

n——同类系统样本数量。

式(1-1) 可称为事故的时间概率，式(1-2) 可称为事故的样本概率。由于在实践中，时间或样本都不可能无限大，人们通常近似地将事故发生的频率指标作为事故发生的概率值。

事故后果严重度是事故发生后其后果带来的损失大小的度量。事故后果带来的损失包括人员生命健康方面的损失、财产损失、生产损失或环境方面的损失等可见损失，以及受伤害者本人、亲友、同事等遭受的心理冲击和事故造成的不良社会影响等无形的损失。由于无形的损失主要取决于可见损失，因此事故后果严重度也可以用可见损失的大小来相对比较。通常，以伤害的严重程度来描述人员生命健康方面的损失；以损失价值的金额数来表示事故造成的财物损失或生产损失。

美国的海因里希（W. H. Heinrich）早在 20 世纪 30 年代就研究了事故发生频率与事故后果严重度之间的关系。海因里希在美国统计了 55 万件机械事故，其中死亡、重伤事故 1666 件，轻伤 48334 件，其余则为无伤害事故。从而得出了结论，即在机械事故中，死亡、重伤、轻伤和无伤害事故的比例为 1∶29∶300（见图 1-2），国际上把这一法则叫事故法则。这个法则说明，在机械生产过程中，每发生 330 起意外事件，有 300 件未产生人员伤害，29 件造成人员轻伤，1 件导致重伤或死亡。

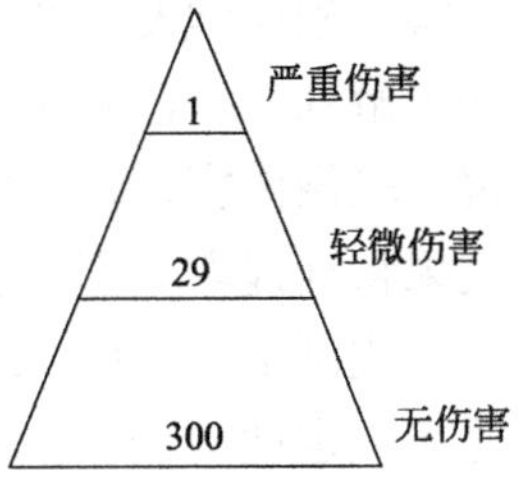

图 1-2　事故后果比例图

该法则提醒人们，某人在遭受严重伤害之前，可能已经经历了数百次没有带来严重伤害的事故。在无伤害或轻微伤害的背后，隐藏着与造成严重伤害相同的原因因素。

比例 1∶29∶300 表明，事故发生后其后果的严重程度具有随机性质，或者说其后果的严重度取决于机会因素。因此，一旦发生事故，控制事故后果的严重程度是一件非常困难的工作。为了防止严重伤害的发生，应该全力以赴地防止事故的发生。

值得注意的是，海因里希的 1∶29∶300 法则，数据样本来自于 70 年前（美国）的机械生产事故。其在当时，该事故模型是有其先进性的，但在当今大型化集约化、自动化和信息化生产的今天，海因里希法则则存在着极大的局限性，对事故的防范与处理已经不再适应，而事故类型比例，更是早已大相径庭。大量群死群伤特大事故表明，恰恰是在生产中只因员工的一次违章操作、一次微不足道的违章作业就导致重大、特大事故的发生，如常见的违章动火作业引发重特大火灾、有限空间盲目施救引发重特大事故等就是这种情况，不再遵循海因里希的 1：29：300 法则。

此外，还应注意到，海因里希法则的局限性还表现在事故的主要致因因素是人的失误、人的违章作业，而未考虑到生产中设备设施、生产环境以及生产组织管理等对安全生产事故的重要影响。安全生产事故的发生固然与人的失误、人的违章作业有关，但与生产中设备设施、生产环境以及生产组织管理也密切相关，也就是说安全生产事故的发生与生产技术水平、机械化、自动化和信息化密切相关。如自动化、信息化生产技术，通过闭锁、联锁和自动化安全确认，监控安全生产流程来现实消除或减少来自人的失误对安全生产的影响，最大限度地减少事故发生。这种应用自动化、信息化技术的生产系统若发生安全生产事故，可能造成的人员伤害较轻，但经济损失却十分巨大。

继海因里希之后，许多人围绕这个问题进行了大量的研究工作。博德（F. E. Bird）于 1969 年调查了北美保险公司承保的 21 个行业共拥有 175 万职工的 297 家企业的 1753498 起事故，通过对调查结果的统计发现，对于每一起严重伤害，相应地发生 9.8 起轻微伤害，30.2 起财产损失事故。他还通过与工人谈话了解到许多没有造成人员伤害和财产损失的事故。最后，博德得到的严重伤害、轻微伤害、财产损失和无伤害事故的比例为 1∶10∶30∶600。博德的研究成果特别提醒人们不要忽略由于事故造成的财产损失。

比例 1∶29∶300 是根据同一企业发生同种事故的后果统计得到的结论，以此可以定性地表示事故发生频率与事故后果严重度之间的一般关系。不同的事故类型，这种比例关系也可能不同。表 1-1 为美国对不同事故发生频率与后果严重度的统计结果。

表 1-1　美国统计的不同事故发生频率与后果严重度的关系

事故类型	暂时失能伤害/%	永久部分失能伤害/%	永久全部失能伤害/%
运输	24.3	20.9	5.6
坠落	18.1	16.2	15.9
物体打击	10.4	8.4	18.1
机械	11.9	25.0	9.1
车辆	8.5	8.4	23.0
手工工具	8.1	7.8	1.1
电气	3.5	2.5	13.4
其他	15.2	10.8	13.8

值得注意的是，对于某种特定的事故来说，防止轻伤事故则可以防止严重

伤害事故，减少事故发生频率可以减少严重伤害。但是如果笼统地说，减少事故发生频率即可避免严重伤害，则是不正确的。例如，据美国的资料，某州10年间事故总数减少了33%，而遭受严重伤害的人数却增加了。根据统计资料分析，只在少数情况下，减少事故发生频率可以相应地减少严重伤害。

在安全科学研究中，经常以事故后果严重度（死亡人数、经济损失金额）为横轴，以超过某种后果严重度的事故发生频率为纵轴。图1-3表示各类事故或灾害的发生频率与后果严重度之间的关系。对于许多种类的事故，其发生频率与后果严重度之间近似地有如下公式成立

$$PC^k = n \tag{1-3}$$

式中 P——后果严重度达到 C 度上的事故的发生频率；

C——事故后果的严重度；

k——常数；

n——常数。

常数 k 是反映某种事故发生频率与后果严重度之间关系的重要参数。它与事故种类有关，当 k 大时，事故造成严重后果的可能性小；当 k 小时，事故容易造成严重后果。

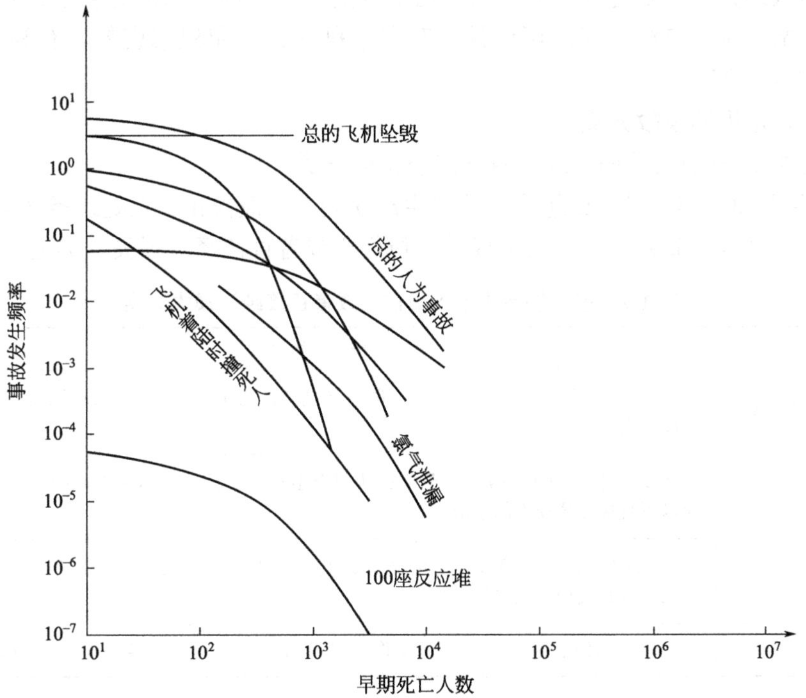

图1-3 各类事故或灾害的发生频率与后果严重度之间的关系

1.1.4 事故的分类

(1) 分类的一般方法

一种是人为的分类，它是依据事物的外部特征进行分类，为了方便，人们把各种商品分门别类，陈列在不同的柜台里，在不同的商店出售。这种分类方法，可以称之为外部分类法。另一种是根据事物的本质特征进行分类。无论是外部特征还是本质特征，都是事物的属性。当然，事物的属性是多方面的，分类的方法也是多样的，在不同的情况下，可以采用不同的分类方法。分类方法被应用于社会生活的各个领域。哪里有丰富多样的事物，哪里就需要进行分类。

(2) 安全生产事故分类

安全生产事故分类的一般方法有两种：

① 经验式的实用主义的上行分类方法，由基本事件归类到事件的方法；

② 演绎的逻辑下行分类方法，由事件按规则逻辑演绎到基本事件的方法。

对安全生产事故分类采用何种方法，要视表述和研究对象的情况而定，一般遵守以下原则：最大表征事故信息原则；类别互斥原则；有序化原则；表征清晰原则。

事故的分类主要是指企业职工伤亡事故的分类。伤亡事故分类总的原则是：适合国情，统一口径，提高可比性，有利于科学分析和积累资料，有利于安全生产的科学管理。

(3) 常见的事故分类

① 按造成的人员伤亡或者直接经济损失分类

根据 2007 年 6 月 1 日起施行的《生产安全事故报告和调查处理条例》，生产安全事故（以下简称事故）按造成的人员伤亡或者直接经济损失分类见表 1-2。

表 1-2 事故按造成的人员伤亡或者直接经济损失分类

类别	伤害程度
特别重大事故	30 人以上死亡，或者 100 人以上重伤（包括急性工业中毒，下同），或者 1 亿元以上直接经济损失的事故
重大事故	10 人以上 30 人以下死亡，或者 50 人以上 100 人以下重伤，或者 5000 万元以上 1 亿元以下直接经济损失的事故
较大事故	3 人以上 10 人以下死亡，或者 10 人以上 50 人以下重伤，或者 1000 万元以上 5000 万元以下直接经济损失的事故
一般事故	3 人以下死亡，或者 10 人以下重伤，或者 1000 万元以下直接经济损失的事故

② 按事故发生的行业分类

根据《生产安全事故统计报表制度》，按照事故发生的行业，可将事故分为

11类，即：煤矿事故、金属与非金属矿事故、工商企业（建筑业、危险化学品、烟花爆竹）事故、火灾事故、道路交通事故、水上交通事故、铁路运输事故、民航飞行事故、农业机械事故、渔业船舶事故、其他事故。

③ 按伤害程度分类（对伤害个体）

按照个体伤害程度对事故分类见表1-3。

表1-3 事故按个体伤害程度分类

事故分类	对个体的伤害程度
重大人身险肇事故	指险些造成重伤、死亡或多人伤亡的事故。下列情况包括在内： ① 非生产区域、非生产性质的险肇事故 ② 虽发生了生产或设备事故，但不至于引起人身伤亡的事故 ③ 一般违章行为
轻伤	职工受伤后歇工满一个工作日以上，但未达到重伤程度的伤害
重伤	凡有下列情况之一者均列为重伤： ① 经医生诊断为残废或可能为残废者 ② 伤势严重，需要进行较大手术才能挽救的 ③ 人体部位严重烧伤、烫伤、或虽非要害部位，但烧伤部位占全身面积1/3以上 ④ 严重骨折、严重脑震荡 ⑤ 眼部受伤较严重，有失明可能 ⑥ 手部伤害。大拇指轧断一节的；其他四指中任何一节轧断两节或任何两指各轧断一节的；局部肌肉受伤甚剧、引起功能障碍，有不能自由伸屈的残废可能 ⑦ 脚部伤害，脚趾轧断三节以上；局部肌肉受伤甚剧；引起机能障碍，有不能行走自如残废可能的 ⑧ 内脏伤害。指内出血或伤及腹膜等 ⑨ 不在上述范围的伤害，经医生诊断后，认为受伤较重，可参照上述各点，由企业提出初步意见，报当地安全生产监督管理机构审查确定
死亡	第六届国际劳工统计会议规定，造成死亡或永久性全部丧失劳动能力的每起事故相当于损失7500工作日，其条件是假定死亡或丧失劳动能力者的平均年龄为33岁，死或残后丧失了25年劳动时间，每年劳动300天，则损失的工作日数为300×25＝7500(工作日)

④ 按《企业职工伤亡事故分类标准》

按国标GB 6441—86《企业职工伤亡事故分类》，事故类别见表1-4。

表1-4 企业职工伤亡事故分类标准

序号	分类项目	序号	分类项目	序号	分类项目	序号	分类项目
01	物体打击	06	淹溺	11	冒顶片帮	16	锅炉爆炸
02	车辆伤害	07	灼烫	12	透水	17	容器爆炸
03	机械伤害	08	火灾	13	爆破	18	其他爆炸
04	起重伤害	09	高处坠落	14	火药爆炸	19	中毒和窒息
05	触电	10	坍塌	15	瓦斯爆炸	20	其他伤害

⑤ 按事故管理原因分类

根据事故致因原理，将事故原因分为三类：人为原因、物及技术原因、管理原因。人为原因的分类与物及技术原因的分类见 3.6.2 节，管理原因的分类见表 1-5。

表 1-5 事故按管理原因分类

序号	分类项目	序号	分类项目
01	作业组织不合理	07	机构不健全或人员不符合要求
02	责任不明确或责任制未建立	08	现场违章指挥或纵容违章作业
03	规章制度不健全或规章制度不落实	09	缺乏监督检查
04	操作规程不健全或操作程序不明确	10	事故隐患整改不到位
05	无证经营或违法生产经营	11	违规审核验收、认证、许可
06	未进行必要安全教育或教育培训不够	12	其他

⑥ 按事故起因物分类

根据《生产安全事故统计报表制度》，事故按起因物分类见表 1-6。

表 1-6 事故按起因物分类

序号	分类项目	序号	分类项目
01	锅炉	15	煤
02	压力容器	16	石油制品
03	电气设备	17	水
04	起重机械	18	可燃性气体
05	泵、发动机	19	金属矿物
06	企业车辆	20	非金属矿物
07	船舶	21	粉尘
08	动力传送机构	22	梯
09	放射性物质及设备	23	木材
10	非动力手工具	24	工作面(人站立面)
11	电动手工具	25	环境
12	其他机械	26	动物
13	建筑物及构筑物	27	其他
14	化学品		

⑦ 按事故致害物分类

根据《生产安全事故统计报表制度》，事故按致害物分类见表1-7。

⑧ 按事故人为原因分类

人为原因是指人的不安全行为导致事故发生，按照人为原因导致的事故进行分类见表1-8。

表1-7 事故按致害物分类

序号	分类项目	序号	分类项目
01	煤、石油产品	13	化学品
02	木材	14	机械
03	水	15	金属件
04	放射性物质	16	起重机械
05	电气设备	17	噪声
06	梯	18	蒸气
07	空气	19	手工具(非动力)
08	工作面(人站立面)	20	电动手工具
09	矿石	21	动物
10	黏土、砂、石	22	企业车辆
11	锅炉、压力容器	23	船舶
12	大气压力		

表1-8 事故按人为原因分类

序号	分类项目	序号	分类项目
01	操作错误、忽视安全、忽视警告	08	在起吊物下作业、停留
02	造成安全装置失效	09	机器运转时加油、修理、检查、调整、焊接、清扫等工作
03	使用不安全设备	10	有分散注意力行为
04	手代替工具操作	11	在必须使用个人防护用品用具的作业或场合中,忽视其使用
05	物品存放不当	12	不安全装束
06	冒险进入危险场所	13	对易燃、易爆等危险物品处理错误
07	攀、坐不安全位置		

⑨ 按事故不安全状态分类

物及技术原因是指由于物及技术因素导致事故发生，也就是导致事故发生的不安全状态，分类见表1-9。

表 1-9 事故按不安全状态分类

序号	分类项目	序号	分类项目
01	防护、保险、信号等装置缺乏或有缺陷	03	个人防护用品用具缺少或有缺陷
02	设备、设施、工具、附件有缺陷	04	生产(施工)场地环境不良

⑩ 按事故伤害部位分类

事故按身体伤害的部位分类见表 1-10。

表 1-10 事故按身体伤害部位分类

类	代号	分类名	说明
1 头部	11	头盖部	包括头盖骨、脑及头皮
	12	眼	包括眼窝及视神经
	13	耳	
	14	口	包括唇、齿、舌
	15	鼻	
	16	脸	其他不分类的部分
	17	头部复合部位	
2 颈部	21	颈部	包括咽喉及颈骨
3 躯干	31	躯干	
	32	背部	包括脊柱、邻接的肌肉及骨髓
	33	胸部	包括肋骨、胸骨及胸部内脏
	34	腹部	包括内脏
	35	腰部	
	36	躯干复合部位	
4 上肢	41	肩	包括锁骨及肩胛骨
	42	上臂	
	43	肘	
	44	前臂	
	45	手腕	
	46	手	除手指
	47	手指	
	48	上肢复合部位	
5 下肢	51	臀部	
	52	大腿	
	53	膝	
	54	小腿	
	55	脚腕	
	56	脚	除脚趾
	57	脚趾	
	58	下肢复合部位	

续表

类	代号	分类名	说　明
6 复合部位	61 62 63 65	头部和躯干、头部和肢体 躯干和肢体 上肢和下肢 其他复合部位	仅应用于不同部位受多种伤害且没有一种明显较其他严重时。如有某种伤害比其他伤害更严重，则按此种伤害的部位分类
7 人体系统	71	血液循环系统	指某人体系统功能受到影响，为一般的伤病而无特定伤害(如中毒)时。如身体系统功能受影响是由特定部位的伤害造成，不在此列。例如脊柱的断裂引起脊髓受伤，伤害部位应为脊柱

(4) 国际上对事故的分类

① 国际劳工组织的分类

国际劳工组织（ILO）对职业事故的分类方法如下。

a. 按事故形式划分为：职业事故、职业病、通勤事故、危险情况和事件。

b. 按事故类型分为：坠落人员、坠落物体打击、脚踏物体和撞击物体打击、卡在物体上或物体间、用力过度或过度动作、暴露或接触过低过高温度、触电、接触有害物或辐射、其他。

c. 按致害因素分类为：机械、运输工具和起重设备、其他设备、材料物质和辐射、作业环境、其他。

d. 按事故程度分：对职业事故划分为死亡事故、非致命事故；死亡事故按 30 天内死亡人数、30～365 天内死亡人数划分；对非致命事故按无时间损失事故、3 日内损失事故和 3 日以上损失事故划分。

e. 职业病：按引起因素划分为化学因素、物理因素、生物因素划分；按器官划分为呼吸系统、皮肤、肌肉骨骼等划分。

f. 国际劳工组织的事故分类还有按伤害性质分为 9 类；按受伤部位分 7 类等。

② 国际劳联分类

国际劳联 1923 年召开的统计工作会议上，建议尽可能按加害物体进行分类。列出的加害物体有：

a. 机械——原动机、动力传动装置、起重机加工机械；

b. 运输——铁路、船舶、车辆；

c. 爆炸；

d. 有害、高温或腐蚀性物质；

e. 电气；

f. 人员坠落；

g. 冲击和碰撞；

h. 落下物体；

i. 坠落；

j. 非机械操作；

k. 手工工具；

l. 动物。

③ 日本的分类

日本劳动省规定的伤亡事故类别为22种：

a. 坠落、滚落；

b. 翻倒；

c. 强烈碰撞；

d. 飞来物、落下物；

e. 崩溃；

f. 倒塌；

g. 撞穿；

h. 被拦截、被卷入；

i. 切断、摩擦伤；

j. 刺伤；

k. 淹溺；

l. 接触高低温物体；

m. 接触有害物体；

n. 触电；

o. 爆炸；

p. 破裂；

q. 火灾；

r. 道路交通事故；

s. 其他交通事故；

t. 动作相反；

u. 其他；

v. 不能分类。

1.2 事故致因理论及发展

事故致因理论是从大量典型事故的本质原因的分析中所提炼出的事故机理和事故模型。这些机理和模型反映了事故发生的规律性，能够为事故原因的定性、定量分析，为事故的预测预防，为改进安全管理工作，从理论上提供科学的、完整的依据。

随着科学技术和生产方式的发展，事故发生的本质规律在不断变化，人们对事故原因的认识也在不断深入，因此先后出现了十几种具有代表性的事故致因理论和事故模型。

在20世纪50年代以前，资本主义工业化大生产飞速发展，美国福特公司的大规模流水线生产方式得到广泛应用。这种生产方式利用机械的自动化迫使工人适应机器，包括操作要求和工作节奏，一切以机器为中心，人成为机器的附属和奴隶。与这种情况相对应，人们往往将生产中的事故原因推到操作者的头上。

1919年，由格林伍德（M. Greenwood）和伍兹（H. Woods）提出了“事故倾向性格”论，后来又由纽伯尔德（Newboid）在1926年以及法默（Farmer）在1939年分别对其进行了补充。该理论认为，从事同样的工作和在同样的工作环境下，某些人比其他人更易发生事故，这些人是事故倾向者，他们的存在会使生产中的事故增多；如果通过人的性格特点区分出这部分人而不予雇佣，则可以减少工业生产的事故。这种理论把事故致因归咎于人的天性，至今仍有某些人赞成这一理论，但是后来的许多研究结果并没有证实此理论的正确性。

1936年由美国人海因里希提出了事故因果连锁理论。海因里希认为，伤害事故的发生是一连串的事件，按一定因果关系依次发生的结果。他用五块多米诺骨牌来形象地说明这种因果关系，即第一块牌倒下后会引起后面的牌连锁反应而倒下，最后一块牌即为伤害。因此，该理论也被称为多米诺骨牌理论。多米诺骨牌理论建立了事故致因的事件链这一重要概念，并为后来者研究事故机理提供了一种有价值的方法。

海因里希曾经调查了75000件工伤事故，发现其中有98%是可以预防的。在可预防的工伤事故中，以人的不安全行为为主要原因的占89.8%，而以设备的、物质的不安全状态为主要原因的只占10.2%。按照这种统计结果，绝大部分工伤事故都是由于工人的不安全行为引起的。海因里希还认为，即使有些事故是由于物的不安全状态引起的，其不安全状态的产生也是由于工人的错误所致。因此，这一理论与事故倾向性格论一样，将事件链中的原因大部分归于操作者的错误，表现出时代的局限性。

第二次世界大战爆发后，高速飞机、雷达、自动火炮等新式军事装备的出现，带来了操作的复杂性和紧张度，使得人们难以适应，常常发生动作失误。于是，产生了专门研究人类的工作能力及其限制的学问——人机工程学，它对战后工业安全的发展也产生了深刻的影响。人机工程学的兴起标志着工业生产中人与机器关系的重大改变。以前是按机械的特性来训练操作者，让操作者满足机械的要求；现在是根据人的特性来设计机械，使机械适合人的操作。

这种在人机系统中以人为主、让机器适合人的观念，促使人们对事故原因重新进行认识。越来越多的人认为，不能把事故的发生简单地说成是操作者的性格缺陷或粗心大意，应该重视机械的、物质的危险性在事故中的作用，强调实现生产条件、机械设备的固有安全，才能切实有效地减少事故的发生。

1949 年，葛登（Gorden）利用流行病传染机理来论述事故的发生机理，提出了“用于事故的流行病学方法”理论。葛登认为，流行病病因与事故致因之间具有相似性，可以参照分析流行病因的方法分析事故。

流行病的病因有三种：

① 当事者（病者）的特征，如年龄、性别、心理状况、免疫能力等；

② 环境特征，如温度、湿度、季节、社区卫生状况、防疫措施等；

③ 致病媒介特征，如病毒、细菌、支原体等。

这三种因素的相互作用，可以导致人的疾病发生。与此相类似，对于事故，一要考虑人的因素，二要考虑作业环境因素，三要考虑引起事故的媒介。

这种理论比只考虑人失误的早期事故致因理论有了较大的进步，它明确地提出事故因素间的关系特征，事故是三种因素相互作用的结果，并推动了关于这三种因素的研究和调查。但是，这种理论也有明显的不足，主要是关于致因的媒介。作为致病媒介的病毒等在任何时间和场合都是确定的，只是需要分辨并采取措施防治；而作为导致事故的媒介到底是什么，还需要识别和定义，否则该理论无太大用处。

1961 年由吉布森（Gibson）提出，并在 1966 年由哈登（Hadden）引申的“能量异常转移”论，是事故致因理论发展过程中的重要一步。该理论认为，事故是一种不正常的，或不希望的能量转移，各种形式的能量构成了伤害的直接原因。因此，应该通过控制能量或者控制能量的载体来预防伤害事故，防止能量异常转移的有效措施是对能量进行屏蔽。

能量异常转移论的出现，为人们认识事故原因提供了新的视野。例如，在利用“用于事故的流行病学方法”理论进行事故原因分析时，就可以将媒介看成是促成事故的能量，即有能量转移至人体才会造成事故。

20 世纪 70 年代后，随着科学技术不断进步，生产设备、工艺及产品越来越复杂，信息论、系统论、控制论相继成熟并在各个领域获得广泛应用。对于复杂系统的安全性问题，采用以往的理论和方法已不能很好地解决，因此出现了许多新的安全理论和方法。

在事故致因理论方面，人们结合信息论、系统论和控制论的观点、方法，提出了一些有代表性的事故理论和模型。相对来说，20 世纪 70 年代以后是事故致因理论比较活跃的时期。

20 世纪 60 年代末（1969 年）由瑟利（J. Surry）提出，20 世纪 70 年代初得到发展的瑟利模型，是以人对信息的处理过程为基础描述事故发生因果关系的一种事故模型。这种理论认为，人在信息处理过程中出现失误从而导致人的行为失误，进而引发事故。与此类似的理论还有 1970 年的海尔（Hale）模型，1972 年威格里沃思（Wigglesworth）的“人失误的一般模型”，1974 年劳伦斯（Lawrence）提出的“金矿山人失误模型”，以及 1978 年安德森（Anderson）等人对瑟利模型的修正等。

这些理论均从人的特性与机器性能和环境状态之间是否匹配和协调的观点出发，认为机械和环境的信息不断地通过人的感官反映到大脑，人若能正确地认识、理解、判断，作出正确决策和采取行动，就能化险为夷，避免事故和伤亡；反之，如果人未能察觉、认识所面临的危险，或判断不准确而未采取正确的行动，就会发生事故和伤亡。由于这些理论把人、机、环境作为一个整体（系统）看待，研究人、机、环境之间的相互作用、反馈和调整，从中发现事故的致因，揭示出预防事故的途径，所以，也有人将它们统称为系统理论。

动态和变化的观点是近代事故致因理论的又一基础。1972 年，本尼尔（Benner）提出了在处于动态平衡的生产系统中，由于“扰动”（Perturbation）导致事故的理论，即 P 理论。此后，约翰逊（Johnson）于 1975 年发表了“变化-失误”模型，1980 年塔兰茨（W. E. Talanch）在《安全测定》一书中介绍了“变化论”模型，1981 年佐藤音信提出了“作用-变化与作用连锁”模型。

近十几年来，比较流行的事故致因理论是“轨迹交叉”论。该理论认为，事故的发生不外乎是人的不安全行为（或失误）和物的不安全状态（或故障）两大因素综合作用的结果，即人、物两大系列时空运动轨迹的交叉点就是事故发生的所在，预防事故的发生就是设法从时空上避免人、物运动轨迹的交叉。与轨迹交叉论类似的理论是“危险场”理论。危险场是指危险源能够对人体造成危害的时间和空间的范围。这种理论多用于研究存在诸如辐射、冲击波、毒物、粉尘、声波等危害的事故模式。

事故致因理论的发展虽还很不完善，还没有给出对于事故调查分析和预测预防方面的普遍和有效的方法。然而，通过对事故致因理论的深入研究，必将在安全管理工作中产生以下深远影响：

① 从本质上阐明事故发生的机理，奠定安全管理的理论基础，为安全管理实践指明正确的方向；

② 有助于指导事故的调查分析，帮助查明事故原因，预防同类事故的再次发生；

③ 为系统安全分析、危险性评价和安全决策提供充分的信息和依据，增强针对性，减少盲目性；

④ 有利于从定性的物理模型向定量的数学模型发展，为事故的定量分析和预测奠定基础，真正实现安全管理的科学化；

⑤ 增加安全管理的理论知识，丰富安全教育的内容，提高安全教育的水平。

第2章

事故的预防

2.1 事故预防理论

2.1.1 海因里希工业安全公理

海因里希在二十世纪二三十年代总结了当时工业安全的实际经验，在《工业事故预防（Industrial Accident Prevention）》一书中提出了所谓的“工业安全公理（Axioms of Industrial Safety）”，该公理包括10项内容，又称为“海因里希10条”。

① 工业生产过程中人员伤亡的发生，往往是处于一系列因果连锁的末端的事故的结果；而事故常常起因于人的不安全行为和（或）机械、物质（统称为物）的不安全状态。

② 人的不安全行为是大多数工业事故的原因。

③ 由于不安全行为而受到了伤害的人，几乎重复了300次以上没有造成伤害的同样事故。即人在受到伤害之前，已经经历了数百次来自物方面的危险。

④ 在工业事故中，人员受到伤害的严重程度具有随机性质。大多数情况下，人员在事故发生时可以免遭伤害。

⑤ 人员产生不安全行为的主要原因有：不正确的态度；缺乏知识或操作不熟练；身体状况不佳；物的不安全状态或不良的环境；这些原因是采取措施预防不安全行为的依据。

⑥ 防止工业事故的四种有效的方法是：工业技术方面的改进；对人员进行说服、教育；人员调整；惩戒。

⑦ 防止事故的方法与企业生产管理、成本管理及质量管理的方法类似。

⑧ 企业领导者有进行事故预防工作的能力，并且能把握进行事故预防工作的时机，因而应该承担预防事故工作的责任。

⑨ 专业安全人员及车间干部、班组长是预防事故的关键，他们工作的好坏对能否做好事故预防工作有影响。

⑩ 除了人道主义动机之外，下面两种强有力的经济因素也是促进企业事故预防工作的动力：安全的企业生产效率也高，不安全的企业生产效率也低；事故后用于赔偿及医疗费用的直接经济损失，只不过占事故总经济损失的五分之一。

海因里希在这里阐述了事故发生的因果连锁论，作为事故发生原因的人的因素与物的因素之间的关系问题，事故发生频率与伤害严重度之间的关系问题，不安全行为的产生原因及预防措施，事故预防工作与企业其他管理机能之间的关系，进行事故预防工作的基本责任，以及安全与生产之间的关系等工业安全中最重要、最基本的问题。数十年来，该理论得到世界上许多国家广大事故预防工作者的赞同，作为他们从事事故预防工作的理论基础。

尽管随着时代的前进和人们认识的深化，该“公理”中的一些观点已经不再是“自明之理”了，许多新观点、新理论相继问世。但是该理论中的许多内容仍然具有强大的生命力，在现今的事故预防工作中仍产生重大影响。

2.1.2 事故预防工作五阶段模型

海因里希定义事故预防是为了控制人的不安全行为、物的不安全状态而开展以某些知识、态度和能力为基础的综合性工作，一系列相互协调的活动。很早以来，人们就通过如图 2-1 所示的一系列努力来防止工业事故的发生。

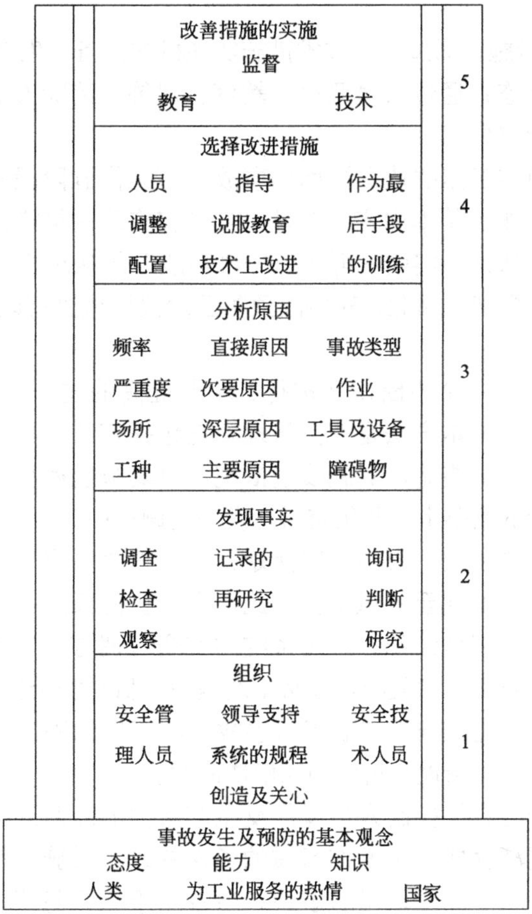

图 2-1 事故预防五阶段模型

掌握事故发生及预防的基本原理，拥有对人类、国家、劳动者负责的基本态度，以及从事事故预防工作的知识和能力，是开展事故预防工作的基础。在此基础上，事故预防工作包括以下五个阶段的努力。

① 建立健全事故预防工作组织，形成由企业领导牵头的，包括安全管理人员和安全技术人员在内的事故预防工作体系，并切实发挥其效能。

② 通过实地调查、检查、观察及对有关人员的询问，加以认真的判断、研究，以及对事故原始记录的反复研究，收集第一手资料，找出事故预防工作中存在的问题。

③ 分析事故及不安全问题产生的原因。它包括弄清伤亡事故发生的频率、严重程度、场所、工种、生产工序、有关的工具、设备及事故类型等，找出其直接原因和间接原因，主要原因和次要原因。

④ 针对分析事故和不安全问题得到的原因，选择恰当的改进措施。改进措施包括工程技术方面的改进、对人员说服教育、人员调整、制订及执行规章制度等。

⑤ 实施改进措施。通过工程技术措施实现机械设备、生产作业条件的安全，消除物的不安全状态；通过人员调整、教育、训练，消除人的不安全行为。在实施过程中要进行监督。

以上对事故预防工作的认识被称作事故预防工作五阶段模型。该模型包括了企业事故预防工作的基本内容。但是，它以实施改进措施作为事故预防的最后阶段，不符合“认识—实践—再认识—再实践”的认识规律以及事故预防工作永无止境的客观规律。因此，对事故预防五阶段模型进行改进，得到如图 2-2 所示的模型。

事故预防工作是一个不断循环进行、不断提高的过程，不可能一劳永逸。在这里，预防事故的基本方法是安全管理，它包括资料收集，对资料进行分析来查找原因，选择改进措施，实施改进措施，对实施过程及结果进行监测和评价。在监测和评价的基础上再收集资料，发现问题……

事故预防工作的成败，取决于有计划、有组织地采取改进措施的情况。特别是，执行者工作的好坏至关重要。因此，为了获得预防事故工作的成功，必须建立健全事故预防工作组织，采用系统的安全管理方法，唤起和维持广大干部、职工对事故预防工作的关心，经常不断地做好日常安全管理工作。

海因里希认为，建立与维持职工对事故预防工作的兴趣是事故预防工作的第一原则，其次是要不断地分析问题和解决问题。

改进措施可分为直接控制人员操作及生产条件的即时的措施，以及通过指导、训练和教育逐渐养成安全操作习惯的长期的改进措施。前者对现存的不安全状态及不安全行为立即采取措施解决；后者用于克服隐藏在不安全状态及不

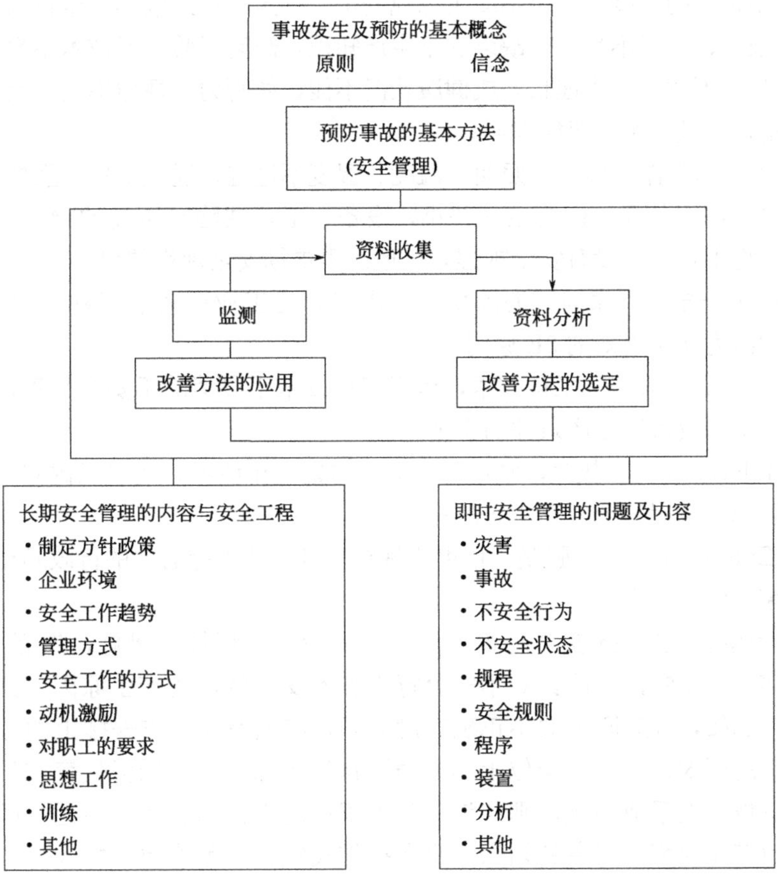

图 2-2 改进的事故预防五阶段模型

安全行为背后的深层原因。

如果有可能运用技术手段消除危险状态，实现本质安全或耐失误时，则不管是否存在人的不安全行为，都应该首先考虑采取工程技术上的对策。当某种人的不安全行为引起了或可能引起事故，而又没有恰当的工程技术手段防止事故发生时，则应立即采取措施防止不安全行为重复发生。这些即时的改进对策是十分有效的。然而，我们绝不能忽略了所有造成工人不安全行为的背后原因，这些原因更重要。否则，改进措施仅仅解决了表面的问题，而事故的根源没有被铲除掉，以后还会发生事故。

2.1.3 事故预防的 3E 原则

海因里希把造成人的不安全行为和物的不安全状态的主要原因归结为四个方面的问题：

① 不正确的态度——个别职工忽视安全，甚至故意采取不安全行为；

② 技术、知识不足——缺乏安全生产知识，缺乏经验，或技术不熟练；

③ 身体不适——生理状态或健康状况不佳，如听力、视力不良，反应迟钝、疾病、醉酒或其他生理机能障碍；

④ 不良的工作环境——照明、温度、湿度不适宜，通风不良，强烈的噪声、振动，物料堆放杂乱，作业空间狭小，设备、工具缺陷等不良的物理环境，以及操作规程不合适、没有安全规程，其他妨碍贯彻安全规程的事物。

对这四个方面的原因。海因里希提出了防止工业事故的四种有效的方法，后来被归纳为众所周知的3E原则：

① Engineering——工程技术，运用工程技术手段消除不安全因素，实现生产工艺、机械设备等生产条件的安全；

② Education——教育，利用各种形式的教育和训练，使职工树立“安全第一”的思想，掌握安全生产所必需的知识和技能；

③ Enforcement——强制，借助于规章制度、法规等必要的行政乃至法律的手段约束人们的行为。

一般地讲，在选择安全对策时应该首先考虑工程技术措施，然后是教育、训练。实际工作中，应该针对不安全行为和不安全状态的产生原因，灵活地采取对策。例如，针对职工的不正确态度问题，应该考虑工作安排上的心理学和医学方面的要求，对关键岗位上的人员要认真挑选，并且加强教育和训练，如能从工程技术上采取措施，则应该优先考虑；对于技术、知识不足的问题，应该加强教育和训练，提高其知识水平和操作技能；尽可能地根据人机学的原理进行工程技术方面的改进，降低操作的复杂程度。为了解决身体不适的问题，在分配工作任务时要考虑心理学和医学方面的要求，并尽可能从工程技术上改进，降低对人员素质的要求。对于不良的物理环境，则应采取恰当的工程技术措施来改进。

即使在采取了工程技术措施，减少、控制了不安全因素的情况下，仍然要通过教育、训练和强制手段来规范人的行为，避免不安全行为的发生。

2.2 事故预防技术

事故预防技术即安全技术。人类在与生产过程里的危险因素的斗争中，创造和发展了许多安全技术，从而推动了安全工程的发展。早在石器时代，人们从渔猎和农事实践中认识到了威胁其自身的危险因素，曾发明了一些简单的防护办法。由青铜器到铁器时代，防护器械随着生产工具的进步发生了质的飞跃，那时我们的祖先对矿山防瓦斯、防冒顶，对冶炼防热等积累了许多安全防护经验，历史上屡有记载。

18 世纪中叶，蒸汽动力的应用带来了工业革命。同时，也出现了大量压力容器爆炸事故。为解决锅炉爆炸问题，人们研究、开发了安全阀、压力表、水位计和水压检验等安全装置和措施。为了克服液体炸药不安全的弱点，1866 年诺贝尔完成了安全炸药的研制，有效地减少了爆破事故。自工业革命以来，差不多每 10 年就有一项重大的技术或产品问世。最近几十年来，新科学、新技术比历史上任何时期都发展迅速，新的科学技术或产品，在改善了人们的物质、精神生活的同时，也带来越来越多的危险。这就要求人们采取有效的安全技术措施，保证安全生产。

安全寓于生产之中，安全技术与生产技术密不可分。安全技术主要是通过改善生产工艺和改进生产设备、生产条件来实现安全的。由于生产工艺和设备种类繁多，相应地，安全技术的种类也相当多。近年来，已经形成了较完整的安全技术体系。在安全检测技术方面，先进的科学技术手段逐渐取代人的感官和经验，可以灵敏、可靠地发现不安全因素，从而使人们可以及早采取控制措施，把事故消灭在萌芽状态。

事故预防技术可以划分为预防事故发生的安全技术及防止或减少事故损失的安全技术。前者是发现、识别各种危险因素及其危险性的技术；后者是消除、控制危险因素，防止事故发生和避免人员受到伤害的技术。显然我们应该着眼于前者，做到防患于未然。同时，一旦发生了事故，我们应努力防止事故扩大或引起其他事故，把事故造成的损失限制在尽可能小的范围之内。

2.2.1 防止事故发生的安全技术

防止事故发生的安全技术的基本目的是采取措施，约束、限制能量或危险物质的意外释放。按优先次序可选择以下措施。

（1）根除危险因素

只要生产条件允许，应尽可能完全消除系统中的危险因素，从根本上防止事故的发生。

（2）限制或减少危险因素

一般情况下，完全消除危险因素是不可能的。人们只能根据具体的技术条件、经济条件，限制或减少系统中的危险因素。

（3）隔离、屏蔽和联锁

隔离是从时间和空间上与危险源分离，防止两种或两种以上危险物质相遇，减少能量积聚或发生反应事故的可能。屏蔽是将可能发生事故的区域控制起来保护人或重要设备，减少事故损失。联锁是将可能引起事故后果的操作与系统故障和异常出现事故征兆的确认进行联锁设计，确保系统故障和异常不导致事故。

(4) 故障-安全措施

系统一旦出现故障，自动启动各种安全保护措施，部分或全部中断生产或使其进入低能的安全状态。故障-安全措施有三种方案：

① 故障-消极方案，故障发生后，使设备、系统处于最低能量的状态，直到采取措施前不能运转；

② 故障-积极方案，故障发生后，在没有采取措施前，使设备、系统处于安全能量状态之下；

③ 故障-正常方案，故障发生后，系统能够实现正常部件在线更换故障部分，设备、系统能够正常发挥效能。

(5) 减少故障及失误

通过减少故障、隐患、偏差、失误等各种事故征兆，使事故在萌芽阶段得到抑制。

(6) 安全规程

制订或落实各种安全法律、法规和规章制度。

(7) 矫正行动

人失误即人的行为结果偏离了规定的目标或超出了可接受的界限，并产生了不良的后果。人的不安全行为操作者在生产过程中直接导致事故的人失误。矫正行动即通过矫正人的不安全行为来防止人失误。

在以上几种安全技术中，前两项应优先考虑。因为根除和限制危险因素可以实现“本质安全”。但是，在实际工作中，针对生产工艺或设备的具体情况，还要考虑生产效率、成本及可行性等问题，应该综合地考虑，不能一概而论。例如，为防止手电钻机壳带电造成触电事故，对手电钻可以采取许多种技术措施，但各有优缺点（见表 2-1），设计人员和安全管理人员应根据实际情况采取具体措施。

表 2-1　防止使用手电钻触电事故的技术措施及优缺点

措施序号	类型	措施内容	优点	缺点
1	手摇钻	不用电，根除了触电的可能性	成本低	效率低。费力气，齿轮必须防护
2	电池式电钻	使用低电压，可以避免触电	灵活方便，便于携带	功率有限，被加工物受限制。要更换电池或充电

续表

措施序号	类型	措施内容	优点	缺点
3	三芯线电钻	带接地线。故障-安全	在两芯电钻外壳接上地线即可，不必重新设计	必须保证接地良好。否则仍会触电
4	二芯线电钻	增加可靠性，减少事故发生	不必重新设计	提高可靠性增加成本，可减少但不能避免事故。维护不当可能漏电
5	塑料壳两芯线电钻	采用塑料外壳可以避免触电	塑料壳较金属壳便宜	塑料壳不如金属壳结实
6	压气钻	利用压气作动力，根除触电可能性	功率和可靠性都高于电钻	需要压气供应，较贵，不方便，压气系统有危险

2.2.2 减少事故损失的安全技术

减少事故损失的安全技术的目的，是在事故由于种种原因没能控制而发生之后，减少事故严重后果。选取的优先次序如下。

（1）隔离

避免或减少事故损失的隔离措施，其作用在于把被保护的人或物与意外释放的能量或危险物质隔开，其具体措施包括远离、封闭、缓冲。远离是位置上处于与意外释放的能量或危险物质不能到达的地方；封闭是空间上与意外释放的能量或危险物质割断联系；缓冲是采取措施使能量吸收或减轻能量的伤害作用。

（2）薄弱环节（接受小的损失）

利用事先设计好的薄弱环节使能量或危险物质按照人们的意图释放，防止能量或危险物质作用于被保护的人或物。一般情况下，即使设备的薄弱环节被破坏了，也可以较小的代价避免了大的损失。因此，这项技术又称为“接受小的损失”。

（3）个体防护

佩带对个人人身起到保护作用的装备从本质上说也是一种隔离措施。它把人体与危险能量或危险物质隔开。个体防护是保护人体免遭伤害的最后屏障。

（4）避难和救生设备

当判明事态已经发展到不可控制的地步时，应迅速避难，利用救生装备，撤离危险区域。

（5）援救

援救分为灾区内部人员的自我援救和来自外部的公共援救两种情况。尽管自我援救通常只是简单的、暂时的，但是由于自我援救发生在事故发生的第一时刻和第一现场，因而是最有效的。

2.2.3 以安全文化为基础的事故预防

1988 年，国际核安全咨询小组（International Nuclear Safety Advisory Group）提出了以安全文化为基础的事故预防原则，如图 2-3 所示。

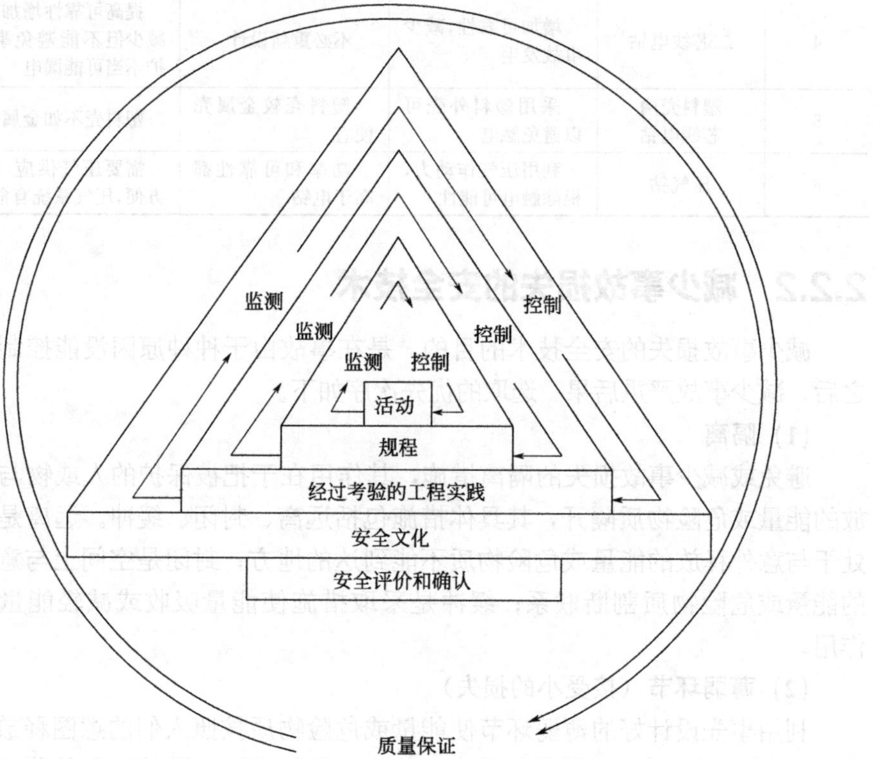

图 2-3 以安全文化为基础的事故预防原则

(1) 安全评价和确认（Safety Assessment and Verification）

在工厂建设和运行之前必须进行安全评价，要有安全评价的书面报告并单独审查；根据新的安全资料不断更新安全评价报告。安全评价的目的在于通过系统的审查结构、系统或元素，发现设计中的缺欠。

(2) 安全文化（Safety Culture）

英文单词 Culture 译成汉语，有文化、教养、修养之意。按照这里的定义，所谓的安全文化是指人员的安全教养、安全素质，对人员的安全教育。

根据安全咨询小组的定义，安全文化是指从事涉及工厂安全活动的所有人员的奉献精神和责任心。首先是上层管理人员必须重视安全问题，指定和贯彻实施安全方针，这不仅仅取决于正确的实践，而且取决于他们营造的安全意识氛围；明确责任和建立联络；制订合理的规程并要求严格遵守这些规程；进行内部安全检查；特别是，按照安全操作要求和人员的素质情况训练和教育职工。

这些问题对于基层生产单位和直接从事操作的人员尤其重要。重点放在教育人员掌握他们使用的装置和设备的基本知识，了解安全限制和违反的结果。这些职工的态度应该直率，以保证关于安全的信息可以自由地沟通，特别是当出现失误时鼓励他们承认。通过这些措施可以使安全意识渗透到所有的人员。使人员保持清醒的头脑，防止自满，力争最好，以及增进人员的责任感和自我安全意识。

(3) 经过考验的工程实践（Proven Engineering Practices）

运用已经经过试验或工程实践验证的技术，由经过选拔和训练的合格的人员设计、制造、安装装置、设备，使之符合有关各种规范、标准。

(4) 规程（Procedures）

制订并执行各种操作程序、作业标准和技术规范、标准。

(5) 活动（Action）

有组织地开展各种以安全为目的的活动，促进规程的自觉执行，安全技术的有效落实以及安全文化氛围的营造。

该事故预防措施突出了人员的安全教育在事故预防中的重要性，反映了现代事故预防的新观念。

安全文化建设主要内容有以下四个方面。

① 构建安全文化制度体系，把安全文化很好地融合到企业管理的过程中。

② 构建安全文化理念体系，提高职工安全文化意识。

③ 构建安全文化行为体系，培养良好的安全行为规范。

④ 构建安全文化物质体系，创造良好的工作环境。

2.2.4 安全风险管控和事故隐患排查治理双重预防机制

国务院安委会办公室2016年4月印发《标本兼治遏制重特大事故工作指南》（安委办〔2016〕3号，以下简称《指南》）以来，各省市、各地区和各有关单位迅速贯彻、积极行动，结合实际大胆探索、扎实推进，初见成效。构建安全风险分级管控和隐患排查治理双重预防机制（以下简称“双重预防机制”），是遏制重特大事故的重要举措。

什么是“双重预防机制”呢？所谓“双重预防机制”，是指以风险分级管控和隐患排查治理两种手段相结合的生产安全事故预防工作机制。通过构建并持续运行“双重预防机制”，要做到“把安全风险管控挺在隐患前面，把隐患排查治理挺在事故前面”，对预防生产安全事故意义重大。

(1) 风险分级管控

① 风险辨识。结合企业生产实际，合理划分辨识单元，对客观存在的生产

工艺、设备设施、作业环境、人员行为和管理体系等方面存在的风险，进行全方位、全过程的辨识。

② 风险分类。对辨识出的风险，综合考虑起因物、引起事故的诱导性原因、致害物、伤害方式等进行风险类别划分。

③ 风险评估。即对不同类别的风险，采用“矩阵法”“LEC法”等常见的评估方法，确定其风险等级，风险等级包括重大风险、较大风险、一般风险和低风险四个级别，相应地用红、橙、黄、蓝四种颜色标示。

④ 制定管控措施。针对风险辨识和风险评估的情况，依据相关法律、法规、规章、标准，对每一处风险制定科学的管控措施。

⑤ 实施风险管控。综合考虑风险类别、等级、所属区域及部门等因素，对安全风险进行分级、分层、分类、分专业管理，逐一落实企业、车间、班组和岗位的风险管控责任，按照风险管控措施定期进行检查，校验管控措施是否失效，确保风险处于可控状态。

⑥ 风险公告警示。结合风险辨识、风险评估、风险管控措施制定等工作，制作包含主要风险、可能引发事故隐患类型、事故后果、管控措施、应急措施及事故报告方式等信息的岗位风险告知卡，并在相应区域、设备、岗位进行粘贴公告，确保所有从业人员了解所属区域、岗位的风险。

(2) 隐患排查治理

① 建立制度。结合企业实际，建立完善的隐患排查治理制度，明确隐患排查的事项、内容和频次，并将责任逐一分解落实，推动全员参与自主排查隐患。

② 排查隐患。当风险管控措施失效时，风险则已演变为事故隐患。因此，要按照制度要求，定期开展隐患排查工作，及时发现风险管控措施失效形成的事故隐患。

③ 治理隐患。对排查出的隐患，要明确整改责任、整改措施、整改资金、整改时限和整改预案。能够当场立即整改的一般隐患，要当场进行整改；对无法当场立即整改的隐患，要制定隐患治理方案，并按方案在规定时间内完成整改。

④ 闭环验收。隐患整改期满后，要组织企业安全管理等部门的技术人员，对隐患整改情况进行闭环验收，确保隐患整改到位。

(3) 双预控机制建设中应注意的几个问题

① 双重预防机制的基本工作思路是什么？

双重预防机制就是构筑防范生产安全事故的两道防火墙。

第一道是管风险，以安全风险辨识和管控为基础，从源头上系统辨识风险、分级管控风险，努力把各类风险控制在可接受范围内，杜绝和减少事故隐患。

第二道是治隐患，以隐患排查和治理为手段，认真排查风险管控过程中出现的缺失、漏洞和风险控制失效环节，坚决把隐患消灭在事故发生之前。可以说，安全风险管控到位就不会形成事故隐患，隐患一经发现得到及时治理就不可能酿成事故，要通过双重预防的工作机制，切实把每一类风险都控制在可接受范围内，把每一个隐患都治理在形成之初，把每一起事故都消灭在萌芽状态。

② 构建双重预防机制要把握哪几个原则？

一要坚持风险优先原则。以风险管控为主线，把全面辨识评估风险和严格管控风险作为安全生产的第一道防线，切实解决“认不清、想不到”的突出问题。

二要坚持系统性原则。从人、机、环、管四个方面，从风险管控和隐患治理两道防线，从企业生产经营全流程、生命周期全过程开展工作，努力把风险管控挺在隐患之前、把隐患排查治理挺在事故之前。

三要坚持全员参与原则。将双重预防机制建设各项工作责任分解落实到企业的各层级领导、各业务部门和每个具体工作岗位，确保责任明确。

四要坚持持续改进原则。持续进行风险分级管控与更新完善，持续开展隐患排查治理，实现双重预防机制不断深入、深化，促使机制建设水平不断提升。

③ 隐患排查治理和风险分级管控是什么关系？

两者是相辅相成、相互促进的关系。安全风险分级管控是隐患排查治理的前提和基础，通过强化安全风险分级管控，从源头上消除、降低或控制相关风险，进而降低事故发生的可能性和后果的严重性。隐患排查治理是安全风险分级管控的强化与深入，通过隐患排查治理工作，查找风险管控措施的失效、缺陷或不足，采取措施予以整改；同时，分析、验证各类危险有害因素辨识评估的完整性和准确性，进而完善风险分级管控措施，减少或杜绝事故发生的可能性。安全风险分级管控和隐患排查治理共同构建起预防事故发生的双重机制，构成两道保护屏障，有效遏制重特大事故的发生。

④ 与标准化建设的关系。

很多企业都建立了安全生产标准化体系，一些企业还有职业安全健康管理体系，是不是还要另起炉灶再搞一套双重预防机制？

无论是安全生产标准化体系、职业安全健康管理体系，还是企业建立的其他风险管理体系，其本质核心都是围绕风险管理开展的管理系统。双重预防机制的核心也是基于风险管理的思想和要求，但它强调的是方法论，没有设计一套形式化的文件，企业现有的安全生产标准化体系或职业安全健康管理体系本身就是控制风险、预防事故的有效管理方法，它们就是双重预防机制的一部分。双重预防机制以问题为导向，抓住了风险管控这个核心；以目标为导向，强化了隐患排查治理。是一个有机统一的整体。因此，双重预防机制建设不是另起炉灶、另搞一套。企业应在以往安全生产体系化建设工作的基础上，通过全面辨识风险，夯实标准化工作基础；通过风险分级管控，消除或减少隐患；通过强化隐患排查治理，降低事故发生风险；通过标准化体系规范运行，促进双重预防机制有效落地实施。

⑤ 安全风险和事故隐患是一回事吗？

安全风险来源于可能导致人员伤亡或财产损失的危险源或各种危险有害因素，是事故发生的可能性和后果严重性的组合，而事故隐患是风险管控失效后形成的缺陷或漏洞，两者是完全不同的概念。安全风险具有客观存在性和可认知性，要强调生产本身的固有风险，采取管控措施降低生产本身的风险为可控的现实（剩余）风险；事故隐患主要来源于风险管控的薄弱环节，要强调过程管理，通过全面排查发现隐患，通过及时治理消除隐患。但两者也有关联，事故隐患来源于安全风险的管控失效或弱化，安全风险得到有效管控就会不出现或少出现隐患。

⑥ 风险辨识与隐患排查是同一项工作吗？

风险辨识与隐患排查的工作主体都要求全员参与，工作对象都要涵盖人、机、环、管各个方面，但风险辨识侧重于认知生产的固有风险，而隐患排查侧重于生产各项措施生命周期过程的管理。风险辨识要定期开展，在工艺技术、设备设施以及组织管理机构发生变化时要开展；而隐患排查则要求全时段、全天候开展，随时发现技术措施、管理措施的漏洞和薄弱环节。

⑦ 安全风险辨识要注意什么问题？

企业安全风险辨识要突出全员参与的原则，辨识要覆盖所有的工艺流程、设备设施和作业场所，全面剖析各生产系统，并通过隐患排查治理持续改进辨识工作。辨识时要充分考虑分析“三种时态”和“三种状态”下的危险有害因素，分析危害出现的条件和可能发生的事故或故障模型。企业要针对自身生产的风险特性，紧紧围绕遏制重特大事故，突出重点设备、设施、工艺和特殊作业管理等，从点、线、面三条主线全面分析识别生产安全工作中的突出问题和薄弱环节。

⑧ 企业开展安全风险评估管控中常见的问题有哪些？

部分企业往往将风险辨识评估任务直接分配到某个或某几个部门，由部门的几名员工各自辨识本部门存在的风险，然后将风险辨识结果进行简单汇总形成本企业的安全风险辨识评估报告，没有体现全员参与，没有做到全覆盖。一些企业在风险辨识评估过程中，选取的辨识范围过于狭窄，没有覆盖全流程、全区域。有的片面理解安全生产风险管理就是预防和控制人身伤害事故，而对设备事故、自然灾害引发的事故等其他事故类型的风险辨识评估不充分、不全面，甚至没有开展风险辨识评估。一些企业因风险辨识不深入，导致制定的风险管控措施没有针对性，工作职责得不到落实，安全风险分级管控难以发挥作用。

⑨ 双重预防机制信息化建设要注意什么问题?

双重预防机制建设既产生又依赖大量安全生产数据，要克服纸面化可能带来的形式化和静态化，利用信息化手段保障双重预防机制建设显得尤为重要。要利用信息化手段将安全风险清单和事故隐患清单电子化，建立并及时更新安全风险和事故隐患数据库；要绘制安全风险分布电子图，并将重大风险监测监控数据接入信息化平台，充分发挥信息系统自动化分析和智能化预警的作用。要充分利用已有的安全生产管理信息系统和网络综合平台，尽量实现风险管控和隐患排查信息化的融合，通过一体化管理避免信息孤岛，提升工作效率和运行效果。

⑩ 中小企业如何开展双重预防机制建设?

一些中小企业员工不多、技术力量薄弱，如何有效开展双重预防机制建设?

双重预防机制建设不是一项任务，也不是阶段性的工作，而是建立企业控制风险、防范事故的长效机制，方法没有复杂与简便之分，只有适用和不适用的差别。一些中小企业员工不多、技术力量不足，怎么办?企业要强化全员培训，让全体员工都接受并自觉践行风险优先的理念，学习风险管理的基本知识，掌握风险辨识和隐患排查的基本方法。可以聘请专家开展首次风险辨识，并制定符合企业实际的、简单实用的风险辨识和隐患排查制度，通过岗位风险告知卡、隐患排查清单等简便措施，确保每一个员工能理解、会上手、有任务。要学会抓住主要矛盾，对本企业存在的高风险设备、设施、场所和工艺环节要制定管控措施、落实管控责任。中小企业切忌走入花钱请第三方服务机构制定一大堆文件后束之高阁的歧途，提倡用简单的制度、明确的职责管控本企业的安全生产风险，排查并治理生产隐患，有效防范发生伤亡事故。

2.3 防止人失误和不安全行为

在各类事故的致因因素中，人的因素占有特别重要的位置，几乎所有的事故都与人的不安全行为有关。按系统安全的观点，人是构成系统的一种元素，当人作为系统元素发挥功能时，会发生失误。人失误是指人的行为结果偏离了规定的目标或超出了可接受的界限，并产生了不良的后果。人的不安全行为可以看作是一种人失误。一般来讲，不安全行为是操作者在生产过程中直接导致事故的人失误，是人失误的特例。图 2-4 所示是皮特森的人失误模型。

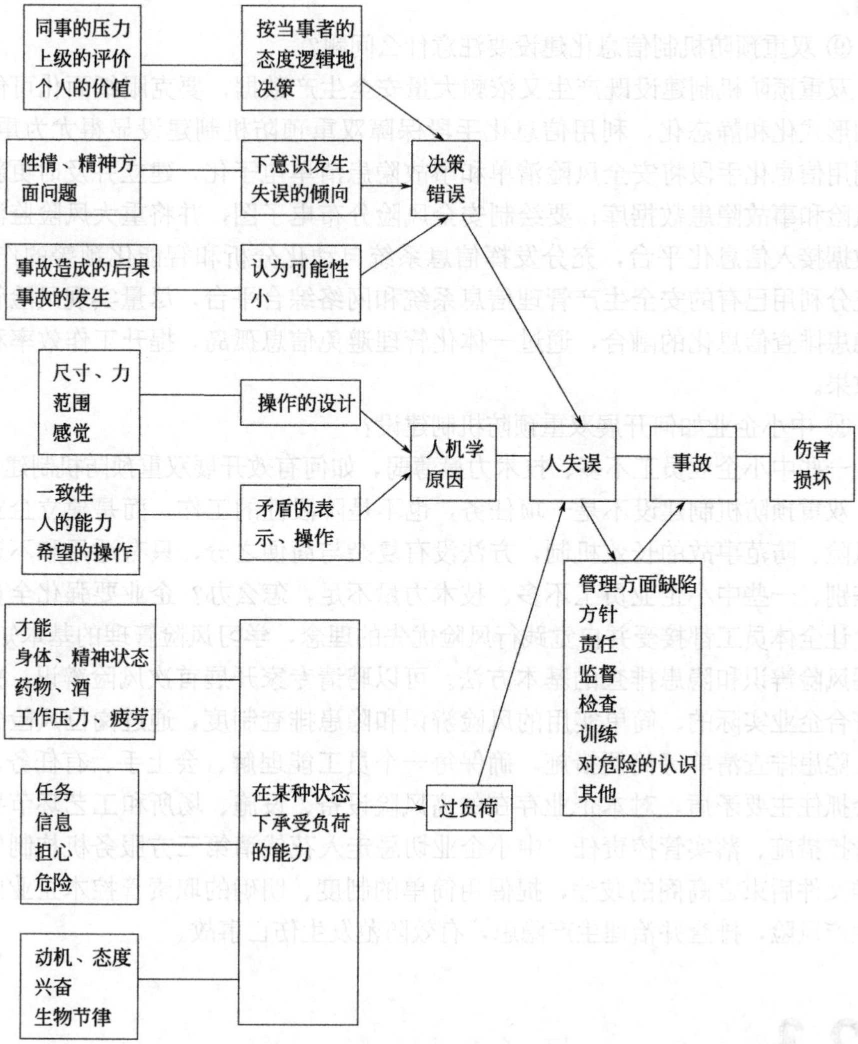

图 2-4　皮特森的人失误模型

2.3.1　人失误致因分析

菲雷尔（R. Ferrell）认为，作为事故原因的人失误的发生，可以归结为下面三个原因：

① 超过人的能力的过负荷；

② 与外界刺激要求不一致的反应；

③ 由于不知道正确方法或故意采取不恰当的行为。

皮特森在菲雷尔观点的基础上进一步指出，事故原因包括人失误和管理缺陷两方面，而过负荷、人机学方面的问题和决策错误是造成人失误的原因（图2-4）。

2.3.2 防止人失误的技术措施

从预防事故角度，可以从三个阶段采取技术措施防止人失误：

① 控制、减少可能引起人失误的各种因素，防止出现人失误；

② 在一旦发生人失误的场合，使人失误无害化，不至于引起事故；

③ 在人失误引起事故的情况下，限制事故的发展，减少事故的损失。

具体技术措施如下。

（1）用机器代替人

机器的故障率一般在 $10^{-6}\sim10^{-4}$，而人的故障率在 $10^{-3}\sim10^{-2}$，机器的故障率远远小于人的故障率。因此，在人容易失误的地方用机器代替人操作，可以有效地防止人失误。

（2）冗余系统

冗余系统是把若干元素附加于系统基本元素上来提高系统可靠性的方法，附加上去的元素称为冗余元素，含有冗余元素的系统称为冗余系统。其方法主要有：两人操作；人机并行；审查。

（3）耐失误设计

耐失误设计是通过精心的设计使人员不能发生失误或者发生了失误也不会带来事故等严重后果的设计。即：利用不同的形状或尺寸防止安装、连接操作失误；利用连锁装置防止人失误；采用紧急停车装置；采取强制措施使人员不能发生操作失误；采取连锁装置使人失误无害化。

（4）警告

包括：视觉警告（亮度、颜色、信号灯、标志等）；听觉警告；气味警告；触觉警告。

（5）人、机、环境匹配

人、机、环境匹配问题主要包括人机动能的合理匹配、机器的人机学设计以及生产作业环境的人机学要求等。即：显示器的人机学设计；操纵器的人机学设计；生产环境的人机学要求。

2.3.3 防止人失误的管理措施

（1）职业适合性

职业适合性是指人员从事某种职业应具备的基本条件，它着重于职业对人员的能力要求。它包括以下三点。

① 职业适合分析

职业适合分析即分析确定职业的特性，如：工作条件、工作空间、物理环境、使用工具、操作特点、训练时间、判断难度、安全状况、作业姿势、体力消耗等特性。人员职业适合分析是在职业特性分析的基础上确定从事该职业人员应该具备的条件，人员应具备的基本条件包括所负责任、知识水平、技术水平、创造性、灵活性、体力消耗、训练和经验等。

② 职业适合性测试

职业适合性测试即在确定了适合职业之后，测试人员的能力是否符合该种职业的要求。

③ 职业适合性人员的选择

选择能力过高或过低的人员都不利于事故的预防。一个人的能力低于操作要求，可能由于其没有能力正确处理操作中出现的各种信息而不能胜任工作，还可能发生人失误；反之，当一个人的能力高于操作要求的水平时，不仅浪费人力资源，而且工作中会由于心理紧张度过低，产生厌倦情绪而发生人失误。

(2) 安全教育与技能训练

安全教育与技能训练是为了防止职工不安全行为，防止人失误的重要途径。安全教育、技能训练的重要性，首先在于他能提高企业领导和广大职工搞好事故预防工作的责任感和自觉性。其次，安全技术知识的普及和安全技能的提高，能使广大职工掌握工伤事故发生发展的客观规律，提高安全操作水平，掌握安全检测技术水平和控制技术，搞好事故预防，保护自身和他人的安全健康。

安全教育包括三个阶段：

① 安全知识教育——使人员掌握有关事故预防的基本知识；

② 安全技能教育——通过受教育者培训及反复的实际操作训练，使其逐渐掌握安全技能；

③ 安全态度教育——目的是使操作者尽可能自觉地实行安全技能，搞好安全生产。

(3) 其他管理措施

合理安排工作任务，防止发生疲劳和使人员的心理处于最优状态；树立良好的企业风气，建立和谐的人际关系，调动职工的安全生产积极性；持证上岗，作业审批等措施都可以有效地防止人失误的发生。

第3章

事故报告、调查与分析

3.1 事故报告

事故报告应当及时、准确、完整，任何单位和个人对事故不得迟报、漏报、谎报或者瞒报。单位和个人不得阻挠和干涉对事故的报告和依法调查处理。事故发生后，及时、准确、完整地报告事故，对于及时、有效地组织事故救援，减少事故损失，顺利开展事故调查具有非常重要的意义。

《中华人民共和国安全生产法》

第八十三条 第一款：生产经营单位发生生产安全事故后，事故现场有关人员应当立即报告本单位负责人。

第八十四条 负有安全生产监督管理职责的部门接到事故报告后，应当立即按照国家有关规定上报事故情况。负有安全生产监督管理职责的部门和有关地方人民政府对事故情况不得隐瞒不报、谎报或者迟报。

3.1.1 事故报告的基本内容

事故报告应包含以下几方面内容。

（1）事故发生单位的概况

事故发生单位的概况应当包括单位的全称、所处地理位置、所有制形式和隶属关系、生产经营范围和规模、持有各类证照的情况、单位负责人的基本情况以及近期的生产经营状况等。当然，这些只是一般性要求，对于不同行业的企业，报告的内容应该根据实际情况来确定，但应当以全面、简洁为原则。

（2）事故发生的时间、地点以及事故现场情况

报告事故发生的时间应当具体，并尽量精确到分钟。报告事故发生的地点要准确，除事故发生的中心地点外，还应当报告事故所波及的区域。报告事故现场的情况应当全面，不仅应当报告现场的总体情况，还应当报告现场人员的伤亡情况、设备设施的毁损情况；不仅应当报告事故发生后的现场情况，还应当尽量报告事故发生前的现场情况，以便于前后比较，分析事故原因。

（3）事故的简要经过

事故的简要经过是对事故全过程的简要叙述。核心要求在于“全”和“简”，“全”是要全过程描述，“简”是要简单明了。需要强调的是，对事故经过的描述应当特别注意事故发生前作业场所有关人员和设备设施的一些细节，因为这些细节可能就是引发事故的重要原因。

（4）事故已经造成或者可能造成的伤亡人数（包括下落不明的人数）和初步估计的直接经济损失

对于人员伤亡情况的报告，应当遵守实事求是的原则，不进行无根据的猜测，更不能隐瞒实际伤亡人数；对可能造成的伤亡人数，要根据事故单位当班记录，尽可能准确报告。对直接经济损失的初步估算，主要指事故所导致的建筑物的毁损、生产设备设施和仪器仪表的损坏等。

（5）已经采取的措施

已经采取的措施主要是指事故现场有关人员、事故单位责任人、已经接到事故报告的安全生产管理部门为减少损失、防止事故扩大和便于事故调查所采取的应急救援和现场保护等具体措施。

（6）其他应当报告的情况

报告事故应当包括内容的兜底条款。对于其他应当报告的情况，根据实际情况具体确定。需要特别指出的是，条例制订时考虑到事故原因往往需要进一步调查之后才能确定，为谨慎起见，没有将其列入应当报告的事项。但是，对于能够初步判定事故原因的，还是应当进行报告。

（7）事故发生后的补报

《生产安全事故报告和调查处理条例》第十三条规定：事故报告后出现新情况的，应当及时补报。自事故发生之日起30日内，事故造成的伤亡人数发生变化的，应当及时补报。道路交通事故、火灾事故自发生之日起7日内，事故造成的伤亡人数发生变化的，应当及时补报。

（8）特种设备事故报告的基本内容参见《特种设备事故报告和调查处理导则》（TSG 03—2015）3 事故报告的相关规定。

3.1.2 事故报告时限

《生产安全事故报告和调查处理条例》第九条规定：事故发生后，事故现场有关人员应当立即向本单位负责人报告；单位负责人接到报告后，应当于1小时内向事故发生地县级以上人民政府安全生产监督管理部门和负有安全生产监督管理职责的有关部门报告。情况紧急时，事故现场有关人员可以直接向事故发生地县级以上人民政府安全生产监督管理部门和负有安全生产监督管理职责的有关部门报告。

《生产安全事故报告和调查处理条例》第十条规定：安全生产监督管理部门和负有安全生产监督管理职责的有关部门接到事故报告后，应当依照下列规定上报事故情况，并通知公安机关、劳动保障行政部门、工会和人民检察院。

① 特别重大事故、重大事故逐级上报至国务院安全生产监督管理部门和负

有安全生产监督管理职责的有关部门；

② 较大事故逐级上报至省、自治区、直辖市人民政府安全生产监督管理部门和负有安全生产监督管理职责的有关部门；

③ 一般事故上报至设区的市级人民政府安全生产监督管理部门和负有安全生产监督管理职责的有关部门。安全生产监督管理部门和负有安全生产监督管理职责的有关部门依照前款规定上报事故情况，应当同时报告本级人民政府。国务院安全生产监督管理部门和负有安全生产监督管理职责的有关部门以及省级人民政府接到发生特别重大事故、重大事故的报告后，应当立即报告国务院。必要时，安全生产监督管理部门和负有安全生产监督管理职责的有关部门可以越级上报事故情况。

《生产安全事故报告和调查处理条例》第十一条规定：安全生产监督管理部门和负有安全生产监督管理职责的有关部门逐级上报事故情况，每级上报的时间不得超过 2 小时。

特种设备事故报告根据《特种设备安全监察条例》第六十六条规定：特种设备事故发生后，事故发生单位应当立即启动事故应急预案，组织抢救，防止事故扩大，减少人员伤亡和财产损失，并及时向事故发生地县以上特种设备安全监督管理部门和有关部门报告。县以上特种设备安全监督管理部门接到事故报告，应当尽快核实有关情况，立即向所在地人民政府报告，并逐级上报事故情况。必要时，特种设备安全监督管理部门可以越级上报事故情况。对特别重大事故、重大事故，国务院特种设备安全监督管理部门应当立即报告国务院并通报国务院安全生产监督管理部门等有关部门。

《特种设备事故报告和调查处理导则》(TSG 03—2015)(部分)：

1. 事故报告程序与要求

(1) 事故发生单位的报告

特种设备发生事故后，事故发生单位应当按照规定启动应急预案，采取措施组织抢救，防止事故扩大，减少人员伤亡和财产损失，履行保护事故现场和有关证据的义务；事故发生单位的负责人接到事故报告后，应当于 1 小时内向事故发生地特种设备安全监管部门和有关部门报告。

(2) 事故核实与上报

地方特种设备安全监管部门接到事故报告，应当尽快核实情况，立即向本级人民政府报告，并且逐级报告上级特种设备安全监管部门直至国家质检总局。各级特种设备安全监管部门每级上报的时间不得超过 2 小时；必要时，可以越级上报事故情况。

(3) 跨区域事故的通报

对事故发生地与事故发生单位所在地不在同一行政区域的，事故发生地的特种设备安全监管部门应当及时通报事故发生单位所在地特种设备安全监管部门。事故发生单位所在地特种设备安全监管部门应当做好事故调查处理的相关配合工作。

(4) 续报

报告事故后出现新情况以及对事故情况尚未报告清楚的，应当及时逐级续报。

2. 事故续报内容

续报内容应当包括事故发生单位详细情况、事故详细经过、设备失效形式和损坏程度、事故伤亡或者涉险人数变化情况、直接经济损失、防止发生次生灾害的应急处置措施和其他有必要报告的情况等。

在30日内受伤人员转为重伤的（因医疗事故而转为重伤的除外，但必须得到医疗事故鉴定部门的确认），按照重伤进行报告、统计。超过30日的，不再补报和统计。

在30日内受伤人员死亡的（因医疗事故死亡的除外，但必须得到医疗事故鉴定部门的确认），按照死亡进行报告、统计。超过30日死亡的，不再补报和统计。

失踪超过30日的，按照死亡进行统计。

3. 报告形式

可以采用传真、电子邮件等方式进行事故报告、续报，并且在其后予以电话确认。格式应当满足本导则附件D的要求。

特殊情况下可以直接采用电话方式报告事故情况，但是应当在24小时内补报文字材料。

3.2 事故调查的管辖权与事故调查的基本原则

3.2.1 事故调查的管辖权

(1) 生产安全事故调查的管辖权

《生产安全事故报告和调查处理条例》第十九条规定：

特别重大事故由国务院或者国务院授权有关部门组织事故调查组进行调查。重大事故、较大事故、一般事故分别由事故发生地省级人民政府、设区的市级人民政府、县级人民政府负责调查。省级人民政府、设区的市级人民政府、县级人民政府可以直接组织事故调查组进行调查，也可以授权或者委托有关部门组织事故调查组进行调查。未造成人员伤亡的一般事故，县级人民政府也可以委托事故发生单位组织事故调查组进行调查。

《生产安全事故报告和调查处理条例》第二十条规定：上级人民政府认为必要时，可以调查由下级人民政府负责调查的事故。自事故发生之日起30日内（道路交通事故、火灾事故自发生之日起7日内），因事故伤亡人数变化导致事故等级发生变化，依照本条例规定应当由上级人民政府负责调查的，上级人民政府可以另行组织事故调查组进行调查。

《生产安全事故报告和调查处理条例》第二十一条规定：特别重大事故以下等级事故，事故发生地与事故发生单位不在同一个县级以上行政区域的，由事故发生地人民政府负责调查，事故发生单位所在地人民政府应当派人参加。

(2) 特种设备事故调查的管辖权

根据《特种设备安全监察条例》第六十七条规定：特别重大事故由国务院或者国务院授权有关部门组织事故调查组进行调查。重大事故由国务院特种设备安全监督管理部门会同有关部门组织事故调查组进行调查。较大事故由省、自治区、直辖市特种设备安全监督管理部门会同有关部门组织事故调查组进行调查。一般事故由设区的市的特种设备安全监督管理部门会同有关部门组织事故调查组进行调查。

第六十九条规定：特种设备安全监督管理部门应当在有关地方人民政府的领导下，组织开展特种设备事故调查处理工作。有关地方人民政府应当支持、配合上级人民政府或者特种设备安全监督管理部门的事故调查处理工作，并提供必要的便利条件。

3.2.2 事故调查的基本原则

事故调查处理是一项比较复杂的工作，涉及方方面面的关系，同时又具有很强的科学性和技术性。要搞好事故调查处理工作，必须有正确的原则作指导。

(1) 实事求是的原则

实事求是是唯物辩证法的基本要求。

一是必须全面、彻底查清生产安全事故的原因，不得夸大事故事实或缩小事实，不得弄虚作假；

二是一定要从实际出发，在查明事故原因的基础上明确事故责任；

三是提出处理意见要实事求是，不得从主观出发，不能感情用事，要根据事故责任划分，按照法律、法规和国家有关规定对事故责任人提出处理意见；

四是总结事故教训、落实事故整改措施要实事求是，总结教训要准确、全面，落实整改措施要坚决、彻底。

(2) 尊重科学的原则

尊重科学，是事故调查处理工作的客观规律。生产安全事故的调查处理具有很强的科学性和技术性，特别是事故原因的调查，往往需要做很多技术上的分析和研究，利用很多技术手段。尊重科学，一是要有科学的态度，不主观臆想，不轻易下结论，防止个人意识主导，杜绝心理偏好，努力做到客观、公正；二是要特别注意充分发挥专家和技术人员的作用，把对事故原因的查明，事故责任的分析，认定建立在科学的基础上。

3.3 事故调查组

3.3.1 事故调查组的构成及机构设置

（1）事故调查组的构成

《生产安全事故报告和调查处理条例》第二十二条规定：事故调查组的组成应当遵循精简、效能的原则。根据事故的具体情况，事故调查组由有关人民政府、安全生产监督管理部门、负有安全生产监督管理职责的有关部门、监察机关、公安机关以及工会派人组成，并应当邀请人民检察院派人参加。事故调查组可以聘请有关专家参与调查。

《生产安全事故报告和调查处理条例》第二十三条规定：事故调查组成员应当具有事故调查所需要的知识和专长，并与所调查的事故没有直接利害关系。

（2）事故调查组机构设置

事故调查组的内部机构一般为：设事故调查组组长 1 名；根据事故具体情况和事故等级，设副组长 1～3 名，一般等级事故可只设组长 1 名；重大、特别重大事故在调查时，可设置具体工作小组，负责某一方面的具体调查工作。

（3）在实践中应注意的问题

① 事故调查组组成时，有关部门、单位中与所调查的事故有直接利害关系的人员应当主动回避，不应参加事故调查工作。

② 事故调查组组成时，发现被推荐为事故调查组成员的人选与所调查的事故有直接利害关系的，组织事故调查的人民政府或者有关部门应当将该成员予以调整。

③ 事故调查组组成后，有关部门、单位发现其成员与所调查的事故有直接利害关系的，事故调查组应当将该成员予以更换或者停止其事故调查工作。

3.3.2 事故调查组长的确定

《生产安全事故报告和调查处理条例》第二十四条规定：事故调查组组长由负责事故调查的人民政府指定。事故调查组组长主持事故调查组的工作。

事故调查组组长主持事故调查组工作，具体职责是：全过程领导事故调查工作；主持事故调查会议，确定事故调查组各小组职责和事故调查组成员的分工；协调事故调查工作中的重大问题，对事故调查中的分歧意见作出决策等。

3.3.3 事故调查组履行的职责

《生产安全事故报告和调查处理条例》第二十五条规定：事故调查组履行下列职责。

（1）查明事故发生的经过、原因、人员伤亡情况及直接经济损失

① 查明事故发生的经过

a. 事故发生前，事故发生单位生产作业状况；

b. 事故发生的具体时间、地点；

c. 事故现场状况及事故现场保护情况；

d. 事故发生后采取的应急处置措施情况；

e. 事故报告经过；

f. 事故抢救及事故救援情况；

g. 事故的善后处理情况；

h. 其他与事故发生经过有关的情况。

② 查明事故发生的原因

a. 事故发生的直接原因；

b. 事故发生的间接原因；

c. 事故发生的其他原因。

③ 查明事故发生的人员伤亡情况

a. 事故发生前，事故发生单位生产作业人员分布情况；

b. 事故发生时人员涉险情况；

c. 事故当场人员伤亡情况及人员失踪情况；

d. 事故抢救过程中人员伤亡情况；

e. 最终伤亡情况；

f. 其他与事故发生有关的人员伤亡情况。

④ 查明事故发生的直接经济损失

a. 人员伤亡后所支出的费用，如医疗费用、丧葬及抚恤费用、补助及救济费用、歇工工资等；

b. 事故善后处理费用，如处理事故的事务性费用、现场抢救费用、现场清理费用、事故罚款和赔偿费用等；

c. 事故造成的财产损失费用，如固定资产损失价值、流动资产损失价值等。

（2）事故责任者

对认定为自然事故（非责任事故或者不可抗拒的事故）的，可不再认定或者追究事故责任人；对认定为责任事故的，要按照责任大小和承担责任的不同分别认定下列事故责任者：

① 直接责任者，是指其行为与事故发生有直接因果关系的人员，如违章作业人员等；

② 主要责任者，是指对事故发生负有主要责任的人员，如违章指挥者；

③ 领导责任者，是指对事故发生负有领导责任的人员，主要是政府及其有关部门的人员。

④ 属地地方人民政府、安全生产监督管理部门和负有安全生产监督管理职责的直接负责的主管人员和其他直接责任人员。

(3) 提出对事故责任者的处理建议

通过事故调查分析，在认定事故的性质和事故责任的基础上，对事故责任者的处理建议主要包括下列内容：

① 对责任者的行政处分、纪律处分建议；

② 对责任者的行政处罚建议；

③ 对责任者追究刑事责任的建议；

④ 对责任者追究民事责任的建议。

(4) 总结事故教训，提出防范和整改措施

通过事故调查分析，在认定事故的性质和事故责任者的基础上，要认真总结事故教训，主要是在安全生产管理、安全生产投入、安全生产条件等方面存在哪些薄弱环节、漏洞和隐患，要认真对照问题查找根源。

① 总结事故教训

a. 事故发生单位应该吸取的教训；

b. 事故发生单位主要负责人应该吸取的教训；

c. 事故发生单位有关主管人员和有关职能部门应该吸取的教训；

d. 从业人员应该吸取的教训；

e. 政府及其有关部门应该吸取的教训；

f. 相关生产经营单位应该吸取的教训；

g. 社会公众应该吸取的教训等。

② 提出防范和整改措施

防范和整改措施是在事故调查分析的基础上针对事故发生单位在安全生产方面的薄弱环节、漏洞、隐患等提出的，要具备以下性质：针对性，可操作性，普遍适用性，时效性。

③ 提交事故调查报告

事故调查报告是在事故调查组全面履行职责的前提下由事故调查组作出的。这是事故调查最核心的任务，是其工作成果的集中体现。

事故调查报告在事故调查组组长的主持下完成，事故调查报告的内容应当符合《生产安全事故报告和调查处理条例》第三十条的规定，并在规定的提交事故调查报告的时限内提出。

（5）提交事故调查报告

事故调查组成员应当在事故调查报告上签名。

① 事故调查报告附具的有关证据材料是事故调查报告的重要部分，应作为事故调查报告的附件一并提交。提出这项要求是为了增强事故调查报告的科学性、证明力、公信力。

② 事故调查报告附具的有关证据材料应当具有真实性，并作为事故调查报告的附件予以详细登记，必要时有关当事人及获得该证据材料的事故调查组成员应当在证据材料上签名。

③ 事故调查组成员在事故调查报告上的签名页是事故调查报告的必备内容，没有事故调查组成员签名的事故调查报告，可以不予批复。签名应当由事故调查组成员本人签署，特殊情况下由他人代签的，要注明本人同意。事故调查中的不同意见在签名时可一并说明。

3.3.4 事故调查组的行为规范

《生产安全事故报告和调查处理条例》第二十八条规定：事故调查组成员在事故调查工作中应当诚信公正、恪尽职守，遵守事故调查组的纪律，保守事故调查的秘密。未经事故调查组组长允许，事故调查组成员不得擅自发布有关事故的信息。

3.3.5 特种设备调查组

特种设备调查组的设置、职责及行为规范见《特种设备事故报告和调查处理导则》（TSG 03—2015）4 事故调查组织的相关规定。

3.4 事故调查处理的任务及当地政府部门及相关部门的职责

《中华人民共和国安全生产法》第八十八条　任何单位和个人不得阻挠和干涉对事故的依法调查处理。

第八十六条 第一款：事故调查处理应当按照科学严谨、依法依规、实事求是、注重实效的原则，及时、准确地查清事故原因，查明事故性质和责任，评估应急处置工作，总结事故教训，提出整改措施，并对事故责任单位和人员提出处理建议。事故调查报告应当依法及时向社会公布。事故调查和处理的具体办法由国务院制定。

3.4.1 事故调查处理的任务

根据《生产安全事故报告和调查处理条例》的规定，事故调查处理的主要任务和内容包括以下几个方面。

（1）及时、准确地查清事故经过、事故原因和事故损失

查清事故发生的经过和事故原因，是事故调查处理的首要任务和内容，也是进行下一步工作的基础。事故原因有可能是自然原因，即所谓“天灾”，也有可能是人为原因，即所谓“人祸”，更多情况下则是责任原因和人为原因共同造成的，即所谓的“三分天灾，七分人祸”。无论什么原因，都要予以查明。事故损失主要包括事故造成的人身伤亡和直接经济损失。这是确定事故等级的依据。查清事故经过、事故原因和事故损失，重在及时、准确，不能久查不清或者含含糊糊，似是而非。

（2）查明事故性质，认定事故责任

事故性质是指事故是人为事故还是自然事故，是责任事故还是非责任事故。查明事故性质是认定事故责任的基础和前提。如果事故纯属自然事故，则不需要认定事故责任。如果是人为事故即责任事故，就应当查明哪些人员对事故负有责任，并确定其责任程序。事故责任有直接责任，也有间接责任；有主要责任，也有次要责任。此外，属地地方人民政府、安全生产监督管理部门和负有安全生产监督管理职责的有关部门直接负责的主管人员和其他直接责任人员，也应负有相应的法律责任。

（3）总结事故教训，提出整改措施

安全生产工作的根本方针是安全第一、预防为主、综合治理。通过查明事故经过和事故原因，发现安全生产管理工作的漏洞，从事故中总结血的经验教训，并提出整改措施，防止今后类似事故再次发生，这是事故调查处理的重要任务和内容之一，也是事故调查处理的最根本目的。

（4）对事故责任者依法追究责任

生产安全事故责任追究制度是我国安全生产领域的一项基本制度。《安全生产法》明确规定，国家建立生产安全事故责任追究制度。结合对事故责任的认定，对事故责任人分别提出不同的处理建议，使有关责任者受到合理的处理，包括给予党纪处分、行政处分或者建议追究相应的刑事责任。这对于增强有关人员的责任心，预防事故再次发生，具有重要意义。

以上规定较好地体现了事故调查处理的“四不放过”原则，即事故原因未查清不放过，责任人员未处理不放过，整改措施未落实不放过，有关人员未受到教育不放过。

3.4.2 当地政府部门及相关部门的职责

根据《生产安全事故报告和调查处理条例》第五条的规定：县级以上人民政府应当依照本条例的规定，严格履行职责，及时、准确地完成事故调查处理工作。事故发生地有关地方人民政府应当支持、配合上级人民政府或者有关部门的事故调查处理工作，并提供必要的便利条件。

(1) 县级以上人民政府在事故调查处理中的职责

按照《生产安全事故报告和调查处理条例》第五条规定，县级以上人民政府应当依照本条例的规定，严格履行职责，及时、准确地完成事故调查处理工作。县级以上人民政府包括县级人民政府本身、设区的市级人民政府、省级人民政府以及中央人民政府也就是国务院。根据本条例的规定，在事故调查处理中，县级以上人民政府的主要职责有两项：

一是负责组织事故调查。对事故调查处理，本条例坚持了“政府领导、分级负责”的原则。除法律、行政法规或者国务院另有规定外，事故按照不同的级别，分别由县级以上人民政府或者其授权的部门组织事故调查组进行调查。这与其说是一项权利，不如说是一项义务或者职责。无论是直接组织事故调查组，还是授权有关部门组织事故调查组进行调查，组织事故调查的职责都属于县级以上各级人民政府。有关人民政府在接到事故报告后，应当按照本条例的规定，及时组织有关部门成立事故调查组，或者授权有关部门及时组织事故调查组，尽快开展事故调查工作。有关人民政府还应当指定事故调查组组长，负责领导事故调查组的工作。在事故调查中，有关人民政府应当加强指导，确保事故调查组能够在规定的期限内，顺利完成事故调查，提出事故调查报告。

二是及时作出事故批复。事故调查组向负责组织事故调查的有关人民政府提出事故调查报告后，事故调查工作即告结束。有关人民政府应当按照条例规定的期限，及时作出批复，并督促有关机关、单位落实事故批复，包括对生产经营单位的行政处罚，对事故责任人行政责任的追究以及整改措施的落实等。在批复中，有关人民政府要严格把关，特别是要保证对事故责任人的追究做到严肃、公正、合法。

(2) 事故发生地有关地方人民政府配合事故调查处理的职责

有关地方人民政府包括乡镇人民政府、县级人民政府、设区的市级人民政府和省级人民政府。无论是上级人民政府直接组织事故调查组进行事故调查，还是有关部门受政府委托组织事故调查组进行事故调查，事故发生地有关人民政府都应当予以支持、配合。事故发生地有关人民政府配合事故调查处理工作，通常有以下几个方面：

一是按照上级人民政府或者有关部门的要求，及时指定人员参加事故调查组。

二是采取有效措施保护事故现场，防止破坏现场、销毁证据等行为发生，对需要采取强制措施的事故责任人员及时控制，防止其逃匿或者转移资金、财产等。

三是为事故调查组提供调查所需的有关情况信息，包括事故发生单位及其有关人员的情况和信息、有关部门的监管情况和监管信息等。

四是协助做好事故伤亡人员的赔偿、家属安抚等工作，确保当地社会秩序稳定。

五是根据上级人民政府依法作出的事故批复，落实或者督促有关部门落实对事故发生单位及其有关部门人员的行政处罚，对事故责任人员予以处分，督促有关部门对事故发生单位落实整改措施的情况进行监督检查。

此外，事故发生地有关人民政府还应当为上级人民政府或者有关部门的事故调查处理提供必要的便利条件，包括交通、办公场所等。为事故调查处理创造有利的环境。

(3) 参加事故调查处理的部门和单位应当互相配合

事故调查处理，关键是要做到客观、公正、高效。依照本条例的规定，事故调查组是由多个部门和单位共同派人组成的。因此，要顺利地开展工作，提高事故调查处理的效率，参加事故调查处理的有关部门就必须要有全局意识、大局意识和高度的工作责任心，互相配合，严格履行各自的职责，不能互相扯皮，互相推诿。

(4) 特种设备事故调查机构职责

特种设备事故调查机构职责参见《特种设备事故报告和调查处理导则》（TSG 03—2015）4.9.1机构职责的相关规定。

3.4.3 生产安全事故防范和整改措施落实情况评估

《中华人民共和国安全生产法》

第八十六条 第三款：负责事故调查处理的国务院有关部门和地方人民政府应当在批复事故调查报告后1年内，组织有关部门对事故整改和防范措施落实情况进行评估，并及时向社会公开评估结果；对不履行职责导致事故整改和防范措施没有落实的有关单位和人员，应当按照有关规定追究责任。

《生产安全事故防范和整改措施落实情况评估办法》

第三条 事故结案后10个月至1年内，负责事故调查的地方政府和国务院有关部门要组织开展评估，具体工作可以由相应安全生产委员会或安全生产委员会办公室组织实施。

第四条 评估工作组原则上由参加事故调查的部门组成，可以邀请相应纪检监察机关按照职责同步开展工作。根据工作需要，可以聘请相关专业技术服务机构或专家参加。

评估工作跨行政区域的，相关地方应当积极配合并提供有关情况和资料。

第八条 现场评估工作结束后，评估工作组要形成评估报告。评估报告主要内容应当包括评估工作过程、总体评估意见、事故防范和整改措施落实情况、评估发现的主要问题和相关工作建议等，并附问题清单、工作建议清单以及经验做法清单。评估报告起草过程中，应当充分听取参加评估工作组的有关部门意见。

《生产安全事故防范和整改措施落实情况评估办法》规定了具体的评估内容、评估方式、评估发现问题的处理及信息公开等内容。

3.5 事故调查的基本步骤

3.5.1 事故调查的取证

事故发生后，在进行事故调查的过程中，事故调查取证是完成事故调查过程的非常重要的一个环节。如何进行事故调查的取证在国家的法规标准中都给出了相应的方法和技术手段。

事故调查的取证大体可以从以下几方面入手。

(1) 事故现场处理

为保证事故调查、取证客观公正地进行，在事故发生后，对事故现场要进行保护。事故现场的处理至少应当做到：

① 事故发生后，应救护受伤害者，采取措施制止事故蔓延扩大；

② 认真保护事故现场，凡与事故有关的物体、痕迹、状态，不得破坏；

③ 为抢救受伤害者需要移动现场某些物体时，必须做好现场标志；

④ 保护事故现场区域，不要破坏现场，除非还有危险存在；准备必需的草图梗概和图片；仔细记录或进行拍照、录像并保持记录的准确性。

(2) 事故有关物证的收集

通常收集的物证应包括：

① 现场物证，包括破损部件、碎片、残留物、致害物的位置等；

② 在现场搜集到的所有物件均应贴上标签，注明地点、时间、管理者；

③ 所有物件应保持原样，不准冲洗擦拭；

④ 对健康有危害的物品，应采取不损坏原始证据的安全防护措施；

⑤ 对事故的描述，以及估计的破坏程度；

⑥ 正常的运作程序；

⑦ 事故发生地点、地图（地方与总图）；

⑧ 证据列表以及事故发生前的事件。

（3）事故材料收集

事故材料的收集应包括两方面内容。

① 与事故鉴别、记录有关的材料

a. 发生事故的单位、地点、时间。

b. 受害人和肇事者的姓名、性别、年龄、文化程度、职业、技术等级、工龄、本工种工龄、支付工资的形式。

c. 受害人和肇事者的技术状况、接受安全教育情况。

d. 出事当天，受害人和肇事者什么时间开始工作、工作内容、工作量、作业程序、操作时的动作（或位置）。

e. 受害人和肇事者过去的事故记录。

② 事故发生的有关事实

a. 事故发生前设备、设施等的性能和质量状况。

b. 使用的材料，必要时进行物理性能或化学性能实验与分析。

c. 有关设计和工艺方面的技术文件、工作指令和规章制度方面的资料及执行情况。

d. 关于工作环境方面的状况，包括照明、湿度、温度、通风、声响、色彩度、道路、工作面情况以及工作环境中的有毒、有害物质取样分析记录。

e. 个人防护措施状况，应注意它的有效性、质量、使用范围。

f. 出事前受害人和肇事者的健康状况。

g. 其他可能与事故致因有关的细节或因素。

（4）事故人证材料收集记录

当事故发生后，应尽快寻找证人，搜集证据。同时要与在事故发生之前曾在现场的人员，以及那些在事故发生之后立即赶到事故现场的人员进行交谈。要保证每一次交谈记录的准确性。如果需要并得到许可，可以使用录音机。

询访见证人、目击者和当班人员时，应采用谈话的方式，不应采用审问方式。同时，必须寻找见证人，他们可提供与事故调查有关的各方面的信息，包括事故现场状态、周围环境情况及人为因素。洞察力、听觉敏锐力、反应能力以及证人的通常状态可能影响他们的观察能力。证人可能忽略了整个事故发生的顺序，原因在于证人可能没有观察到或者没有认识到整个事故发生的顺序的重要性。

（5）事故现场摄影及事故现场图绘制

① 事故现场摄影

在收集事故现场的资料时，可能要通过对事故现场进行摄影或拍照来获得更清楚的信息。

a. 显示事故现场和受害者原始存息地的所有照片。

b. 可能被清除或被践踏的痕迹：如刹车痕迹、地面和建筑物的伤痕、火灾爆炸引起的损害、受害者的受伤部位等，要及时拍照。

c. 事故发生现场全貌。

d. 利用摄影或录像，以提供较完善的信息内容。

② 事故现场绘图

对事故发生地点经过全面地初步研究拍照之后，调查工作的一项重要任务是绘制事故现场图。当采用简单方案时，通过测量某检查点与主要事故现场之间的距离和方位，绘制事故位置图。

a. 确定事故发生地点坐标、伤亡人员的位置图。

b. 确定涉及事故的设备各构件散落的位置并作出标记，测定各构件在该地区的位置。

c. 查看、测出和分析事故发生时留在地面上的痕迹。

d. 必要时，绘制现场剖面图。

e. 绘制图的形式，可以是事故现场示意图、流程图、受害者位置图等。

3.5.2 事故调查的分析

事故调查完毕要进行合理、科学的分析，分析的基本程序和内容如下。

（1）整理和阅读调查材料

（2）材料分析

材料分析是对受害者的受伤部位、受伤性质、起因物、致害物、伤害方式、不安全状态、不安全行为等进行分析、讨论和确认。

（3）事故直接原因分析

事故直接原因分析是对人的不安全行为和物的不安全状态进行分析。

（4）事故间接原因分析

主要是对事故发生起间接作用的管理因素的分析。

（5）事故责任分析及处理

事故责任分析是在查明事故的原因后，应分清事故的责任，使企业领导和职工从中吸取教训，改进工作；事故责任分析中，应通过调查事故的直接原因和间接原因分析，确定事故的直接责任者和领导责任者及其主要责任者，并根据事故后果对事故责任者提出处理意见。

① 因下述原因造成事故，应首先追究领导者的责任

a. 没有按规定对工人进行安全教育和技术培训，或未经工种考试合格就上岗操作的；

b. 缺乏安全技术操作规程或不健全的；

c. 设备严重失修或超负荷运转；

d. 安全措施、安全信号、安全标志、安全用具、个人防护用品有缺陷的；

e. 对事故熟视无睹，不认真采取措施或挪用安全技术措施经费，致使重复发生同类事故的；

f. 对现场工作缺乏检验或指导错误的。

② 凡因下述原因造成事故，应追究肇事者和有关人员的责任

a. 违章指挥或违章作业、冒险工作的；

b. 违反安全生产责任制，违反劳动纪律、玩忽职守的；

c. 擅自开动机械设备，擅自更改、拆除、毁坏、挪用安全装置和设备的。

③ 事故责任者或其他人员，凡有下列情形之一者，应从重处罚

a. 毁灭、伪造证据、破坏伪造事故现场，干扰调查工作或嫁祸于人的；

b. 利用职权隐瞒事故，虚报情况，或者故意拖延报告的；

c. 多次不管理，违反规章制度，或者强令工人冒险作业的；

d. 对批评、制止违章行为，如实反映事故情况的人员进行打击报复的。

事故分析和责任者的处理如果不能取得一致意见时，劳动部门有权提出结论性意见；如果仍有不同意见，应当报请上级劳动部门协商有关部门处理，仍不能达成一致意见时，报请同级人民政府裁决，但不得超过事故处理工作结案时限。伤亡事故处理结案时间一般不超过 90 天，特殊情况不得超过 180 天。伤亡事故处理结案后，应当公开宣布处理结果，并将有关资料整理存档，以备查考。

3.5.3 伤亡事故结案归档

伤亡事故结案归档是事故调查的最后一个环节。对事故调查的结果进行归纳整理、建档，有利于指导安全教育、事故预防等工作，对制订安全生产法规、制度以及隐患整改提供了重要依据。

事故处理结案后，应归档的事故资料应有下列内容：

① 职工伤亡事故登记表；

② 职工死亡、重伤事故调查报告书及批复；

③ 现场调查记录、图纸、照片等；

④ 技术鉴定和试验报告；

⑤ 物证和人证材料；
⑥ 直接经济损失和间接经济损失材料；
⑦ 事故责任者的自述材料；
⑧ 医疗部门对伤亡人员的诊断书；
⑨ 发生事故时的工艺条件、操作情况和设计资料。

3.5.4 特种设备事故的调查程序及现场调查的规定

特种设备事故的调查参加见《特种设备事故报告和调查处理导则》（TSG 03—2015）5 事故调查程序和现场调查的相关规定。

3.6 事故原因的分析

对一起事故的原因进行详细分析，通常从两个方面进行，即直接原因和间接原因。美国调查分析伤亡事故的原因时，采用如下方式：在最底层，一起事故仅仅是当事人员或物体接收到一定数量的能量或危害物质而不能够安全地承受时发生的，这些能量或危害物质就是这起事故的直接原因。与其相对应的导致能量或危害物质释放的原因，即直接原因的原因，诸如设计技术、管理、培训教育等原因则是间接原因。

事故调查的核心问题是查明事故发生的直接原因和间接原因，这样才能正确认定事故的性质。在分析事故时，应从直接原因入手，逐步深入到间接原因，从而掌握事故的全部原因，进而正确认定事故的性质，厘清与事故发生相关单位（部门）、人员的责任。

事故调查人员应集中于导致事故发生的每一个事件，同样要集中于各个事件在事故发生过程中的先后顺序。事故类型对于事故调查人员也是十分重要的。

在事故原因分析时通常要明确以下内容：
① 在事故发生之前存在什么样的不正常；
② 不正常的状态是在哪儿发生的；
③ 在什么时候首先注意到不正常的状态；
④ 不正常状态是如何发生的；
⑤ 事故为什么会发生；
⑥ 事件发生的可能顺序以及可能的原因（直接原因、间接原因）；
⑦ 分析可选择的事件发生顺序。

3.6.1 事故原因分析的基本步骤

在进行事故调查原因分析时，通常按照以下步骤进行分析。

（1）整理和阅读调查材料

（2）分析伤害方式

按以下七项内容进行分析：

① 受伤部位；

② 受伤性质；

③ 起因物；

④ 致害物；

⑤ 伤害方式；

⑥ 不安全状态；

⑦ 不安全行为。

（3）确定事故的直接原因

直接原因主要从两个方面来考虑：能量源和危险物质。

（4）确定事故的间接原因

间接原因指引起事故原因的原因，一般间接原因有多个，多个间接原因相互作用对事故的发生起到推动间接作用。

3.6.2 事故直接原因的分析

直接原因是指对事故的发生发展起到最直接的推动，并直接促成事故发生的原因。

直接原因是在时间上最接近事故发生的原因，又称为一次原因，直接原因一般只有一个，其对事物的发生起主要作用。

直接原因可分为三类：

① 物的原因。物的原因是指由于设备不良所引起的，也称为物的不安全状态。所谓物的不安全状态是使事故能发生的不安全的物体条件或物质条件。

② 环境原因。环境原因是指由于环境不良所引起的。

③ 人的原因。人的原因是指由人的不安全行为而引起的事故。所谓人的不安全行为是指违反安全规则和安全操作原则，使事故有可能或有机会发生的行为。

下列情形属于直接原因。

（1）机械、物质或环境的不安全状态

① 防护、保险、信号等装置缺乏或有缺陷

a. 无防护。

a）无防护罩；

b）无安全保险装置；

c）无报警装置；

d）无安全标志；

e）无护栏或护栏损坏；

f）（电气）未接地；

g）绝缘不良；

h）局部通风机无消音系统、噪声大；

i）危房内作业；

j）未安装防止“跑车”的挡车器或挡车栏；

k）其他。

b. 防护不当。

a）防护罩未在适当位置；

b）防护装置调整不当；

c）坑道掘进、隧道开凿支撑不当；

d）防爆装置不当；

e）采伐、集材作业安全距离不够；

f）放炮作业隐蔽所有缺陷；

g）电气装置带电部分裸露；

h）其他。

② 设备、设施、工具、附件有缺陷

a. 设计不当，结构不合安全要求。

a）通道门遮挡视线；

b）制动装置有缺欠；

c）安全间距不够；

d）拦车网有缺欠；

e）工件有锋利毛刺、毛边；

f）设施上有锋利倒棱；

g）其他。

b. 强度不够。

a）机械强度不够；

b）绝缘强度不够；

c）起吊重物的绳索不合安全要求；

d）其他。

c. 设备在非正常状态下运行。

a）设备带“病”运转；

b）超负荷运转；

c）其他。

d. 维修、调整不良。

a）设备失修；

b）地面不平；

c）保养不当、设备失灵；

d）其他。

③ 个人防护用品用具——防护服、手套、护目镜及面罩、呼吸器官护具、听力护具、安全带、安全帽、安全鞋等缺少或有缺陷

a. 无个人防护用品、用具。

b. 所用的防护用品、用具不符合安全要求。

④ 生产（施工）场地环境不良

a. 照明光线不良。

a）照度不足；

b）作业场地烟雾尘弥漫视物不清；

c）光线过强。

b. 通风不良。

a）无通风；

b）通风系统效率低；

c）风流短路；

d）停电停风时爆破作业；

e）瓦斯排放未达到安全浓度爆破作业；

f）瓦斯超限；

g）其他。

c. 作业场所狭窄。

d. 作业场地杂乱。

a）工具、制品、材料堆放不安全；

b）采伐时，未开“安全道”；

c）迎门树、坐殿树、搭挂树未做处理；

d）其他。

e. 交通线路的配置不安全。

f. 操作工序设计或配置不安全。

g. 地面滑。

a）地面有油或其他液体；

b）冰雪覆盖；

c）地面有其他易滑物。

h. 贮存方法不安全。

i. 环境温度、湿度不当。

（2）人的不安全状态

① 操作错误，忽视安全，忽视警告

a. 未经许可开动、关停、移动机器；

b. 开动、关停机器时未给信号；

c. 开关未锁紧，造成意外转动、通电或泄漏等；

d. 忘记关闭设备；

e. 忽视警告标志、警告信号；

f. 操作错误（指按钮、阀门、扳手、把柄等的操作）；

g. 奔跑作业；

h. 供料或送料速度过快；

i. 机械超速运转；

j. 违章驾驶机动车；

k. 酒后作业；

l. 客货混载；

m. 冲压机作业时，手伸进冲压模；

n. 工件紧固不牢；

o. 用压缩空气吹铁屑；

p. 其他。

② 造成安全装置失效

a. 拆除了安全装置；

b. 安全装置堵塞，失掉了作用；

c. 调整的错误造成安全装置失效；

d. 其他。

③ 使用不安全设备

a. 临时使用不牢固的设施；

b. 使用无安全装置的设备；

c. 其他。

④ 手代替工具操作

a. 用手代替手动工具；

b. 用手清除切屑；

c. 不用夹具固定、用手拿工件进行机加工。

⑤ 物体（指成品、半成品、材料、工具、切屑和生产用品等）存放不当

⑥ 冒险进入危险场所

a. 冒险进入涵洞；

b. 接近漏料处（无安全设施）；

c. 采伐、集材、运材、装车时，未离危险区；

d. 未经安全监察人员允许进入油罐或井中；

e. 未“敲帮问顶”便开始作业；

f. 冒进信号；

g. 调车场超速上下车；

h. 易燃易爆场所明火；

i. 私自搭乘矿车；

j. 在绞车道行走；

k. 未及时瞭望。

⑦ 攀、坐不安全位置（如平台护栏、汽车挡板、吊车吊钩）

⑧ 在起吊物下作业、停留

⑨ 机器运转时加油、修理、检查、调整、焊接、清扫等工作

⑩ 有分散注意力行为

⑪ 在必须使用个人防护用品用具的作业或场合中，忽视其使用

a. 未戴护目镜或面罩；

b. 未戴防护手套；

c. 未穿安全鞋；

d. 未戴安全帽；

e. 未佩戴呼吸护具；

f. 未佩戴安全带；

g. 未戴工作帽；

h. 其他。

⑫ 不安全装束

a. 在有旋转零部件的设备旁作业穿过肥大服装；

b. 操纵带有旋转零部件的设备时戴手套；

c. 其他。

⑬ 对易燃、易爆等危险物品处理错误

3.6.3 事故间接原因的分析

间接原因是指引起事故原因的原因，在事故中不起主导作用，而是起着间接作用。间接原因主要有以下几个方面。

① 技术的原因。包括：主要装置、机械、建筑的设计，建筑物竣工后的检

查保养等技术方面不完善，机械装备的布置，工厂地面、室内照明以及通风、机械工具的设计和保养，危险场所的防护设备及警报设备，防护用具的维护和配备等存在的技术缺陷。

② 教育的原因。包括：与安全有关的知识和经验不足，对作业过程中的危险性及其安全运行方法无知、轻视、不理解、训练不足，坏习惯及没有经验等。

③ 身体的原因。包括：身体有缺陷或由于睡眠不足百疲劳、酩酊大醉等。

④ 精神的原因。包括怠慢、反抗、不满等不良态度，焦躁、紧张、恐怖、不和等精神状况，偏狭、固执等性格缺陷。

⑤ 管理原因。包括：企业主要领导人对安全的责任心不强，作业标准不明确，缺乏检查保养制度，劳动组织不合理等。

3.7 事故责任的划分

3.7.1 生产安全事故的认定

根据《关于生产安全事故认定若干意见问题的函》事故责任认定的原则及相关事故责任认定如下。

(1) 生产安全事故的认定原则

① 严格依法认定、适度从严的原则；

② 从实际出发，适应我国当前安全管理的体制机制，事故认定范围不宜做大的调整；

③ 有利于保护事故伤亡人员及其亲属的合法权益，维护社会稳定；

④ 有利于加强安全生产监管职责的落实，消灭监管“盲点”，促进安全生产形势的稳定好转。

(2) 生产经营单位和生产经营活动的认定

《中华人民共和国安全生产法》（下简称《安全生产法》）所称的生产经营单位，是指从事生产活动或者经营活动的基本单元，既包括企业法人，也包括不具有企业法人资格的经营单位、个人合伙组织、个体工商户和自然人等其他生产经营主体；既包括合法的基本单元，也包括非法的基本单元。

《安全生产法》和《生产安全事故报告和调查处理条例》所称的生产经营活动，既包括合法的生产经营活动，也包括违法违规的生产经营活动。

综上，生产经营单位在生产经营活动中发生的造成人身伤亡或者直接经济损失的事故，属于生产安全事故。

国家机关、事业单位、人民团体发生的事故的报告和调查处理，参照《生产安全事故报告和调查处理条例》的规定执行。

(3) 关于非法生产经营造成事故的认定

① 无证照或者证照不全的生产经营单位擅自从事生产经营活动，发生造成人身伤亡或者直接经济损失的事故，属于生产安全事故。

② 个人私自从事生产经营活动（包括小作坊、小窝点、小坑口等），发生造成人身伤亡或者直接经济损失的事故，属于生产安全事故。

③ 个人非法进入已经关闭、废弃的矿井进行采挖或者盗窃设备设施过程中发生造成人身伤亡或者直接经济损失的事故，应按生产安全事故进行报告。其中由公安机关作为刑事或者治安管理案件处理的，侦查结案后须有同级公安机关出具相关证明，可从生产安全事故中剔除。

(4) 平台经济等新兴行业、领域的生产经营单位

《中华人民共和国安全生产法》

第四条 第二款：平台经济等新兴行业、领域的生产经营单位应当根据本行业、领域的特点，建立健全并落实全员安全生产责任制，加强从业人员安全生产教育和培训，履行本法和其他法律、法规规定的有关安全生产义务。

因此，平台经济等新兴行业、领域的生产经营单位在生产经营活动中发生的造成人身伤亡或者直接经济损失的事故，属于生产安全事故。

(5) 关于自然灾害引发事故的认定

① 由不能预见或者不能抗拒的自然灾害（包括洪水、泥石流、雷击、地震、雪崩、台风、海啸和龙卷风等）直接造成的事故，属于自然灾害。

② 在能够预见或者能够防范可能发生的自然灾害的情况下，因生产经营单位防范措施不落实、应急救援预案或者防范救援措施不力，由自然灾害引发造成人身伤亡或者直接经济损失的事故，属于生产安全事故。

(6) 关于公安机关立案侦查事故的认定

事故发生后，公安机关依照刑法和刑事诉讼法的规定，对事故发生单位及其相关人员立案侦查的，其中：在结案后认定事故性质属于刑事案件或者治安管理案件的，应由公安机关出具证明，按照公共安全事件处理；在结案后认定不属于刑事案件或者治安管理案件的，包括因事故，相关单位、人员涉嫌构成犯罪或者治安管理违法行为，给予立案侦查或者给予治安管理处罚的，均属于生产安全事故。

(7) 关于救援人员在事故救援中造成人身伤亡事故的认定

专业救护队救援人员、生产经营单位所属非专业救援人员或者其他公民参加事故抢险救灾造成人身伤亡的事故，属于生产安全事故。

(8)不立即组织抢救和擅离职守的情形的认定

《中华人民共和国安全生产法》

第八十三条 第二款：单位负责人接到事故报告后，应当迅速采取有效措施，组织抢救，防止事故扩大，减少人员伤亡和财产损失，并按照国家有关规定立即如实报告当地负有安全生产监督管理职责的部门，不得隐瞒不报、谎报或者迟报，不得故意破坏事故现场、毁灭有关证据。

第八十五条 第一款：有关地方人民政府和负有安全生产监督管理职责的部门的负责人接到生产安全事故报告后，应当按照生产安全事故应急救援预案的要求立即赶到事故现场，组织事故抢救。

不立即组织抢救和擅离职守的情形：

① 不立即组织抢救。发生事故以后，认为问题不大，不组织抢救。或在事故抢救中，不严谨，不严密，盲目指挥，造成事故扩大的。

② 事故发生时，擅离职守。发生事故以后，不组织抢救或在事故抢救过程中，离开指挥工作岗位，或交由他人指挥，以处理其他重要工作为由或其他原因擅自直接离开事故现场，其结果造成的职责履行不到位的情形。

③ 在事故调查期间，擅离职守。在工作中有意见，装病在家，不配合事故调查。或虽然发生了事故，但还有其他重要工作要处理，于是就让他人去处理事故，自己处理其他事情，结果造成自己的职责履行不到位的情形。

(9)瞒报、谎报、迟报、漏报的认定

《〈生产安全事故报告和调查处理条例〉罚款处罚暂行规定》对瞒报、谎报、迟报、漏报的情形进行了认定：

① 报告事故的时间超过规定时限的，属于迟报；

② 因过失对应当上报的事故或者事故发生的时间、地点、类别、伤亡人数、直接经济损失等内容遗漏未报的，属于漏报；

③ 故意不如实报告事故发生的时间、地点、初步原因、性质、伤亡人数和涉险人数、直接经济损失等有关内容的，属于谎报；

④ 隐瞒已经发生的事故，超过规定时限未向安全监管监察部门和有关部门报告，经查证属实的，属于瞒报。

故意瞒报有关事故，经有关部门查证属实的属于瞒报。对事故瞒报的界定有下面两种情况：

一是生产经营活动中的事故超过 30 天，或道路交通事故、火灾事故超过 7 天，再报告的事故，都被认定为瞒报。

二是超过事故报告时限，经有关部门举报后查实的，也被认定为瞒报。

(10)其他违法行为的认定

① 伪造或者故意破坏事故现场。《安全生产法》第七十条明确规定，单位负

责人不得破坏事故现场。《生产安全事故报告和调查处理条例》第十六条明确规定："事故发生后，有关部门单位和人员应当妥善保护事故现场及相关证据，任何单位和个人不得破坏事故现场、毁灭相关证据。"

② 转移、隐匿资金、财产，或者销毁有关证据、资料。《生产安全事故报告和调查处理条例》第十六条明确规定，有关单位和人员应当妥善保护事故现场及相关证据，任何单位和个人不得破坏事故现场、毁灭相关证据。

事故发生单位及其有关人员为了逃避罚款的处罚和应承担的经济补偿责任，在事故发生后及事故调查处理期间，将资金或者财产转移、隐匿，导致在事故责任追究中，对其实施罚款的行政处罚难以落实，对事故受害者或者其家属的经济补偿不能实现，均属于转移、隐匿资金、财产，或者销毁有关证据、资料。

③ 拒绝接受调查或者拒绝提供有关情况和资料。《生产安全事故报告和调查处理条例》第二十六条对此做了明确规定："事故调查组有权向有关单位和个人了解与事故有关的情况，并要求其提供相关文件、资料，有关单位和个人不得拒绝。事故发生单位的负责人和有关人员在事故调查期间不得擅离职守，并应当随时接受事故调查组的询问，如实提供有关情况。"事故发生单位主要负责人和其他有关人员不履行上述配合义务的均属于拒绝接受调查或者拒绝提供有关情况和资料的行为。

④ 在事故调查中作伪证或者指使他人作伪证。事故发生单位及其有关部门人员为了开脱责任，故意作伪证或者指使他人作伪证，严重干扰、阻碍事故调查的正常开展，甚至使事故调查误入歧途的行为均属在事故调查中作伪证或者指使他人作伪证的行为。

⑤ 事故发生后逃匿。即事故发生单位的主要负责人、直接负责的主管人员和其他直接责任人为了逃避行政处罚甚至刑事追究，事故发生后能逃匿的行为。《生产安全事故报告和调查处理条例》第十七条规定：犯罪嫌疑人逃匿的，公安机关应当迅速追捕归案。

3.7.2 生产安全事故责任划分

安全生产事故的原因分析：分析安全生产事故时，首先从直接原因入手，逐步深入到间接原因，从而掌握事故的全部原因。然后分清主次，进行性质认定和责任划分。

（1）事故性质的分类

按照事故性质可分为非责任事故、责任事故。

① 非责任事故主要包括自然灾害事故和因人们对某种事物的规律性尚未认识，目前的科学技术水平尚无法预防和避免的事故等。

② 责任事故是指人们在进行有目的的活动中，由于人为的因素，如违章操

作、违章指挥、违反劳动纪律、管理缺陷、生产作业条件恶劣、设计缺陷、设备保养不良等原因造成的事故。此类事故是可以预防的。

在安全生产事故中还有一类事故，即特种设备事故，特种设备事故的界定与事故报告和调查处理另有规定。

① 特种设备事故。根据《特种设备事故报告和调查处理导则》（TSG 03—2015）2.1 事故定义。

特种设备事故定义按照《特种设备事故报告和调查处理规定》确定。其中，特种设备的不安全状态造成的特种设备事故，是指特种设备本体或者安全附件、安全保护装置失效或者损坏，具有爆炸、爆燃、泄漏、倾覆、变形、断裂、损伤、坠落、碰撞、剪切、挤压、失控或者故障等特征（现象）的事故；特种设备相关人员的不安全行为造成的特种设备事故，是指与特种设备作业活动相关的行为人违章指挥、违章操作或者操作失误等直接造成人员伤害或者特种设备损坏的事故。

② 相关事故。根据《特种设备事故报告和调查处理导则》（TSG 03—2015）2.5.1，以下事故不属于特种设备事故，但其涉及特种设备，应当将其作为特种设备相关事故：

a. 自然灾害、战争等不可抗力引发的事故，例如发生超过设计防范范围的台风、地震等；

b. 人为破坏或者利用特种设备实施违法犯罪、恐怖活动或者自杀的事故；

c. 特种设备作业、检验、检测人员因劳动保护措施不当或者缺失而发生的人员伤害事故；

d. 移动式压力容器、气瓶因交通事故且非本体原因导致撞击、倾覆及其引发爆炸、泄漏等特征的事故；

e. 火灾引发的特种设备爆炸、爆燃、泄漏、倾覆、变形、断裂、损伤、坠落、碰撞、剪切、挤压等特征的事故；

f. 起重机械、场（厂）内专用机动车辆非作业转移过程中发生的交通事故；

g. 额定参数在《特种设备目录》规定范围之外的设备，非法作为特种设备使用而引发的事故；

h. 因市政、建筑等土建施工或者交通运输破坏以及其他等外力导致压力管道破损而发生的事故；

i. 因起重机械索具原因而引发被起吊物品坠落的事故。

（2）责任事故划分

为了准确的实行处罚，必须依据客观事实分清事故责任。

① 直接责任者

指其行为与事故的发生有直接关系的人员。

② 主要责任者

指对事故的发生起主要作用的人员。有以下情形之一时，应由肇事者或有关人员负直接责任或主要责任：

a. 违章指挥或违章作业、冒险作业造成事故的；

b. 违反安全生产责任制或操作规程，造成伤亡事故的；

c. 违反劳动纪律、擅自开动机械设备或擅自更改、拆除、毁坏、挪用安全装置和设备，造成事故的。

③ 企业领导责任者

指对事故的发生负有管理职责的企业和企业上级的直接负责的主管人员和其他直接责任人员。有以下情况之一时，有关领导应负领导责任：

a. 由于安全生产责任制、安全生产规章和操作规程不健全，职工无章可循，造成伤亡事故的；

b. 未按规定对职工进行安全教育和技术培训，或职工未经考试合格上岗操作造成伤亡事故的；

c. 机械设备超过检修期或超负荷运行，或因设备有缺陷又不采取措施，造成伤亡事故的；

d. 作业环境不安全，又未采取措施，造成伤亡事故的；

e. 新建、改建、扩建工程项目的尘毒治理和安全设施不与主体工程同时设计、同时施工、同时投入生产和使用，造成伤亡事故的。

④ 属地政府、安全生产综合监管和行业管理部门的责任者

法律授权企业属地政府、负有安全生产综合监管职责的部门和行业主管部门对事故企业负有检查、指导和监督管理责任的直接负责的主管人员和其他直接责任人员应负事故责任。

3.7.3 法律法规有关生产安全责任认定的具体规定

(1) 生产安全事故责任人的规定

① 重大责任事故罪。

《刑法》第一百三十四条规定的“重大责任事故罪”是指在生产、作业中违反有关安全管理的规定，因而发生重大伤亡事故或者造成其他严重后果的。

重大责任事故罪的犯罪主体包括对生产、作业负有组织、指挥或者管理职责的负责人、管理人员、实际控制人、投资人等人员，以及直接从事生产、作业的人员

② 强令违章冒险作业罪。

《刑法》第一百三十四条规定的“强令违章冒险作业罪”是指强令他人违章冒险作业，或者明知存在重大事故隐患而不排除，仍冒险组织作业，因而发生

重大伤亡事故或者造成其他严重后果的行为。

强令违章冒险作业罪的犯罪主体包括对生产、作业负有组织、指挥或者管理职责的负责人、管理人员、实际控制人、投资人等人员，也可理解为生产经营中具有一定管理、决策、指挥权限的人。

明知存在事故隐患、继续作业存在危险，仍然违反有关安全管理的规定，实施下列行为之一的，应当认定为刑法第一百三十四条第二款规定的“强令违章冒险作业罪”：

a. 利用组织、指挥、管理职权，强制他人违章作业的；

b. 采取威逼、胁迫、恐吓等手段，强制他人违章作业的；

c. 故意掩盖事故隐患，组织他人违章作业的；

d. 其他强令他人违章作业的行为。

《刑法》第一百三十四条在生产、作业中违反有关安全管理的规定，有下列情形之一，具有发生重大伤亡事故或者其他严重后果的现实危险的，也应当认定为刑法第一百三十四条第二款规定的“强令违章冒险作业罪”：

a. 关闭、破坏直接关系生产安全的监控、报警、防护、救生设备、设施，或者篡改、隐瞒、销毁其相关数据、信息的；

b. 因存在重大事故隐患被依法责令停产停业、停止施工、停止使用有关设备、设施、场所或者立即采取排除危险的整改措施，而拒不执行的；

c. 涉及安全生产的事项未经依法批准或者许可，擅自从事矿山开采、金属冶炼、建筑施工，以及危险物品生产、经营、储存等高度危险的生产作业活动的。

“有发生重大伤亡事故或者其他严重后果的现实危险的”，是指未发生重大伤亡事故，但存在有现实危险的“重大伤亡事故或者其他严重后果”。

③ 重大劳动事故罪

《刑法》第一百三十五条规定的“重大劳动安全事故罪、大型群众性活动重大安全事故罪”是指安全生产设施或者安全生产条件不符合国家规定，因而发生重大伤亡事故或者造成其他严重后果的行为。

重大劳动安全事故罪、大型群众性活动重大安全事故的犯罪主体包括负有直接责任的生产经营单位负责人、管理人员、实际控制人、投资人，以及其他对安全生产设施或者安全生产条件负有管理、维护职责的人员。

④ 危险物品肇事罪

《刑法》第一百三十六条规定的“危险物品肇事罪”是指违反爆炸性、易燃性、放射性、毒害性、腐蚀性物品的管理规定，在生产、储存、运输、使用中发生重大事故，造成严重后果的行为。

危险物品肇事罪的犯罪主体主要是从事生产、储存、运输、使用爆炸性、易燃性、放射性、毒害性、腐蚀性物品的职工，但不排除其他人也可能构成本罪。

⑤ 工程重大安全事故罪

《刑法》第一百三十七条规定的“工程重大安全事故罪”适中建设单位、设计单位、施工单位、工程监理单位违反国家规定，降低工程质量标准，造成重大安全事故的行为。

工程重大安全事故罪的犯罪主体主要是单位犯罪，即为建设单位、设计单位或者是施工单位及工程监理单位中，对建筑工程质量安全负有直接责任的人员。

建设单位的违规行为主要有两种情况：

a. 要求建筑设计单位或者施工企业压缩工程造价或增加建房的层数，从而降低工程质量；

b. 提供不合格的建筑材料、构配件和设备，强迫施工单位使用，从而造成工程质量下降。

建筑设计单位的违规行为主要是不按质量标准进行设计。

建筑施工单位的违规行为主要有三种情况：

a. 在施工中偷工减料，故意使用不合格的建筑材料、构配件和设备；

b. 不按设计图纸施工；

c. 不按施工技术标准施工。

⑥ 教育设施重大安全事故罪

《刑法》第一百三十八条规定的“教育设施重大安全事故罪”是指明知校舍或者教育教学设施有危险，而不采取措施或者不及时报告，致使发生重大伤亡事故的行为。

教育设施重大安全事故罪的犯罪主体是对校舍或者教育教学设施负有维护义务的直接人员。主要是学校领导、负责学校后勤维修工作的职工。

⑦ 消防责任事故罪

《刑法》第一百三十九条规定的“消防责任事故罪”是指违反消防管理法规，经消防监督机构通知采取改正措施而拒绝执行，造成严重后果的。

消防责任事故罪的犯罪主体包括自然人，年满十六周岁、具有刑事责任能力的人，也包括单位。

⑧ 不报或者谎报事故罪

《刑法》第一百三十九条之一规定的“在安全事故发生后，负有报告职责的人员不报或者谎报事故情况”，贻误事故抢救，情节严重的行为。

不报或者谎报事故罪的犯罪主体是指生产经营单位的负责人，也可以是安全生产负有直接责任的国家机关工作人员。

⑨ 直接负责的主管人员和其他直接责任人员

根据《中华人民共和国安全生产法》直接负责的主管人员和其他直接责任人员，是指对安全生产设施或者安全生产条件不符合国家规定负有直接责任的生产经营单位负责人、管理人员、实际控制人、投资人，以及其他对安全生产设施或者安全生产条件负有管理、维护职责的人员。

⑩ 负有报告职责的人员

负有报告职责的人员是指负有组织、指挥或者管理职责的负责人、管理人员、实际控制人、投资人，以及其他负有报告职责的人员。

(2) 政府及其领导干部安全生产责任追究的主要规定

①《宪法》第四十一条

第四十一条 中华人民共和国公民对于任何国家机关和国家工作人员，有提出批评和建议的权利；对于任何国家机关和国家工作人员的违法失职行为，有向有关国家机关提出申诉、控告或者检举的权利，但是不得捏造或者歪曲事实进行诬告陷害。对于公民的申诉、控告或者检举，有关国家机关必须查清事实，负责处理。任何人不得压制和打击报复。

②《中华人民共和国安全生产法》第九十条、第九十一条、第一百一十条

第九十条 负有安全生产监督管理职责的部门的工作人员，有下列行为之一的，给予降级或者撤职的处分；构成犯罪的，依照刑法有关规定追究刑事责任：

(一) 对不符合法定安全生产条件的涉及安全生产的事项予以批准或者验收通过的；

(二) 发现未依法取得批准、验收的单位擅自从事有关活动或者接到举报后不予取缔或者不依法予以处理的；

(三) 对已经依法取得批准的单位不履行监督管理职责，发现其不再具备安全生产条件而不撤销原批准或者发现安全生产违法行为不予查处的；

(四) 在监督检查中发现重大事故隐患，不依法及时处理的。

负有安全生产监督管理职责的部门的工作人员有前款规定以外的滥用职权、玩忽职守、徇私舞弊行为的，依法给予处分；构成犯罪的，依照刑法有关规定追究刑事责任。

第九十一条 负有安全生产监督管理职责的部门，要求被审查、验收的单位购买其指定的安全设备、器材或者其他产品的，在对安全生产事项的审查、验收中收取费用的，由其上级机关或者监察机关责令改正，责令退还收取的费用；情节严重的，对直接负责的主管人员和其他直接责任人员依法给予处分。

第一百一十条 有关地方人民政府、负有安全生产监督管理职责的部门，对生产安全事故隐瞒不报、谎报或者迟报的，对直接负责的主管人员和其他直

接责任人员依法给予处分；构成犯罪的，依照刑法有关规定追究刑事责任。

③《国务院关于特大安全事故行政责任追究的规定》第二条、第十一条、第十二条、第十四条、第十五条、第十六条、第二十条

第二条 地方人民政府主要领导人和政府有关部门正职负责人对下列特大安全事故的防范、发生，依照法律、行政法规和本规定的规定有失职、渎职情形或者负有领导责任的，依照本规定给予行政处分；构成玩忽职守罪或者其他罪的，依法追究刑事责任：

（一）特大火灾事故；

（二）特大交通安全事故；

（三）特大建筑质量安全事故；

（四）民用爆炸品和化学危险品特大安全事故；

（五）煤矿和其他矿山特大安全事故；

（六）锅炉、压力容器、压力管道和特种设备特大安全事故；

（七）其他特大安全事故。

地方人民政府和政府有关部门对特大安全事故的防范、发生直接负责的主管人员和其他直接责任人员，比照本规定给予行政处分；构成玩忽职守罪或者其他罪的，依法追究刑事责任。

特大安全事故肇事单位和个人的刑事处罚、行政处罚和民事责任，依照有关法律、法规和规章的规定执行。

第十一条 依法对涉及安全生产事项负责行政审批（包括批准、核准、许可、注册、认证、颁发证照、竣工验收等，下同）的政府部门或者机构，必须严格依照法律、法规和规章规定的安全条件和程序进行审查；不符合法律、法规和规章规定的安全条件的，不得批准；不符合法律、法规和规章规定的安全条件，弄虚作假，骗取批准或者勾结串通行政审批工作人员取得批准的，负责行政审批的政府部门或者机构除必须立即撤销原批准外，应当对弄虚作假骗取批准或者勾结串通行政审批工作人员的当事人依法给予行政处罚；构成行贿罪或者其他罪的，依法追究刑事责任。

负责行政审批的政府部门或者机构违反前款规定，对不符合法律、法规和规章规定的安全条件予以批准的，对部门或者机构的正职负责人，根据情节轻重，给予降级、撤职直至开除公职的行政处分；与当事人勾结串通的，应当开除公职；构成受贿罪、玩忽职守罪或者其他罪的，依法追究刑事责任。

第十二条 对依照本规定第十一条第一款的规定取得批准的单位和个人，负责行政审批的政府部门或者机构必须对其实施严格监督检查；发现其不再具备安全条件的，必须立即撤销原批准。

负责行政审批的政府部门或者机构违反前款规定，不对取得批准的单位和

个人实施监督检查，或者发现其不再具备安全条件而不立即撤销原批准的，对部门或者机构的正职负责人，根据情节轻重，给予降级或者撤职的行政处分；构成受贿罪、玩忽职守罪或者其他罪的，依法追究刑事责任。

第十四条 市（地、州）、县（市、区）人民政府依照本规定应当履行职责而未履行，或者未按照规定的职责和程序履行，本地区发生特大安全事故的，对政府主要领导人，根据情节轻重，给予降级或者撤职的行政处分；构成玩忽职守罪的，依法追究刑事责任。

负责行政审批的政府部门或者机构、负责安全监督管理的政府有关部门，未依照本规定履行职责，发生特大安全事故的，对部门或者机构的正职负责人，根据情节轻重，给予撤职或者开除公职的行政处分；构成玩忽职守罪或者其他罪的，依法追究刑事责任。

第十五条 发生特大安全事故，社会影响特别恶劣或者性质特别严重的，由国务院对负有领导责任的省长、自治区主席、直辖市市长和国务院有关部门正职负责人给予行政处分。

第十六条 特大安全事故发生后，有关县（市、区）、市（地、州）和省、自治区、直辖市人民政府及政府有关部门应当按照国家规定的程序和时限立即上报，不得隐瞒不报、谎报或者拖延报告，并应当配合、协助事故调查，不得以任何方式阻碍、干涉事故调查。

特大安全事故故发生后，有关地方人民政府及政府有关部门违反前款规定的，对政府主要领导人和政府部门正职负责人给予降级的行政处分。

第二十条 地方人民政府或者政府部门阻挠、干涉对特大安全事故有关责任人员追究行政责任的，对该地方人民政府主要领导人或者政府部门正职负责人，根据情节轻重，给予降级或者撤职的行政处分。

④《生产安全事故报告和调查处理条例》第三十九条

第三十九条 有关地方人民政府、安全生产监督管理部门和负有安全生产监督管理职责的有关部门有下列行为之一的，对直接负责的主管人员和其他直接责任人员依法给予处分；构成犯罪的，依法追究刑事责任：

（一）不立即组织事故抢救的；

（二）迟报、漏报、谎报或者瞒报事故的；

（三）阻碍、干涉事故调查工作的；

（四）在事故调查中作伪证或者指使他人作伪证的。

(3) 中介机构责任追究的主要规定

①《中华人民共和国安全生产法》第九十二条

第九十二条 承担安全评价、认证、检测、检验职责的机构出具失实报告的，责令停业整顿，并处三万元以上十万元以下的罚款；给他人造成损害的，依法承担赔偿责任。

承担安全评价、认证、检测、检验职责的机构租借资质、挂靠、出具虚假报告的，没收违法所得；违法所得在十万元以上的，并处违法所得二倍以上五倍以下的罚款，没有违法所得或者违法所得不足十万元的，单处或者并处十万元以上二十万元以下的罚款；对其直接负责的主管人员和其他直接责任人员处五万元以上十万元以下的罚款；给他人造成损害的，与生产经营单位承担连带赔偿责任；构成犯罪的，依照刑法有关规定追究刑事责任。

对有前款违法行为的机构及其直接责任人员，吊销其相应资质和资格，五年内不得从事安全评价、认证、检测、检验等工作；情节严重的，实行终身行业和职业禁入。

②《中华人民共和国职业病防治法》第七十四条、第七十九条～第八十一条

第七十四条 用人单位和医疗卫生机构未按照规定报告职业病、疑似职业病的，由有关主管部门依据职责分工责令限期改正，给予警告，可以并处一万元以下的罚款；弄虚作假的，并处二万元以上五万元以下的罚款；对直接负责的主管人员和其他直接责任人员，可以依法给予降级或者撤职的处分。

第七十九条 未取得职业卫生技术服务资质认可擅自从事职业卫生技术服务的，由卫生行政部门责令立即停止违法行为，没收违法所得；违法所得五千元以上的，并处违法所得二倍以上十倍以下的罚款；没有违法所得或者违法所得不足五千元的，并处五千元以上五万元以下的罚款；情节严重的，对直接负责的主管人员和其他直接责任人员，依法给予降级、撤职或者开除的处分。

第八十条 从事职业卫生技术服务的机构和承担职业病诊断的医疗卫生机构违反本法规定，有下列行为之一的，由卫生行政部门责令立即停止违法行为，给予警告，没收违法所得；违法所得五千元以上的，并处违法所得二倍以上五倍以下的罚款；没有违法所得或者违法所得不足五千元的，并处五千元以上二万元以下的罚款；情节严重的，由原认可或者登记机关取消其相应的资格；对直接负责的主管人员和其他直接责任人员，依法给予降级、撤职或者开除的处分；构成犯罪的，依法追究刑事责任：

（一）超出资质认可或者诊疗项目登记范围从事职业卫生技术服务或者职业病诊断的；

（二）不按照本法规定履行法定职责的；

（三）出具虚假证明文件的。

第八十一条 职业病诊断鉴定委员会组成人员收受职业病诊断争议当事人的财物或者其他好处的，给予警告，没收收受的财物，可以并处三千元以上五万元以下的罚款，取消其担任职业病诊断鉴定委员会组成人员的资格，并从省、自治区、直辖市人民政府卫生行政部门设立的专家库中予以除名。

③《特种设备安全监察条例》第八十二条、第九十一条～第九十六条、第九十八条

第八十二条 已经取得许可、核准的特种设备生产单位、检验检测机构有下列行为之一的，由特种设备安全监督管理部门责令改正，处2万元以上10万元以下罚款；情节严重的，撤销其相应资格：

（一）未按照安全技术规范的要求办理许可证变更手续的；

（二）不再符合本条例规定或者安全技术规范要求的条件，继续从事特种设备生产、检验检测的；

（三）未依照本条例规定或者安全技术规范要求进行特种设备生产、检验检测的；

（四）伪造、变造、出租、出借、转让许可证书或者监督检验报告的。

第九十一条 未经核准，擅自从事本条例所规定的监督检验、定期检验、型式试验以及无损检测等检验检测活动的，由特种设备安全监督管理部门予以取缔，处5万元以上20万元以下罚款；有违法所得的，没收违法所得；触犯刑律的，对负有责任的主管人员和其他直接责任人员依照刑法关于非法经营罪或者其他罪的规定，依法追究刑事责任。

第九十二条 特种设备检验检测机构，有下列情形之一的，由特种设备安全监督管理部门处2万元以上10万元以下罚款；情节严重的，撤销其检验检测资格：

（一）聘用未经特种设备安全监督管理部门组织考核合格并取得检验检测人员证书的人员，从事相关检验检测工作的；

（二）在进行特种设备检验检测中，发现严重事故隐患或者能耗严重超标，未及时告知特种设备使用单位，并立即向特种设备安全监督管理部门报告的。

第九十三条 特种设备检验检测机构和检验检测人员，出具虚假的检验检测结果、鉴定结论或者检验检测结果、鉴定结论严重失实的，由特种设备安全监督管理部门对检验检测机构没收违法所得，处5万元以上20万元以下罚款，情节严重的，撤销其检验检测资格；对检验检测人员处5000元以上5万元以下罚款，情节严重的，撤销其检验检测资格，触犯刑律的，依照刑法关于中介组织人员提供虚假证明文件罪、中介组织人员出具证明文件重大失实罪或者其他罪的规定，依法追究刑事责任。特种设备检验检测机构和检验检测人员，出具虚假的检验检测结果、鉴定结论或者检验检测结果、鉴定结论严重失实，造成损害的，应当承担赔偿责任。

第九十四条 特种设备检验检测机构或者检验检测人员从事特种设备的生产、销售，或者以其名义推荐或者监制、监销特种设备的，由特种设备安全监督管理部门撤销特种设备检验检测机构和检验检测人员的资格，处5万元以上

20万元以下罚款；有违法所得的，没收违法所得。

第九十五条 特种设备检验检测机构和检验检测人员利用检验检测工作故意刁难特种设备生产、使用单位，由特种设备安全监督管理部门责令改正；拒不改正的，撤销其检验检测资格。

第九十六条 检验检测人员，从事检验检测工作，不在特种设备检验检测机构执业或者同时在两个以上检验检测机构中执业的，由特种设备安全监督管理部门责令改正，情节严重的，给予停止执业6个月以上2年以下的处罚；有违法所得的，没收违法所得。

第九十八条 特种设备的生产、使用单位或者检验检测机构，拒不接受特种设备安全监督管理部门依法实施的安全监察的，由特种设备安全监督管理部门责令限期改正；逾期未改正的，责令停产停业整顿，处2万元以上10万元以下罚款；触犯刑律的，依照刑法关于妨害公务罪或者其他罪的规定，依法追究刑事责任。特种设备生产、使用单位擅自动用、调换、转移、损毁被查封、扣押的特种设备或者其主要部件的，由特种设备安全监督管理部门责令改正，处5万元以上20万元以下罚款；情节严重的，撤销其相应资格。

(4) 生产经营单位及负责人安全生产责任追究的主要规定

《中华人民共和国安全生产法》第九十三条～第九十六条、第一百零三条、第一百一十条、第一百一十二条～第一百一十六条。

第九十三条 生产经营单位的决策机构、主要负责人或者个人经营的投资人不依照本法规定保证安全生产所必需的资金投入，致使生产经营单位不具备安全生产条件的，责令限期改正，提供必需的资金；逾期未改正的，责令生产经营单位停产停业整顿。

有前款违法行为，导致发生生产安全事故的，对生产经营单位的主要负责人给予撤职处分，对个人经营的投资人处二万元以上二十万元以下的罚款；构成犯罪的，依照刑法有关规定追究刑事责任。

第九十四条 生产经营单位的主要负责人未履行本法规定的安全生产管理职责的，责令限期改正，处二万元以上五万元以下的罚款；逾期未改正的，处五万元以上十万元以下的罚款，责令生产经营单位停产停业整顿。

生产经营单位的主要负责人有前款违法行为，导致发生生产安全事故的，给予撤职处分；构成犯罪的，依照刑法有关规定追究刑事责任。

生产经营单位的主要负责人依照前款规定受刑事处罚或者撤职处分的，自刑罚执行完毕或者受处分之日起，五年内不得担任任何生产经营单位的主要负责人；对重大、特别重大生产安全事故负有责任的，终身不得担任本行业生产经营单位的主要负责人。

第九十五条 生产经营单位的主要负责人未履行本法规定的安全生产管理

职责，导致发生生产安全事故的，由应急管理部门依照下列规定处以罚款：

（一）发生一般事故的，处上一年年收入百分之四十的罚款；

（二）发生较大事故的，处上一年年收入百分之六十的罚款；

（三）发生重大事故的，处上一年年收入百分之八十的罚款；

（四）发生特别重大事故的，处上一年年收入百分之一百的罚款。

第九十六条 生产经营单位的其他负责人和安全生产管理人员未履行本法规定的安全生产管理职责的，责令限期改正，处一万元以上三万元以下的罚款；导致发生生产安全事故的，暂停或者吊销其与安全生产有关的资格，并处上一年年收入百分之二十以上百分之五十以下的罚款；构成犯罪的，依照刑法有关规定追究刑事责任。

第一百零三条 第一款：生产经营单位将生产经营项目、场所、设备发包或者出租给不具备安全生产条件或者相应资质的单位或者个人的，责令限期改正，没收违法所得；违法所得十万元以上的，并处违法所得二倍以上五倍以下的罚款；没有违法所得或者违法所得不足十万元的，单处或者并处十万元以上二十万元以下的罚款；对其直接负责的主管人员和其他直接责任人员处一万元以上二万元以下的罚款；导致发生生产安全事故给他人造成损害的，与承包方、承租方承担连带赔偿责任。

第一百一十条 生产经营单位的主要负责人在本单位发生生产安全事故时，不立即组织抢救或者在事故调查处理期间擅离职守或者逃匿的，给予降级、撤职的处分，并由应急管理部门处上一年年收入百分之六十至百分之一百的罚款；对逃匿的处十五日以下拘留；构成犯罪的，依照刑法有关规定追究刑事责任。

生产经营单位的主要负责人对生产安全事故隐瞒不报、谎报或者迟报的，依照前款规定处罚。

第一百一十二条 生产经营单位违反本法规定，被责令改正且受到罚款处罚，拒不改正的，负有安全生产监督管理职责的部门可以自作出责令改正之日的次日起，按照原处罚数额按日连续处罚。

第一百一十三条 生产经营单位存在下列情形之一的，负有安全生产监督管理职责的部门应当提请地方人民政府予以关闭，有关部门应当依法吊销其有关证照。生产经营单位主要负责人五年内不得担任任何生产经营单位的主要负责人；情节严重的，终身不得担任本行业生产经营单位的主要负责人：

（一）存在重大事故隐患，一百八十日内三次或者一年内四次受到本法规定的行政处罚的；

（二）经停产停业整顿，仍不具备法律、行政法规和国家标准或者行业标准规定的安全生产条件的；

（三）不具备法律、行政法规和国家标准或者行业标准规定的安全生产条件，导致发生重大、特别重大生产安全事故的；

（四）拒不执行负有安全生产监督管理职责的部门作出的停产停业整顿决定的。

第一百一十四条 发生生产安全事故，对负有责任的生产经营单位除要求其依法承担相应的赔偿等责任外，由应急管理部门依照下列规定处以罚款：

（一）发生一般事故的，处三十万元以上一百万元以下的罚款；

（二）发生较大事故的，处一百万元以上二百万元以下的罚款；

（三）发生重大事故的，处二百万元以上一千万元以下的罚款；

（四）发生特别重大事故的，处一千万元以上二千万元以下的罚款。

发生生产安全事故，情节特别严重、影响特别恶劣的，应急管理部门可以按照前款罚款数额的二倍以上五倍以下对负有责任的生产经营单位处以罚款。

第一百一十五条 本法规定的行政处罚，由应急管理部门和其他负有安全生产监督管理职责的部门按照职责分工决定；其中，根据本法第九十五条、第一百一十条、第一百一十四条的规定应当给予民航、铁路、电力行业的生产经营单位及其主要负责人行政处罚的，也可以由主管的负有安全生产监督管理职责的部门进行处罚。予以关闭的行政处罚，由负有安全生产监督管理职责的部门报请县级以上人民政府按照国务院规定的权限决定；给予拘留的行政处罚，由公安机关依照治安管理处罚的规定决定。

第一百一十六条 生产经营单位发生生产安全事故造成人员伤亡、他人财产损失的，应当依法承担赔偿责任；拒不承担或者其负责人逃匿的，由人民法院依法强制执行。

生产安全事故的责任人未依法承担赔偿责任，经人民法院依法采取执行措施后，仍不能对受害人给予足额赔偿的，应当继续履行赔偿义务；受害人发现责任人有其他财产的，可以随时请求人民法院执行。

(5) 从业人员安全生产责任追究的主要规定

①《中华人民共和国安全生产法》第一百零七条

第一百零七条 生产经营单位的从业人员不落实岗位安全责任，不服从管理，违反安全生产规章制度或者操作规程的，由生产经营单位给予批评教育，依照有关规章制度给予处分；构成犯罪的，依照刑法有关规定追究刑事责任。

②《企业职工奖惩条例》第十一条、第十二条、第十四条～第十七条

第十一条 对于有下列行为之一的职工，经批评教育不改的，应当分别情况给予行政处分或者经济处罚：

（一）违反劳动纪律，经常迟到、早退、旷工、消极怠工，没有完成生产任务或者工作任务的；

（二）无正当理由不服从工作分配和调动、指挥，或者无理取闹，聚众闹

事，打架斗殴，影响生产秩序、工作秩序和社会秩序的；

（三）玩忽职守，违反技术操作规程和安全规程，或者违章指挥，造成事故，使人民生命、财产遭受损失的；

（四）工作不负责任，经常产生废品，损坏设备工具，浪费原材料、能源，造成经济损失的；

（五）滥用职权，违反政策法令，违反财经纪律，偷税漏税，截留上缴利润，滥发奖金，挥霍浪费国家资财，损公肥私，使国家和企业在经济上遭受损失的；

（六）有贪污盗窃、投机倒把、走私贩私、行贿受贿、敲诈勒索以及其他违法乱纪行为的；

（七）犯有其他严重错误的。

职工有上述行为，情节严重，触犯刑律的，由司法机关依法惩处。

第十二条 对职工的行政处分分为：警告，记过，记大过，降级，撤职，留用察看，开除。在给予上述行政处分的同时，可以给予一次性罚款。

第十四条 对职工给予留用察看处分，察看期限为一至二年。留用察看期间停发工资，发给生活费。生活费标准应低于本人原工资，由企业根据情况确定。留用察看期满以后，表现好的，恢复为正式职工，重新评定工资；表现不好的，予以开除。

第十五条 对于受到撤职处分的职工，必要的时候，可以同时降低其工资级别。给予职工降级的处分，降级的幅度一般为一级，最多不要超过两级。

第十六条 对职工罚款的金额由企业决定，一般不要超过本人月标准工资的20%。

第十七条 对于有第十一条第（三）项和第（四）项行为的职工，应责令其赔偿经济损失。赔偿经济损失的金额，由企业根据具体情况确定，从职工本人的工资中扣除，但每月扣除的金额一般不要超过本人月标准工资的20%。如果能够迅速改正错误，表现良好的，赔偿金额可以酌情减少。

③《生产安全事故报告和调查处理条例》第三十六条

第三十六条 事故发生单位及其有关人员有下列行为之一的，对事故发生单位处100万元以上500万元以下的罚款；对主要负责人、直接负责的主管人员和其他直接责任人员处上一年年收入60%至100%的罚款；属于国家工作人员的，并依法给予处分；构成违反治安管理行为的，由公安机关依法给予治安管理处罚；构成犯罪的，依法追究刑事责任：

（一）谎报或者瞒报事故的；

（二）伪造或者故意破坏事故现场的；

（三）转移、隐匿资金、财产，或者销毁有关证据、资料的；

（四）拒绝接受调查或者拒绝提供有关情况和资料的；

（五）在事故调查中作伪证或者指使他人作伪证的；

（六）事故发生后逃匿的。

3.7.4 事故责任处罚权限的界定

《生产安全事故罚款处罚规定》第六条规定：对事故发生单位及其有关责任人员处以罚款的行政处罚，依照下列规定决定：

① 对发生特别重大事故的单位及其有关责任人员罚款的行政处罚，由国家安全生产监督管理总局决定；

② 对发生重大事故的单位及其有关责任人员罚款的行政处罚，由省级人民政府安全生产监督管理部门决定；

③ 对发生较大事故的单位及其有关责任人员罚款的行政处罚，由设区的市级人民政府安全生产监督管理部门决定；

④ 对发生一般事故的单位及其有关责任人员罚款的行政处罚，由县级人民政府安全生产监督管理部门决定。

上级安全生产监督管理部门可以指定下一级安全生产监督管理部门对事故发生单位及其有关责任人员实施行政处罚。

《生产安全事故罚款处罚规定》第七条规定：对煤矿事故发生单位及其有关责任人员处以罚款的行政处罚，依照下列规定执行：

① 对发生特别重大事故的煤矿及其有关责任人员罚款的行政处罚，由国家煤矿安全监察局决定；

② 对发生重大事故和较大事故的煤矿及其有关责任人员罚款的行政处罚，由省级煤矿安全监察机构决定；

③ 对发生一般事故的煤矿及其有关责任人员罚款的行政处罚，由省级煤矿安全监察机构所属分局决定。

上级煤矿安全监察机构可以指定下一级煤矿安全监察机构对事故发生单位及其有关责任人员实施行政处罚。

对于发生特种设备事故的，根据《特种设备安全监察条例》由特种设备安全监督管理部门进行处罚。

3.7.5 事故责任

（1）经济责任

罚款。罚款是行政处罚的一种。受处罚对象一是事故发生的生产经营单位的主要负责人，即指有限责任公司、股份有限公司的董事长或者总经理或者个人经营的投资人，其他生产经营单位的厂长、经理、局长、矿长（含实际控制人、投资人）等人员。二是发生生产安全事故的经营单位。

(2) 行政责任

① 行政处分。事故发生单位的主要负责人、直接负责的主管人员和其他直接责任人员属于国家工作人员，除对其进行罚款的行政处罚外，还应当依照有关法律、行政法规规定的处罚种类及程序对其进行处分。如警告、记过、记大过、降级、撤职、开除等。

② 受行政处分，有处分期限的规定：a. 警告，6 个月；b. 记过，12 个月；c. 记大过，18 个月；d. 降级、撤职，24 个月。

③ 吊扣、暂扣事故单位有关证照；勒令停产整顿，甚至可以提请人民政府予以关闭。

④ 吊销事故相关人员有关执业资格和岗位证书，5 年内不得担任所有生产经营单位的负责人等。

⑤ 对违反规定的有关人员给予的行政处分，包括对事故调查组成员，存在对事故调查有重大疏漏，或借机打击报复等；对各级人民政府或工作部门履行国家机关工作人员职责中，有失职、工作疏漏、重大失误的依据有关规定给予行政处分，包括生产经营单位、国家机关工作人员和事故调查组的有关人员。

(3) 治安处罚

《法案管理处罚法》第六十条规定了伪造、隐匿、毁灭证据或者提供虚假证言、谎报案情，影响行政执法机关依法办案的行为可以构成违反治安管理的行为。本条规定的六种违法行为中，伪造或者破坏事故现场可能构成提供伪造或者毁灭证据的行为，作伪证或者指使他人作伪证可能构成提供虚假证言的行为，销毁证据、材料属于毁灭证据的行为。根据《治安管理处罚法》第六十条的规定，构成该违反治安管理行为的处五日以上十日以下拘留。

(4) 刑事责任

刑事责任是依据国家刑事法律规定的犯罪行为应承担的法律后果。

① 危害公共安全罪。

《刑法》第二章危害公共安全罪中的第一百三十四条、第一百三十四条之一、第一百三十五条、第一百三十五条之一、第一百三十六条、第一百三十七条、第一百三十八条、第一百三十九条、第一百三十九条之一分别规定了强令违章冒险作业罪、重大劳动事故罪、危险物品肇事罪、工程重大安全事故罪、教育设施重大安全事故罪、消防责任事故罪、不报或者谎报事故罪。对因投资人安全投入不足，管理人员不履行安全生产职责，违章作业、违章指挥等行为予以明确。

② 渎职罪。

《刑法》第九章渎职罪中的第三百九十七条规定了国家机关工作人员滥用职权或者玩忽职守，致使公共财产、国家和人民利益遭受重大损失的滥用职权和者玩忽职守罪。

③ 涉险刑事犯罪的情形。

《生产安全事故报告和调查处理条例》规定，公安机关根据事故情况，当时发现有涉嫌犯罪的，可以立即立案进行侦查，或者事故调查组在事故调查完结后，发现有涉嫌犯罪的行为，也可以要求公安机关立案调查。

④ 行刑衔接。

2019 年 4 月 16 日由应急管理部、公安部、最高人民法院、最高人民检察院联合研究制定的《安全生产行政执法与刑事司法衔接工作办法》第三章对事故调查中的案件移送与法律监督进行了规定。

第十九条 事故发生地有管辖权的公安机关根据事故的情况，对涉嫌安全生产犯罪的，应当依法立案侦查。

第二十条 事故调查中发现涉嫌安全生产犯罪的，事故调查组或者负责火灾调查的消防机构应当及时将有关材料或者其复印件移交有管辖权的公安机关依法处理。

事故调查过程中，事故调查组或者负责火灾调查的消防机构可以召开专题会议，向有管辖权的公安机关通报事故调查进展情况。

有管辖权的公安机关对涉嫌安全生产犯罪案件立案侦查的，应当在 3 日内将立案决定书抄送同级应急管理部门、人民检察院和组织事故调查的应急管理部门。

第二十一条 对有重大社会影响的涉嫌安全生产犯罪案件，上级公安机关采取挂牌督办、派员参与等方法加强指导和督促，必要时，可以按照有关规定直接组织办理。

第二十二条 组织事故调查的应急管理部门及同级公安机关、人民检察院对涉嫌安全生产犯罪案件的事实、性质认定、证据采信、法律适用以及责任追究有意见分歧的，应当加强协调沟通。必要时，可以就法律适用等方面问题听取人民法院意见。

第二十三条 对发生一人以上死亡的情形，经依法组织调查，作出不属于生产安全事故或者生产安全责任事故的书面调查结论的，应急管理部门应当将该调查结论及时抄送同级监察机关、公安机关、人民检察院。

《生产安全事故报告和调查处理条例》第十七条规定：事故发生地公安机关根据事故的情况，对涉嫌犯罪的，应当依法立案侦查，采取强制措施和侦查措施。犯罪嫌疑人逃匿的，公安机关应当迅速追捕归案。

3.7.6 重大伤亡事故或者其他严重后果、情节特别恶劣、情节严重和情节特别严重的界定

（1）重大伤亡事故或者其他严重后果

《最高人民法院、最高人民检察院关于办理危害生产安全刑事案件适用法律

若干问题的解释》

第六条 实施刑法第一百三十二条、第一百三十四条第一款（对应2021年修订《刑法》的第一百三十四条）、第一百三十五条、第一百三十五条之一、第一百三十六条、第一百三十九条规定的行为，因而发生安全事故，具有下列情形之一的，应当认定为“造成严重后果”或者“发生重大伤亡事故或者造成其他严重后果”，对相关责任人员，处三年以下有期徒刑或者拘役：

① 造成死亡一人以上，或者重伤三人以上的；

② 造成直接经济损失一百万元以上的；

③ 造成其他严重后果的情形。

实施刑法第一百三十四条第二款（对应2021修订《刑法》第一百三十四条之一）规定的行为，因而发生安全事故，具有本条第一款规定情形的，应当认定为“发生重大伤亡事故或者造成其他严重后果”，对相关责任人员，处五年以下有期徒刑或者拘役。

实施刑法第一百三十七条规定的行为，因而发生安全事故，具有本条第一款规定情形的，应当认定为“造成重大安全事故”，对直接责任人员，处五年以下有期徒刑或者拘役，并处罚金。

实施刑法第一百三十八条规定的行为，因而发生安全事故，具有本条第一款第一项规定情形的，应当认定为“发生重大伤亡事故”，对直接责任人员，处三年以下有期徒刑或者拘役。

（2）严重后果、情节特别恶劣或者后果特别严重

《最高人民法院、最高人民检察院关于办理危害生产安全刑事案件适用法律若干问题的解释》

第七条 实施刑法第一百三十二条、第一百三十四条、第一百三十五条、第一百三十五条之一、第一百三十六条、第一百三十九条规定的行为，因而发生安全事故，具有下列情形之一的，对相关责任人员，处三年以上七年以下有期徒刑：

① 造成死亡三人以上或者重伤十人以上，负事故主要责任的；

② 造成直接经济损失五百万元以上，负事故主要责任的；

③ 其他造成特别严重后果、情节特别恶劣或者后果特别严重的情形。

实施刑法第一百三十四条第二款（对应2021修订《刑法》第一百三十四条之一）规定的行为，因而发生安全事故，具有本条第一款规定情形的，对相关责任人员，处五年以上有期徒刑。

实施刑法第一百三十七条规定的行为，因而发生安全事故，具有本条第一款规定情形的，对直接责任人员，处五年以上十年以下有期徒刑，并处罚金。

实施刑法第一百三十八条规定的行为，因而发生安全事故，具有下列情形之一的：

① 造成死亡三人以上或者重伤十人以上，负事故主要责任的；

② 具有本解释第六条第一款第一项规定情形，同时造成直接经济损失五百万元以上并负事故主要责任的，或者同时造成恶劣社会影响的。

第九条 在安全事故发生后，与负有报告职责的人员串通，不报或者谎报事故情况，贻误事故抢救，情节严重的，依照刑法第一百三十九条之一的规定，以共犯论处。

第十条 在安全事故发生后，直接负责的主管人员和其他直接责任人员故意阻挠开展抢救，导致人员死亡或者重伤，或者为了逃避法律追究，对被害人进行隐藏、遗弃，致使被害人因无法得到救助而死亡或者重度残疾的，分别依照刑法第二百三十二条、第二百三十四条的规定，以故意杀人罪或者故意伤。

(3) 情节严重

《最高人民法院、最高人民检察院关于办理危害生产安全刑事案件适用法律若干问题的解释》

第八条 在安全事故发生后，负有报告职责的人员不报或者谎报事故情况，贻误事故抢救，具有下列情形之一的，应当认定为刑法第一百三十九条之一规定的“情节严重”：

① 导致事故后果扩大，增加死亡一人以上，或者增加重伤三人以上，或者增加直接经济损失一百万元以上的；

② 实施下列行为之一，致使不能及时有效开展事故抢救的：

a. 决定不报、迟报、谎报事故情况或者指使、串通有关人员不报、迟报、谎报事故情况的；

b. 在事故抢救期间擅离职守或者逃匿的；

c. 伪造、破坏事故现场，或者转移、藏匿、毁灭遇难人员尸体，或者转移、藏匿受伤人员的；

d. 毁灭、伪造、隐匿与事故有关的图纸、记录、计算机数据等资料以及其他证据的；

③ 其他情节严重的情形。

具有下列情形之一的，应当认定为刑法第一百三十九条之一规定的“情节特别严重”：

① 导致事故后果扩大，增加死亡三人以上，或者增加重伤十人以上，或者增加直接经济损失五百万元以上的；

② 采用暴力、胁迫、命令等方式阻止他人报告事故情况，导致事故后果扩大的；

③ 其他情节特别严重的情形。

3.7.7 事故处理中加重处罚、依法从重处罚、减轻处罚及其他处罚的情形

(1) 事故处理中加重处罚的几种行为

① 不立即组织抢险的；

② 迟报或漏报事故的；

③ 在事故调查中擅离职守的；

④伪造或故意破坏现场的；

⑤ 转移、隐匿资产、财产或者销毁有关证据资料的；

⑥ 拒绝接受调查或者拒绝提供有关情况资料的；

⑦ 在事故调查中做伪证，或者指使他人做伪证；

⑧ 发生事故后逃逸的。

有上述情况之一的要加重处罚。

(2) 事故处理中依法从重处罚的几种情形

最高人民法院印发《关于进一步加强危害生产安全刑事案件审判工作的意见》的通知（法发〔2011〕20 号）规定，相关犯罪中，具有以下情形之一的，依法从重处罚：

① 国家工作人员违反规定投资入股生产经营企业，构成危害生产安全犯罪的；

② 贪污贿赂行为与事故发生存在关联性的；

③ 国家工作人员的职务犯罪与事故存在直接因果关系的；

④ 以行贿方式逃避安全生产监督管理，或者非法、违法生产、作业的；

⑤ 生产安全事故发生后，负有报告职责的国家工作人员不报或者谎报事故情况，贻误事故抢救，尚未构成不报、谎报安全事故罪的；

⑥ 事故发生后，采取转移、藏匿、毁灭遇难人员尸体，或者毁灭、伪造、隐藏影响事故调查的证据，或者转移财产，逃避责任的；

⑦ 曾因安全生产设施或者安全生产条件不符合国家规定，被监督管理部门处罚或责令改正，一年内再次违规生产致使发生重大生产安全事故的。

最高人民法院 2013 年 6 月 12 日发出《关于加强危害生产安全刑事案件审判工作的通知》，要求要求各级人民法院依照最高人民法院 2011 年 12 月 30 日《关于进一步加强危害生产安全刑事案件审判工作的意见》的规定，正确适用刑罚，确保裁判法律效果和社会效果相统一。

① 依法从严惩处危害生产安全犯罪，对重大、敏感的危害生产安全刑事案件，可按刑事诉讼法的规定实行提级管辖。

② 对“打非治违”活动中发现的非法违法重特大事故案件，及事故背后的

失职渎职及权钱交易、徇私枉法、包庇纵容等腐败行为，要坚决依法从严惩处。

③ 造成重大伤亡事故或者其他严重后果，同时具有非法、违法生产，发现安全隐患不排除，无基本劳动安全保障，事故发生后不积极抢救人员等情形，可以认定为“情节特别恶劣”，坚决依法按照“情节特别恶劣”法定幅度量刑。

④ 强令他人违章冒险作业行为，发生重大伤亡事故或者造成其他严重后果，要依法按强令违章冒险作业罪定罪处罚。

⑤ 贪污贿赂行为与事故发生有关联性，职务犯罪与事故发生有直接因果关系，以行贿方式逃避安全生产监督管理，事故发生后负有报告责任的国家工作人员不报或者谎报，要坚决依法从重处罚。

具有上述情形的案件和数罪并罚案件，原则上不适用缓刑。对服刑人员的减刑、假释，应当从严掌握。

经 2015 年 11 月 9 日最高人民法院审判委员会第 1665 次会议、2015 年 12 月 9 日最高人民检察院第十二届检察委员会第 44 次会议通过，自 2015 年 12 月 16 日起施行的《最高人民法院、最高人民检察院关于办理危害生产安全刑事案件适用法律若干问题的解释》。

第十二条 实施刑法第一百三十二条、第一百三十四条～第一百三十九条之一规定的犯罪行为，具有下列情形之一的，从重处罚：

（一）未依法取得安全生产许可证件或者安全生产许可证件过期、被暂扣、吊销、注销后从事生产经营活动的；

（二）关闭、破坏必要的安全监控和报警设备的；

（三）已经发现事故隐患，经有关部门或者个人提出后，仍不采取措施的；

（四）一年内曾因危害生产安全违法犯罪活动受过行政处罚或者刑事处罚的；

（五）采取弄虚作假、行贿等手段，故意逃避、阻挠负有安全监督管理职责的部门实施监督检查的；

（六）安全事故发生后转移财产意图逃避承担责任的；

（七）其他从重处罚的情形。

实施前款第五项规定的行为，同时构成刑法第三百八十九条规定的犯罪的，依照数罪并罚的规定处罚。

(3) 减轻处罚的情形

《最高人民法院、最高人民检察院关于办理危害生产安全刑事案件适用法律若干问题的解释》第十三条规定：实施刑法第一百三十二条、第一百三十四条～第一百三十九条之一规定的犯罪行为，在安全事故发生后积极组织、参与事故抢救，或者积极配合调查、主动赔偿损失的，可以酌情从轻处罚。

(4) 国家工作人员违法处罚的情形

《最高人民法院、最高人民检察院关于办理危害生产安全刑事案件适用法律若干问题的解释》第十五条规定：国家机关工作人员在履行安全监督管理职责时滥用职权、玩忽职守，致使公共财产、国家和人民利益遭受重大损失的，或者徇私舞弊，对发现的刑事案件依法应当移交司法机关追究刑事责任而不移交，情节严重的，分别依照刑法第三百九十七条、第四百零二条的规定，以滥用职权罪、玩忽职守罪或者徇私舞弊不移交刑事案件罪定罪处罚。

(5) 其他处罚的情形

《最高人民法院、最高人民检察院关于办理危害生产安全刑事案件适用法律若干问题的解释》第十五条规定：公司、企业、事业单位的工作人员在依法或者受委托行使安全监督管理职责时滥用职权或者玩忽职守，构成犯罪的，应当依照《全国人民代表大会常务委员会关于〈中华人民共和国刑法〉第九章渎职罪主体适用问题的解释》的规定，适用渎职罪的规定追究刑事责任。

第十六条 对于实施危害生产安全犯罪适用缓刑的犯罪分子，可以根据犯罪情况，禁止其在缓刑考验期限内从事与安全生产相关联的特定活动；对于被判处刑罚的犯罪分子，可以根据犯罪情况和预防再犯罪的需要，禁止其自刑罚执行完毕之日或者假释之日起三年至五年内从事与安全生产相关的职业。

3.8 事故调查报告

3.8.1 事故报告提交时限

根据《生产安全事故报告和调查处理条例》第二十九条规定：事故调查组应当自事故发生之日起60日内提交事故调查报告；特殊情况下，经负责事故调查的人民政府批准，提交事故调查报告的期限可以适当延长，但延长的期限最长不超过60日。

特种设备事故调查报告提交时限参见《特种设备事故报告和调查处理导则》(TSG 03—2015) 8.4 调查时限。

按照《特种设备事故报告和调查处理规定》要求，特种设备事故调查期限为60日。特殊情况下，经过负责组织事故调查的特种设备安全监管部门批准可以延长，延长的期限最长不超过60日。计算调查期限时应当考虑以下几种情形：

① 因事故抢险救灾无法进行事故现场勘查的，事故调查期限从具备现场勘查条件之日起计算；

② 瞒报事故自查实之日起计算；

③ 技术鉴定、损失评估时间不计入事故调查期限。

3.8.2 事故报告的主要内容

事故调查报告包括下列内容：

① 事故发生单位概况；

② 事故发生经过和事故救援情况；

③ 事故造成的人员伤亡和直接经济损失；

④ 事故发生的原因和事故性质；

⑤ 事故责任的认定以及对事故责任者的处理建议；

⑥ 事故防范和整改措施。

3.8.3 事故性质认定程序

对涉及重大责任事故、一般性责任事故、自然事故等其他类似事故性质的认定，参照《生产安全事故报告和调查处理条例》有关规定，按照下列程序认定：

① 造成3人以下死亡，或者10人以下重伤，或者1000万元以下直接经济损失的事故，由县级人民政府初步认定，报设区的市人民政府确认。

② 造成3人以上10人以下死亡，或者10人以上50人以下重伤，或者1000万元以上5000万元以下直接经济损失的事故，由设区的市级人民政府初步认定，报省级人民政府确认。

③ 造成10人以上30人以下死亡，或者50人以上100人以下重伤，或者5000万元以上1亿元以下直接经济损失的事故，由省级人民政府初步认定，报国家安全监管总局确认。

④ 造成30人以上死亡，或者100人以上重伤，或者1亿元以上直接经济损失的事故，由国家安全监管总局初步认定，报国务院确认。

⑤ 已由公安机关立案侦查的事故，按生产安全事故进行报告。侦查结案后认定属于刑事案件或者治安管理管理案件的，凭公安机关出具的结案证明，按公共安全事件处理。

对于特种设备特别重大事故、重大事故、较大事故和一般事故的认定，参见《特种设备安全监察条例》第六章事故预防和调查处理的规定

第六十一条 有下列情形之一的，为特别重大事故：

（一）特种设备事故造成30人以上死亡，或者100人以上重伤（包括急性工业中毒，下同），或者1亿元以上直接经济损失的；

（二）600兆瓦以上锅炉爆炸的；

（三）压力容器、压力管道有毒介质泄漏，造成15万人以上转移的；

（四）客运索道、大型游乐设施高空滞留100人以上并且时间在48小时以上的。

第六十二条 有下列情形之一的，为重大事故：

（一）特种设备事故造成10人以上30人以下死亡，或者50人以上100人以下重伤，或者5000万元以上1亿元以下直接经济损失的；

（二）600兆瓦以上锅炉因安全故障中断运行240小时以上的；

（三）压力容器、压力管道有毒介质泄漏，造成5万人以上15万人以下转移的；

（四）客运索道、大型游乐设施高空滞留100人以上并且时间在24小时以上48小时以下的。

第六十三条 有下列情形之一的，为较大事故：

（一）特种设备事故造成3人以上10人以下死亡，或者10人以上50人以下重伤，或者1000万元以上5000万元以下直接经济损失的；

（二）锅炉、压力容器、压力管道爆炸的；

（三）压力容器、压力管道有毒介质泄漏，造成1万人以上5万人以下转移的；

（四）起重机械整体倾覆的；

（五）客运索道、大型游乐设施高空滞留人员12小时以上的。

第六十四条 有下列情形之一的，为一般事故：

（一）特种设备事故造成3人以下死亡，或者10人以下重伤，或者1万元以上1000万元以下直接经济损失的；

（二）压力容器、压力管道有毒介质泄漏，造成500人以上1万人以下转移的；

（三）电梯轿厢滞留人员2小时以上的；

（四）起重机械主要受力结构件折断或者起升机构坠落的；

（五）客运索道高空滞留人员3．5小时以上12小时以下的；

（六）大型游乐设施高空滞留人员1小时以上12小时以下的。

除前款规定外，国务院特种设备安全监督管理部门可以对一般事故的其他情形做出补充规定。

3.9 事故责任的落实

根据《生产安全事故报告和调查处理条例》第三十二条规定：重大事故、较大事故、一般事故，负责事故调查的人民政府应当自收到事故调查报告之日起15日内做出批复；特别重大事故，30日内做出批复，特殊情况下，批复时间可以适当延长，但延长的时间最长不超过30日。有关机关应当按照人民政府的批复，依照法律、行政法规规定的权限和程序，对事故发生单位和有关人员进行行政处罚，对负有事故责任的国家工作人员进行处分。事故发生单位应当按照负责事故调查的人民政府的批复，对本单位负有事故责任的人员进行处理。负有事故责任的人员涉嫌犯罪的，依法追究刑事责任。

《生产安全事故报告和调查处理条例》第三十三条规定：事故发生单位应当认真吸取事故教训，落实防范和整改措施，防止事故再次发生。防范和整改措施的落实情况应当接受工会和职工的监督。安全生产监督管理部门和负有安全生产监督管理职责的有关部门应当对事故发生单位落实防范和整改措施的情况进行监督检查。

《生产安全事故报告和调查处理条例》第三十四条规定：事故处理的情况由负责事故调查的人民政府或者其授权的有关部门、机构向社会公布，依法应当保密的除外。

根据《特种设备安全监察条例》第六十八条规定：事故调查报告应当由负责组织事故调查的特种设备安全监督管理部门的所在地人民政府批复，并报上一级特种设备安全监督管理部门备案。有关机关应当按照批复，依照法律、行政法规规定的权限和程序，对事故责任单位和有关人员进行行政处罚，对负有事故责任的国家工作人员进行处分。

3.10 预防事故的措施

工伤事故的发生是由许多相互联系相互作用的因素共同作用的结果，引起事故的原因是多方面的。事故往往在人们意想不到的场合和时间发生，并且事故从发生到结束往往速度很快，允许人们反应的时间极短。由于上述种种原因，人们一直在努力探求事故发生的原因及其预测、预防措施，以尽量减少和避免事故的发生。

3.10.1 安全法制措施

安全法制措施是利用法律的强制性，通过建立、健全安全生产法律、法规，约束人们的行为；通过安全生产监督、监察，保证法律、法规的有效实施，从而达到预防事故发生的目的。

安全法制措施主要通过以下两方面实施。

① 建立健全安全法律法规

行业的职业安全健康管理要围绕着行业职业安全健康的特点和需要，在技术标准、行业管理条例、工作程序、生产规范等方面进行全面的建设，国家要以“安全第一，预防为主”的方针为指导，建立起健全的安全法律体系、技术标准；企业要建立起健全的安全生产规章制度、安全操作规程、安全生产责任制，这是预防伤亡事故的保证。

② 实行安全生产监察和监督

负责安全生产的行政部门以国家的名义，运用国家的权利，以法律法规为依据对企事业单位实行安全生产监督，以保证法律实施的有效性；工会代表工人的利益，监督企业对国家安全生产法律法规的贯彻执行情况，参与有关部门制订安全生产法律法规；监督企业安全技术和劳动保护经费的落实和正确使用情况；对企业安全生产提出建议等方面。

3.10.2 工程技术措施

工程技术措施是预防事故发生的首选措施，通过工程项目和技术改进，可实现本质安全化。由于生产现状、技术水平及资金的影响，使工程技术措施的应用和水平受到限制；又由于不同的生产过程具有不同的原理和工艺，因此无法采用统一的技术措施。在采用具体的技术措施时依据的技术原则主要有以下几个方面：

① 消除原则——采取有效措施消除一切危险、有害因素，实现本质安全，是理想的、积极、进步的事故预防措施。其基本的做法是以新的系统、新的技术和工艺代替旧的不安全的系统和工艺，从根本上消除发生事故的基础。如以无毒材料代替有毒材料，以不可燃材料代替可燃材料。

② 预防原则——对无法完全消除的危险、有害因素，在生产前要采取预防措施。

③ 减弱原则——对无法消除和预防的危险因素应采取措施减弱其危害。

④ 隔离原则——对无法消除，也得不到良好预防的情况，应采取隔离措施，把人员与有害因素隔开。即在人、物与危险之间设置屏障，防止意外能量作用到人体、物体上，以保证人和设备的安全。如建筑高空作业的安全网，反应堆的安全壳等。

⑤ 连锁原则——通过设置机器连锁或电器互锁，当一个机器出现危险时，其他与之相连的机械设备会立即停止运行。

⑥ 薄弱原则——在系统中设置薄弱环节，以最小的、局部的损失换取系统的总体安全。当出现危险时，薄弱环节首先被破坏，从而保证系统整体安全。

⑦ 工时原则——在有毒有害环境中工作，应减少工作时间，减少工人暴露

于有毒有害环境下的时间，从而减少对工人的伤害。如开采放射性矿物或进行有放射性物质的工作时，缩短工作时间。

⑧ 加强原则——通过加大系统整体强度保证安全，如加大安全系数的取值或采取冗余设计等。

⑨ 代替原则——以机械化、自动化代替手工劳动，避免危险有害因素对人体的危害。

⑩ 个体防护原则——根据不同作业性质和条件配备相应的保护用品及用具。采取被动的措施，以减轻事故和灾害造成的伤害及损失。

⑪ 警告和禁止信息原则——采用光、声、色或其他标志等作为传递组织和技术信息的目标，以保证安全。如宣传画、安全标志等。

3.10.3 安全管理措施

安全管理是通过制订和监督实施有关安全法令、规程、规范、标准和规章制度等，规范人们在生产活动中的行为准则，使劳动保护工作有法可依，有章可循，用法律手段保护职工在劳动中的安全和健康。安全管理措施是通过对安全工作的计划、组织、控制和实施实现安全目标，它是实现安全生产重要的、日常的、基本的措施，主要有以下几个方面：

① 建立安全生产组织机构和职业安全卫生管理体系；

② 建立项目（工程）安全生产管理；

③ 制订安全生产措施计划；

④ 开展安全生产检查工作；

⑤ 开展安全生产宣传和教育，加强对企业各级领导、管理人员以及操作人员进行安全思想教育和安全技术知识教育；

⑥ 利用经济手段，即通过安全抵押、风险金、伤亡赔偿、工伤保险、事故罚款等。

第4章

应急预案编制与应急管理

根据《生产安全事故应急条例》规定：

第五条 县级以上人民政府及其负有安全生产监督管理职责的部门和乡、镇人民政府以及街道办事处等地方人民政府派出机关，应当针对可能发生的生产安全事故的特点和危害，进行风险辨识和评估，制定相应的生产安全事故应急救援预案，并依法向社会公布。

生产经营单位应当针对本单位可能发生的生产安全事故的特点和危害，进行风险辨识和评估，制定相应的生产安全事故应急救援预案，并向本单位从业人员公布。

4.1 应急预案体系构成

生产经营单位应急预案分为综合应急预案、专项应急预案和现场处置方案。生产经营单位应根据有关法律、法规和相关标准，结合本单位组织管理体系、生产规模和可能发生的事故特点，科学合理确立本单位的应急预案体系，并注意与其他类别应急预案相衔接。应急预案是针对可能发生的重大事故所需的应急准备和应急响应行动而制定的指导性文件。应急预案体系由综合应急预案、专项应急预案和现场处置方案构成。

4.1.1 综合应急预案

综合应急预案是生产经营单位为应对各种生产安全事故而制定的综合性工作方案，是本单位应对生产安全事故的总体工作程序、措施和应急预案体系的总纲。

生产经营单位风险种类多、可能发生多种类型事故的，应当组织编制综合应急预案。综合应急预案应当规定应急组织机构及其职责、应急预案体系、事故风险描述、预警及信息报告、应急响应、保障措施、应急预案管理等内容。

4.1.2 专项应急预案

专项应急预案是生产经营单位为应对某一种或者多种类型的生产安全事故，或者针对重要生产设施、重大危险源、重大活动防止生产安全事故而制定的专项工作方案。

专项应急预案与综合应急预案中的应急组织机构、应急响应程序相近时，可不编写专项应急预案，相应的应急处置措施并入综合应急预案。

4.1.3 现场处置方案

现场处置方案是生产经营单位根据不同生产安全事故类型，针对具体场所、装置或者设施所制定的应急处置措施。

现场处置方案重点规范事故风险描述、应急工作职责、应急处置措施和注意事项 ，应体现自救互救、信息报告和先期处置的特点。

事故风险单一 、危险性小的生产经营单位 ，可只编制现场处置方案。

4.2 应急预案编制程序

4.2.1 概述

生产经营单位应急预案编制程序包括成立应急预案编制工作组、资料收集、风险评估、应急资源调查、应急预案编制、桌面推演、应急预案评审和批准实施 8 个步骤。

4.2.2 成立应急预案编制工作组

结合本单位职能和分工，成立以单位有关负责人为组长，单位相关部门人员（如生产、技术、设备、安全、行政、人事、财务人员）参加的应急预案编制工作组，明确工作职责和任务分工，制订工作计划，组织开展应急预案编制工作。预案编制工作组中应邀请相关救援队伍以及周边相关企业、单位或社区代表参加。

4.2.3 资料收集

应急预案编制工作组应收集下列相关资料：

① 适用的法律法规、部门规章、地方性法规和政府规章、技术标准及规范性文件；

② 企业周边地质、地形、环境情况及气象、水文、交通资料；

③ 企业现场功能区划分、建（构）筑物平面布置及安全距离资料；

④ 企业工艺流程、工艺参数、作业条件、设备装置及风险评估资料；

⑤ 本企业历史事故与隐患、国内外同行业事故资料；

⑥ 属地政府及周边企业、单位应急预案。

4.2.4 风险评估

开展生产安全事故风险评估，撰写评估报告（编制大纲参见《生产经营单位生产安全事故应急预案编制导则》(GB/T 29639—2020 附录 A)，其内容包括但不限于：

① 辨识生产经营单位存在的危险有害因素，确定可能发生的生产安全事故类别；

② 分析各种事故类别发生的可能性、危害后果和影响范围；

③ 评估确定相应事故类别的风险等级。

4.2.5 应急资源调查

全面调查和客观分析本单位以及周边单位和政府部门可请求援助的应急资源状况，撰写应急资源调查报告（编制大纲参见 GB/T 29639—2020 附录 B)，其内容包括但不限于：

① 本单位可调用的应急队伍、装备、物资、场所；

② 针对生产过程及存在的风险可采取的监测、监控、报警手段；

③ 上级单位、当地政府及周边企业可提供的应急资源；

④ 可协调使用的医疗、消防、专业抢险救援机构及其他社会化应急救援力量。

4.2.6 应急预案编制

应急预案编制应当遵循以人为本、依法依规、符合实际、注重实效的原则，以应急处置为核心，体现自救互救和先期处置的特点，做到职责明确、程序规范、措施科学，尽可能简明化、图表化、流程化。

应急预案编制工作包括但不限于：

① 依据事故风险评估及应急资源调查结果，结合本单位组织管理体系、生产规模及处置特点，合理确立本单位应急预案体系；

② 结合组织管理体系及部门业务职能划分，科学设定本单位应急组织机构及职责分工；

③ 依据事故可能的危害程度和区域范围，结合应急处置权限及能力，清晰界定本单位的响应分级标准，制定相应层级的应急处置措施；

④ 按照有关规定和要求，确定事故信息报告、响应分级与启动、指挥权移交、警戒疏散方面的内容，落实与相关部门和单位应急预案的衔接。

4.2.7 桌面推演

按照应急预案明确的职责分工和应急响应程序，结合有关经验教训，相关部门及其人员可采取桌面演练的形式，模拟生产安全事故应对过程，逐步分析讨论并形成记录，检验应急预案的可行性，并进一步完善应急预案。桌面演练的相关要求见 AQ/T 9007。

4.2.8 应急预案评审

（1）评审形式

应急预案编制完成后，生产经营单位应按法律法规有关规定组织评审或论证。参加应急预案评审的人员可包括有关安全生产及应急管理方面的、有现场处置经验的专家。应急预案论证可通过推演的方式开展。

（2）评审内容

应急预案评审内容主要包括：风险评估和应急资源调查的全面性、应急预案体系设计的针对性、应急组织体系的合理性、应急响应程序和措施的科学性、应急保障措施的可行性、应急预案的衔接性。

（3）评审程序

应急预案评审程序包括下列步骤：

① 评审准备。成立应急预案评审工作组，落实参加评审的专家，将应急预案、编制说明、风险评估、应急资源调查报告及其他有关资料在评审前送达参加评审的单位或人员。

② 组织评审。评审采取会议审查形式，企业主要负责人参加会议，会议由参加评审的专家共同推选出的组长主持，按照议程组织评审；表决时，应有不少于出席会议专家人数的三分之二同意方为通过；评审会议应形成评审意见（经评审组组长签字），附参加评审会议的专家签字表。表决的投票情况应以书面材料记录在案，并作为评审意见的附件。

③ 修改完善。生产经营单位应认真分析研究，按照评审意见对应急预案进行修订和完善。评审表决不通过的，生产经营单位应修改完善后按评审程序重新组织专家评审，生产经营单位应写出根据专家评审意见的修改情况说明，并经专家组组长签字确认。

4.2.9 批准实施

通过评审的应急预案，由生产经营单位主要负责人签发实施。

4.3 综合应急预案编制的主要内容

4.3.1 总则

（1）适用范围

根据企业主要生产业务可能发生的生产安全事故主要类型，以及应急资源和应急处置能力，确定应急预案适用的生产安全事故范围和应对处置的事故级别范围。

【举例】

本预案适用于本单位生产作业中，因火灾、物体打击、机械伤害、触电伤害、高处坠落、车辆伤害等引发的生产安全事故的应急救援工作。

本预案适用于以下级别：Ⅰ、Ⅱ、Ⅲ级事故的应急处置。

①Ⅰ级事故是指造成1人以上死亡，或3人以上重伤，或超出本单位应急处置能力，或可能波及周边单位和社会公众的生产安全事故；

②Ⅱ级事故是指造成1～2人重伤，轻伤5人及以上的轻伤的生产安全事故；

③Ⅲ级事故是指造成1人以上5人以下轻伤的生产安全事故。

所称的“以上”包括本数，所称的“以下”不包括本数。

（2）响应分级

依据事故危害程度、影响范围和生产经营单位控制事态的能力，对事故应急响应进行分级，明确分级响应的基本原则，响应分级不必与事故分级一一对应。

【举例】

本单位生产安全事故应急响应分级，依据生产安全事故的危害程度、紧急程度和发展势态，将应急响应划分为3级响应，即Ⅰ级响应、Ⅱ级响应、Ⅲ级响应。超出本级应急处置能力时，应及时请求上一级应急救援指挥机构启动高一级应急预案。

①Ⅰ级响应。Ⅰ级响应是指造成1人以上死亡或3人以上重伤的生产安全事故，或超出本单位应急处置能力，或可能波及周边单位和社会公众时，需报请属地政府协调，借助外部社会救援力量进行处置。

②Ⅱ级响应。Ⅱ级响应是指造成1～2人重伤或5人及以上的轻伤的生产安全事故，未超出本单位应急救援能力，需要本单位内多个部门协调或联动进行处置，必要时启动Ⅰ级响应。

③Ⅲ级响应。Ⅲ级响应是指造成5人以下轻伤的生产安全事故，在车间、项目部应急处置能力范围内，车间、项目部可以自行解决的生产安全事故。

在实际工作中，应根据事故严重程度和事故发展态势及时启动相应级别的应急响应，超出其应急救援处置能力时，及时报请启动上一级应急响应实施应急救援。

4.3.2 组织机构及职责

根据企业处置突发事件实际设立应急指挥机构，详细列明指挥机构的组成单位和应急管理办公室，明确应急组织形式（可用图示）及构成单位（部门）的应急处置职责。应急组织机构可设置相应的工作小组，各小组具体构成、职责分工及行动任务应以工作方案的形式作为附件。

【举例】

1. 应急组织结构

单位成立应急管理中心，作为应急救援最高指挥机构，负责承担单位生产安全事故应急救援和处置工作，应急中心下设办公室，办公室设在安全生产管理部，是应急指挥机构的常设办事机构，应急办公室下设技术专家组（由单位内部、外部专家组成）和善后处理组（单位人力资源、财务处及综合办公室相关人员组成），现场应急处置小组下设抢险救援组（单位兼职应急救援队伍、车间成员组成）和综合保障组（单位兼职救援队伍和车间成员组成）。应急组织结构见图4-1所示。

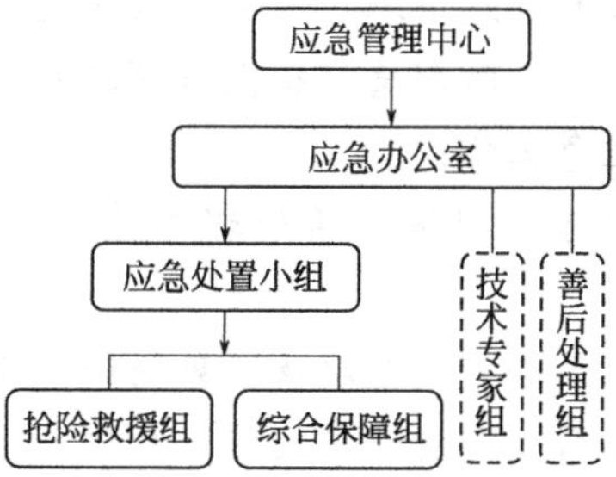

图4-1　应急组织结构图

2. 组织机构职责

2.1 公司应急中心职责

① 统一组织、指挥、协调生产安全事故的应急救援工作，全面负责单位生产安全事故应急抢险准备工作的领导和决策；

② 听取生产安全事故应急抢险准备工作汇报，并对其做出相应的应急抢险指令；

③ 协调与政府有关部门和相关单位生产安全事故的互助工作；

④ 对生产安全事故应急抢险准备情况、应急响应情况等进行考核；

⑤ 确保生产安全事故应急抢险的准备、演练和培训等所需的经费。

2.2 应急指挥部成员职责

(1) 总指挥职责

① 对单位应急预案的制订、评审、批准和生产安全事故的预防、准备、响应和应急恢复等工作全面负责；

② 负责或授权发布应急预案启动、解除、升降级命令和指挥应急处理；

③ 负责审核和授权对外应急处理情况发布；

④ 负责应急处理的总体协调和资源投入审批；

⑤ 负责组织应急预案培训和演练活动。

(2) 副总指挥职责

① 协助总指挥组织或根据总指挥授权，指挥完成应急救援行动；

② 向总指挥提出应采取的减轻事故后果的应急程序和行动建议；

③ 协调、组织应急行动所需人员、队伍和物资、设备调运等。

(3) 应急办公室

应急办公室是应急中心的常设办事机构，负责单位生产安全事故应急管理以及应急救援的具体事务工作。工作职责如下：

① 承担公司应急中心的日常工作，执行其发出的决定；

② 接收项目部事故、事件报告；

③ 安排公司应急中心的应急值班，保持与救援现场的密切联系；

④ 跟踪事故发展情况，及时向总指挥报告事故发展态势；

⑤ 协调公司各部门应急工作；

⑥ 进行应急值班的记录、现场应急处理工作资料的收集和应急工作总结、资料归档等工作；

⑦ 组织生产安全事故调查和总结以及事故材料上报；

⑧ 组织编制和修订公司生产安全事故应急预案；

⑨ 参与生产安全事故应急预案演练方案编制并组织实施。

⑩ 与公司驻地及项目地方政府相关部门保持联系；

⑪完成公司应急中心交办的其他事项。

2.3 应急工作小组职责

(1) 现场应急处置小组

在事故发生地立即成立现场应急处置小组，由项目经理或现场负责人负责。现场应急处置小组的职责：

① 按照公司应急中心指令实施专项方案，根据事故性质、发生地点、波及

范围、人员分布、救灾的人力和物力，确定抢险方案和安全措施；

② 调动救援力量，积极抢救遇险遇难人员，防止事故扩大；

③ 负责现场信息传递和报告工作，及时更新应急工作总结和事故信息，收集、整理应急处置过程的有关资料，确保现场事故信息传递的真实、有效与准确；

④ 组织协调各工作组有序地投入救援工作，调集、补充现场抢险人员；

⑤ 负责公司应急中心交办的其他应急工作任务；

⑥ 负责或协助调查生产安全事故发生的原因、过程和人员伤亡、经济损失等情况。

（2）抢险救援组职责

抢险救援组由公司兼职应急救援队伍、项目部成员和协议单位的专业救援力量组成，其职责为：

① 在第一时间组织抢险救援组成员开展抢险，迅速转移可能扩大事故的危险源及实施其他可以防止事故扩大的防范措施。及时联系120将现场受伤人员转送医院救治，减少人员伤亡。协调现场各方救援力量，配合专业救援力量顺利开展工作；

② 做好事故现场保卫警戒工作，引导疏散危险区域内的有关人员，严禁无关人员进入事故现场；

③ 协同社会或专业救援队伍进行抢险救援工作；

④ 完成指挥部交办的其他工作。

（3）综合保障组职责

① 负责应急救援物资的调配及后勤保障工作；

② 负责调配应急所需的急救药品、应急装备等应急保障工作；承担现场临时医疗救护；

③ 负责事故善后处置，接待、安抚事故伤亡人员亲属，做好遇难人员遗体、遗物的安置妥善安排生活，稳定伤亡家属的思想情绪等工作；

④ 确保与最高管理者和外部联系畅通、内外信息反馈迅速；

⑤ 依据命令进行上、下级的联系以及和应急、医院、消防、公安部门等单位的联络，做好抢险工作的记录；

⑥ 负责事故现场的警戒，阻止非抢险救援人员进入现场；负责现场车辆疏通，维持治安秩序。

（4）技术专家组职责

① 负责评估（判断）事故发展趋势，危害程度及影响范围等基本情况，及时提出抢险救援措施及应急处理对策，为指挥部决策提供科学依据；

② 参与应急预案的宣传、教育培训等工作；

③ 参加事故调查相关工作；

④ 参加事故应急演练以及有关评估、论证、调研、研讨等。

(5) 善后处理组职责

① 负责做好对遇难者家属的安抚工作，协调落实遇难者家属抚恤金、赔偿和受伤人员住院费问题；

② 做好其他善后事宜。

4.3.3 应急响应

应急响应是指应针对事故险情或事故依据应急预案采取的应急行动。

(1) 信息报告

信息报告是指事故险情或事故有关信息的接报、信息处置与研判等信息的流转。

① 信息接报：明确应急值守电话、事故信息接收、内部通报程序、方式和责任人，向上级主管部门、上级单位报告事故信息的流程、内容、时限和责任人，以及向本单位以外的有关部门或单位通报事故信息的方法、程序和责任人。

② 信息处置与研判：

a. 明确响应启动的程序和方式。根据事故性质、严重程度、影响范围和可控性，结合响应分级明确的条件，可由应急领导小组作出响应启动的决策并宣布，或者依据事故信息是否达到响应启动的条件自动启动。

b. 若未达到响应启动条件，应急领导小组可作出预警启动的决策，做好响应准备，实时跟踪事态发展。

c. 响应启动后，应注意跟踪事态发展，科学分析处置需求，及时调整响应级别，避免响应不足或过度响应。

【举例】

3 应急响应

3.1 信息报告

3.1.1 信息接报

应急办公室安排人员进行 24 小时值班，负责信息接收和通报，值班电话与责任如下：

(1) 信息接受

车间（项目部）事故报告拨打公司 24 小时应急值守电话：******，手持：138******，186******。应急值守人员接报后立即报告应急办公室主任，同时报告应急中心总指挥；

(2) 信息报告

① 应急办公室根据接报的事故信息和应急中心总指挥意见，综合判断属于达到一级响应的事故，应在接报最迟 1 小时内以电话、邮件、公文形式上报单

位上级主管部门报告、事故发生地政府有关部门。

② 在突发事故事态紧急时，车间（项目部）现场人员应立即向事发地政府有关部门报警，同时向公司应急中心报告。

治安事件：110，火警：119，急救救援：120，交通事故：122。

信息报告程序见下图 4-2 所示。

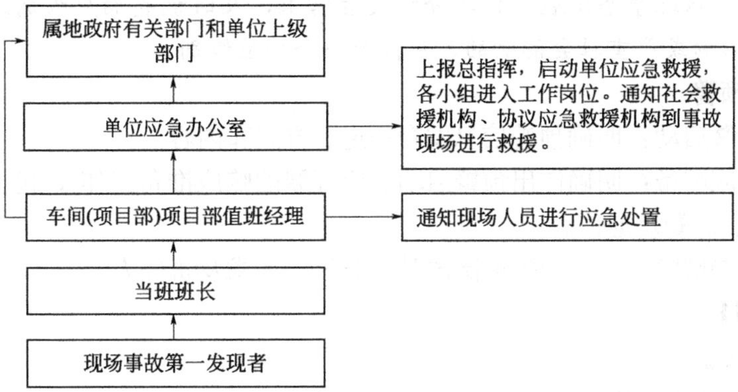

图 4-2 信息报告程序图

（3）信息报告内容

事故信息报告应包括以下基本内容：

① 发生事故的单位、时间、地点、装置设备名称；

② 事故的简要经过，包括发生具体地点、事故类型以及最大影响范围和现场伤亡情况等；

③ 事故现场应急抢救处理的情况和采取的措施，事故的可控情况及消除或控制所需的处理时间等；

④ 其他有关事故应急救援的情况：是否进行应急疏散，有无被困人员，事故可能的影响后果、影响范围、发展趋势等；

⑤ 事故报告单位、报告人和联系电话（应至少准备二部以上通信方式）。

注：一旦报告联系人完成报警后，此电话应为与消防施救单位专用联系电话，并保持畅通，与其他单位联系应使用备用通信方式。

⑥ 报警后，应安排接应人员携带电话，在确定好的路口（门口），等待专业救援人员到来，以便引导救援车辆、人员快速进入事故现场。

（4）应急信息格式规范

应急信息快报内容按照规定的格式，应如实填写报告。

当事发现场无通信信号时，应在确保救援力量不减弱的前提下，派人尽快与外界取得联系，并及时按上述规定程序上报。

3.1.2 信息处置与研判

应急办公室确认事故信息后，根据事故性质、严重程度、影响范围和可控性等对事故进行研判，由应急中心总指挥作出预警或应急响应启动的决策：

① 若达到三级响应启动条件，由车间（项目）经理宣布启动预警，同时向单位应急中心报告，并按本预案预警部分有关规定进行应急响应准备；

② 若达到二、一级响应启动条件，由单位应急中心总指挥宣布启动响应，按本预案预警部分有关规定进行应急响应准备；

③ 实时跟踪事态发展，科学分析处置需求，及时调整响应级别。事故造成严重不良影响或严重社会影响的，应提升一个响应级别。

(2) 预警

① 预警启动：明确预警信息发布渠道、方式和内容。

② 响应准备：明确作出预警启动后应开展的响应准备工作，包括队伍、物资、装备、后勤及通信。

③ 预警解除：明确预警解除的基本条件、要求及责任人。

【举例】

3.2 预警

3.2.1 预警启动

(1) 发布渠道

应急中心收到事故信息、预警信息后，立即进行核实确认，提出发布预警等级的建议，报应急中心总指挥批准后向车间（项目部）现场应急处置小组和员工发布预警信息。

(2) 发布方式

根据生产安全事故的特点，可采用以下一种或多种预警发布方式：

① 通过固定电话、移动电话、对讲机通知相关部门及员工；

② 人工大声呼喊、鸣笛等方式。

(3) 预警信息内容

① 预警级别；

② 涉及生产安全事件的基本情况，可能造成的危害及程度；

③ 预警范围：应急组织、应急队伍及相关部门；

④ 建议应采取的应急措施；

⑤ 发布部门。

依据安全隐患可能造成的危害程度、发展情况和紧迫性等因素，由高到低划分为Ⅰ级、Ⅱ级、Ⅲ级三个预警级别。

(1) Ⅰ级预警

① 现场检查或隐患排查发现可能造成1人以上死亡，或3人以上重伤的生产安全事故；

② 有关部门发布大风、大雪、大雨、高温、地质灾害等恶劣天气橙色、红

色预警时；

③ 行业内其他单位发生一起重大事故时。

（2） Ⅱ级预警

① 现场检查或隐患排查发现可能造成1～2人重伤，5人及以上的轻伤的生产安全事故；

② 有关部门发布大风、大雪、大雨、高温、地质灾害等恶劣天气黄色预警时；

③ 行业内其他单位发生一起较大事故时。

（3） Ⅲ级预警

① 现场检查或隐患排查发现可能造成1人以上5人以下轻伤的生产安全事故；

② 有关部门发布大风、大雪、大雨、高温等恶劣天气蓝色预警时；

③ 日常隐患排查治理过程中发现典型或带有普遍性的安全生产问题后。

（4） 预警措施要求

根据单位安全生产监控数据、生产报表、技术交底等资料的变化情况，生产过程中存在的事故隐患、发展态势和造成的危害程度，以及相关部门提供的预警信息进行预警。当符合上述预警判定级别时，即启动预警程序。

根据预警级别不同，现场应急处置小组（车间、项目部）执行以下操作：

Ⅲ级预警：按照职责分工，坚持领导带班，昼夜有人值班，随时保持通信联络畅通。作业现场管理人员、安全员上岗到位，密切关注天气情况或生产现场情况，加强应急设施设备检查，确保有效。

Ⅱ级预警：在Ⅲ级预警响应的基础上，现场应急处置小组密切关注作业区各类危险源、隐患整改情况，带班负责人员要随时掌握情况，全力消除安全隐患，做好应急各项准备，随时待命。必要时停止相关作业或撤离现场。

Ⅰ级预警：在Ⅱ级预警响应的基础上，现场应急处置小组应高度关注危险源及事故发展动态，带班负责人要主动了解掌握情况，加强值班和监测，并及时向应急中心报告。应停止相关作业撤离现场。应急队伍随时待命，携带相关应急物资、装备等，接到事故报告后，立即进行抢险。

3.2.2 响应准备

应急中心总指挥宣布预警启动后，应开展的应急响应准备工作如下 ：

① 应急抢险组和综合保障组按照职责分工，落实人员、物资、装备及通信设备等应急准备；

② 持续跟踪事态发展情况，做好信息汇报工作。

3.2.3 预警解除

①Ⅰ级和Ⅱ级预警：事故得到有效控制，由应急总指挥宣布解除预警，应

急办公室将信息传递至各应急工作小组。

②Ⅲ级预警：现场应急处置小组依据现场实际情况自行决定解除，并及时报告单位应急办公室。

③ 应急办公室密切关注事故进展情况，并依据事态变化情况和专家组提出的建议，经单位应急中心总指挥或副总指挥批准后，适时调整预警级别，并将调整结果及时通报各相关部门。

(3) 响应启动

确定响应级别，明确响应启动后的程序性工作，包括应急会议召开、信息上报、资源协调、信息公开、后勤及财力保障工作。

【举例】

3.3 响应启动

生产安全事故发生后，首先发现的员工应立即向车间（项目部）负责人报告，并启动应急预案或现场处置方案，同时上报单位应急指挥中心。应急指挥中心按照应急预案响应等级，立即启动应急响应，迅速组织抢险救援，防止事故扩大，减少人员伤亡和财产损失，并按规定报告事故属地政府部门及单位上级管理部门。

应急响应级别，根据事故控制和发展的趋势进行升级或降级。应急中心根据生产安全事故发展势态，适时关闭应急响应，并进行善后处置和调查评估。

(1) Ⅲ级响应程序

当发布Ⅲ级应急响应命令后，事故车间（项目部）应立即启动本部门的应急预案或现场处置方案，组织实施应急处置，并及时将处置情况上报应急指挥中心。应急办公室密切关注事故处置进展，指导事故发生部门进行现场处置。

(2) Ⅱ级响应程序

当发布Ⅱ级应急响应命令后，应急中心迅速安排副总指挥及相关人员赶赴事发现场，抵达后成立现场指挥部，并接管现场指挥权；

现场指挥部立即组织召开应急现场会议，听取事故发生情况报告，确定应急处置方案；各应急工作小组按照应急处置方案开展现场应急处置工作；

当事故级别和发展态势无法得到有效控制，超出应急能力时，由现场指挥部决定向事发地政府有关部门请求应急救援；

现场的应急处置工作无法保障救援人员安全时，应立即下达撤离指令；

当政府部门到达现场后，现场应急指挥部移交指挥权，听从安排，配合救援。

(3) Ⅰ级响应程序

应急中心发布Ⅰ级应急响应命令后，应立即向事发属地政府有关部门和专业应急救援机构请求紧急救援，并组织应急处置小组进行先期处置，当现场应急处置工作无法保障救援人员安全时，立即下达撤离指令；

当政府有关部门抵达事故现场，现场应急处置小组应汇报事故抢险情况，并移交指挥权，积极协助政府有关部门及专业救援机构做好应急抢险工；

应急中心总指挥及有关人员立即赶赴事发现场，配合事发地政府开展现场应急处置工作。

(4) 应急处置

明确事故现场的警戒疏散、人员搜救、医疗救治、现场监测、技术支持、工程抢险及环境保护方面的应急处置措施，并明确人员防护的要求。

【举例】

3.4 应急处置

3.4.1 应急处置流程

具体应急处置工作流程如图 4-3 所示。

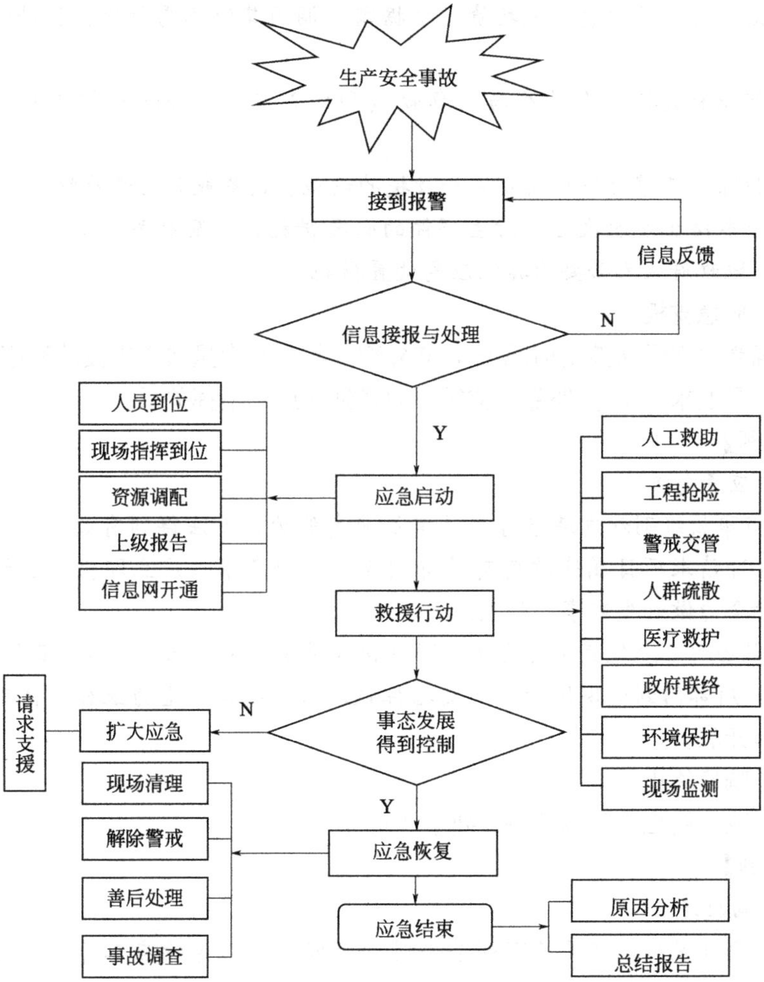

图 4-3 应急响应程序图

3.4.2 处置措施

事故发生之后，应采取下列应急措施：

① 发生火灾时现场人员在处置初期火灾的同时拨打报警电话，积极组织人员逃生，在安全有保障的前提下，抢救财产；

② 因燃气管道破坏而发生液化气、天然气泄漏事故时，立即拨打燃气部门、消防救援部门电话，现场作业人员立即停止作业，迅速撤离现场，警戒现场，杜绝明火，原则上不开展液化气、天然气泄漏的处置如堵漏等救援行动，以撤离现场为第一选项；

③ 迅速控制危险源，标明危险区域，封锁危险场所，划定警戒区，抢险救援小组要保证紧急情况下抢险救援车辆的优先安排、优先调度、优先放行，确保抢险救援物资和人员能够及时、安全送达；

④ 启用储备的应急救援物资，根据需要调用其他急需物资、机械设备、设施、工具等；

⑤ 组织相关技术人员参与应急救援和处置工作，并配备相应的安全防护装备；

⑥ 拆除、迁移妨碍应急处置和救援的设施、设备或其他障碍物等；

⑦ 采取防止发生次生、衍生事件的必要措施，以及有关法律、法规、规章规定或当地政府认为必要的其他应急处置措施。

(5) 应急支援

明确当事态无法控制情况下，向外部（救援）力量请求支援的程序及要求、联动程序及要求，以及外部（救援）力量到达后的指挥关系。

【举例】

3.5 应急支援

① 当事故级别和发展态势超过单位应急能力，无法得到有效控制时，现场指挥部立即请求项目属地政府有关部门支援，应急中心应立即报告上级主管部门，同时全力做好先期事故处置。

② 现场的应急处置工作无法保障救援人员安全时，立即下达撤离指令；

③ 政府部门到达现场后，移交指挥权，听从安排，全力配合、协助应急救援工作的开展。

(6) 响应终止

明确响应终止的基本条件、要求和责任人。

【举例】

3.6 响应终止

经应急处置后，当满足下列条件时则可以停止应急响应工作，由现场总指挥宣告应急响应工作结束。

① 事故现场得到完全控制；

② 事故现场环境污染得到有效控制，符合有关标准，社会影响减少到最低；

③ 导致次生、衍生事故隐患消除；

④ 伤亡人员全部救出或安全转移，设施设备处于正常或受控状态；

⑤ 专业应急救援队伍、应急指挥人员、相关专家等参与应急救援的人员完成救援任务，并撤离现场等待指令；

⑥ 现场应急指挥部通知事故发生单位相关部门、周边社区及人员事故危险已解除。

4.3.4 后期处置

明确污染物处理、生产秩序恢复、人员安置方面的内容。

【举例】

4.1 生产秩序恢复

生产秩序恢复应符合下列要求：

① 三级应急救援结束后，征得单位应急中心同意的情况下，要采取积极的措施尽快恢复生产。

② 一、二级应急救援结束后，征得属地政府相关部门同意的情况下，要采取积极的措施尽快恢复生产。

③ 对于职工队伍，做好思想工作，对于被事故损坏的设施、装备需委托专业部门进行检测评估，满足安全生产条件后，方可进行恢复或生产。

④ 根据“四不放过”原则，落实事故整改和防范措施，做好职工的安全教育培训工作，确保安全生产。

4.2 医疗救治

对在生产安全事故中或抢险过程中受伤人员，应及时运送到专业的医疗机构进行救治，并对受伤人员的后期治疗进行跟踪，给予所需的支持和帮助，使受伤人员尽早康复。

4.3 人员安置

应急结束后，由综合保障组将其他人员疏散到应急避难场，为疏散人员提供生活必须的食品、水、帐篷等应急物资，妥善安置。

4.4 善后赔偿

由安全生产部门会同相关单位、部门负责接待、安抚伤亡人员家属，依法进行善后处理赔偿。由人力部门向保险单位办理事故损失认定、核准和赔偿事宜。

4.5 应急保障

（1）通信与信息保障

明确应急保障的相关单位及人员通信联系方式和方法，以及备用方案和保障责任人。

(2) 应急队伍保障

明确相关的应急人力资源，包括专家、专兼职应急救援队伍及协议应急救援队伍。

(3) 物资装备保障

明确本单位的应急物资和装备的类型、数量、性能、存放位置、运输及使用条件、更新及补充时限、管理责任人及其联系方式，并建立台账。

(4) 其他保障

根据应急工作需求而确定的其他相关保障措施（如能源保障、经费保障、交通运输保障、治安保障、技术保障、医疗保障及后勤保障）。

注.4.3.5 的相关内容，尽可能在应急预案的附件中体现。

【举例】

5 应急保障

5.1 通信与信息保障

(1) 单位应急救援通信

① 应急办公室安排专人 24 小时值班：* * * * * * *，手持：138 * * * * * *、186 * * * * * * *。非应急期间采取电话值班方式；

② 应急期间，应急救援指挥中心全体人员必须保持移动通信 24 小时处于开机状态；

③ 应急办公室公布应急电话，并根据职务及任职人员的变动情况及时更新联系方式；

④ 应急中心应急通信录（附件），应急办公室应急通信录（附件），单位应急通信录（附件），属地政府部门及专业应急救援队伍通信录（附件）。

(2) 社会应急救援通信

治安事件：110，火警：119，急救救援：120，交通事故：122。

5.2 应急队伍保障

① 建立以单位各部门、车间（项目部）干部职工为主体的兼职应急队伍，在发生应急状态下，应急中心对应急队伍进行统一调用，应急人员必须服从调配。

② 应急队伍每年进行二次培训和演练，做到熟练掌握救援程序，救援器材的使用和自我防护措施等，保证在应急情况下能够履行职责。

③ 根据事故危害程度和影响范围充分利用社会救援力量，与社会救援机构、区域联防单位，相互协调配合、相互支援。

④ 单位应急队伍名单、社会救援机构通信录（附件）。

5.3 物资装备保障

① 应急物资原则上由单位综合管理部统一购买，应急办公室按标准进行配置。

② 车间（项目部）及时统计应急物资储备情况，报应急办公室备案，并定期检查、保养，按规定进行更新，不得随意挪用。

③ 车间（项目部）应急物资装备，应按规定做好日常保养、维护、检验工作。应急物资装备的管理责任人为车间（项目部）安全员。

④ 当急物资装备发生短缺时，应及时向应急办公室申报，及时购买配置。

⑤ 当应急物资不能满足应急需救援需求时，应急办公室负责向属地政府主管部门、社会救援机构、区域联防单位申请援助。

⑥ 应急救援物设备、物资清单（附件）。

5.4 应急资金保障

单位应设立应急专项资金，按照不少于上年度营业额的0.5%纳入年度预算计划，用于保证应急各项费用的支出。经单位总经理批准后财务部门下发统一使用，用于应急设备的购买、运行及维护，应急救援预案的演练及应急预案培训。

应急专项资金的使用情况由单位财务部门监督使用。

5.5 技术支持保障

依据生产安全事故应急救援需要，由安全生产管理部挑选相关技术人员和外部专业专家组成专家组，应急专家组通信录（附件）。

根据需要还可请求地方政府部门、科研机构等给予技术支持。

5.6 交通运输保障

单位配有中型客车、越野吉普车、卡车、工程车等必须车辆，可用于受伤人员的应急救护以及应急物资的运送。

4.4 火灾事故专项应急预案

4.4.1 适用范围

说明专项应急预案适用的范围，以及与综合应急预案的关系。

【举例】

1 适用范围

本预案适用于指导单位日常生产过程中的火灾事故的应急救援工作。主要适用于：由于电气火灾、动火作业导致的火灾事故。

火灾专项预案是综合预案的支持文件，是综合预案在处置火灾生产安全事故的具体实施应用。

4.4.2 应急组织机构及职责

明确应急组织形式（可用图示）及构成单位（部门）的应急处置职责。应急组织机构以及各成员单位 或人员的具体职责。应急组织机构可以设置相应的应急工作小组，各小组具体构成、职责分工及行动任务建议以工作方案的形式作为附件。

【举例】

2 应急组织机构及职责

（1）公司应急指挥机构为应急中心，下设应急抢险组、应急疏散警戒组、应急后勤保障组和应急通信联络组。

（2）应急中心主要职责

1	启动和终止应急预案。
2	指挥各组现场排险工作。
3	组建应急队伍，组织实施和演练。
4	负责向到达事故现场的公安、消防救援、应急管理等部门汇报灾情，并移交现场指挥权。

（3）应急抢险组主要职责

1	现场抢险、抢救受伤人员。
2	清理可燃物等危险源，控制险情蔓延。
3	随时向应急中心报告抢险、抢救进展情况。

（4）应急疏散警戒组主要职责

1	保持疏散通道及安全出口的畅通。
2	拉好警戒带，做好警戒和保卫工作。
3	控制现场秩序，控制无关人员进入现场。
4	疏导现场人员按序从安全出口疏散至安全区域。
5	核实疏散人员是否疏散至安全区域。
6	随时向应急中心报告疏散进展情况。

（5）应急后勤保障组主要职责

1	对受伤人员进行简单的包扎和处理，联系救护车并护送到医院进行抢救。
2	负责抢险救灾人员食品和生活用品的及时供应。

续表

3	落实抢险救灾装置、设备抢修、恢复生产所需的物资。
4	随时向应急中心总指挥报告后勤保障及救护情况。
5	记录事故信息相关内容，并上报有关部门。

（6）应急通信联络组主要职责

1	应急预案启动后按照应急中心总指挥的命令，负责通知各应急组前往现场救援。
2	在抢救过程中，联络、搜集各组进展情况，随时向应急中心总指挥如实报告情况。
3	在抢救过程中，负责传达应急中心总指挥的最新命令。
4	保证信息畅通。

4.4.3 响应启动

明确响应启动后的程序性工作，包括应急会议召开、信息上报、资源协调、信息公开、后勤及财力保障工作。

【举例】

3 响应启动

① 应急办公室接到火灾事件信息报告后，根据事态发展趋势，应立即会同有关部门汇总相关信息，分析研判，并向向现场下达停止作业；向动力部门下达切断着火区域除消防电源外的其他生产动力、燃气、燃料供应；向现场作业部门下达利用身边灭火器材，在安全前提下进行火灾初期扑救和人员疏散命令；及时向应急中心总指挥报告；同时拨打火灾报警电话。

② 根据火灾现场情况、火灾性质（A、B、C、D、E、F 类火灾），组织选择与火灾性质相适应的灭火器材进行灭火。

③ 在火灾发生后，特别是人群比较集中的部位或场所发生火灾时，按照制定的紧急疏散方案和疏散路线，组织人员有序的撤离火灾现场至安全地带。

④ 对于重要场所、高危场所发生火灾，要及时做好隔离措施和相关的安全措施；

⑤ 进行应急救援、抢修恢复等工作时，必须制定切实可行的组织、技术、安全三大措施，确保人身安全。

⑥ 积极配合消防专业救援队伍进行灭火，配合医疗、救护等专业部门、救护等应急处置工作。

4.4.4 处置措施

针对可能发生的事故风险、危害程度和影响范围，明确应急处置指导原则，制定相应的应急处置措施。

【举例】

4 处置措施

4.1 一般火灾扑救程序

① 当发现有火情时，附近员工要立即大喊或通知周围人员，向周围人发出火情警报，并拨打应急中心电话报警。

② 火情发生区域内的人员，首先应在最短的时间内，利用身边的灭火器及其他可利用的工具，灭初期火；如果发现火情已较大，难以控制，或有爆炸的危险，或烟中伴有有毒气体弥漫时，应立即停止扑救，及时撤出火灾现场。

③ 现场负责人接到火情报警后，立即组织应急抢险组携带灭火工具迅速参与灭火行动。如果火势失去控制，立即撤出火灾现场。

④ 采取切断火灾蔓延措施，在安全有保障的前提下，组织应急抢险组移走火场及附近的气瓶、易燃化学品以及其他可燃物。

⑤ 初级火不能扑灭，有扩大趋势和失去控制趋势时，通知疏散组，按照制定的紧急疏散方案和疏散路线，组织人员有序的撤离火灾现场至安全地带。

⑥ 如果发现火情已较大，难以控制，或有爆炸的危险，或烟中伴有有毒气体弥漫时，现场指挥应立即停止扑救，及时撤出火灾现场到安全区域；等待外部救援。

4.2 应急疏散

① 接到报警后，应急疏散警戒组指挥可能会受火场威胁的所有人员疏散到指定安全区域，并清点人数。

② 除参与灭火人员外，其他不参与灭火的人员，应立即疏散撤离火场至安全区域，不逗留、不围观。

4.3 现场医疗救护

如出现人员受伤情况，应急后勤保障组及时组织急救处置措施，视情况安排车辆尽快将受伤人员送医院治疗或拨打“120”急救电话求救。

4.4 应急行动协调处置程序

① 应急通信联络组派人在关键路口等待指挥消防救援车辆、人员到达火场。

② 消防救援部门人员到来时，现场指挥人员如实、详细介绍火场情况，并指示单位所有应急行动人员听从消防救援部门的指挥，配合消防救援部门提供初期火灾扑救情况，以及火场建筑、建筑内人员及可燃物，消防水源，火灾扑救、疏散人员、伤员等重要情况。

③ 灭火工作结束后，在未经消防救援部门允许情况下，应保护火灾现场，不得擅自销毁现场遗留证据，积极配合消防救援部门对现场人证、物证作调查取证工作，了解事情发生经过，查明火灾原因，做好各项消防整改和恢复工作。

4.4.5 应急保障

根据应急工作需求明确保障的内容。

注：专项应急预案包括但不限于7.1～7.4的内容。

【举例】

5 应急保障

5.1 条件保障

① 各项车间（项目部）、各部门及办公楼各层，均按照要求配备、配齐、配足灭火器材，确保灭火器材有效；定期组织安全员开展消防法安全检查，发现隐患及时报告和处置。

② 消防控制中心人员持证上岗。确保单位消防系统、火灾监测监控设备工作正常，按规定维护保养、定期委托有资质单位进行检验检测。

③ 做好具有火灾危险场所的管理，严禁烟火；严格按规定审批动火作业，加强动作业过程和动火作业证的管理；做好变电所、电力线路、电气设备维护，防止电气火灾。

5.2 培训

（1）员工培训

所有新员工入职时进行消防安全知识培训，对在岗的员工每半年至少进行一次消防安全教育培训，以提高安全逃生及灭火的技能。

（2）特种作业人员培训

重点做好动火作业人员、动火作业审批、动火监管人员的培训，严格遵守法律法规要求。

做好电工的安全培训，认真排查电气、电力电线隐患，防止引发电气火灾。

5.3 应急演练

每年至少组织2次灭火和应急疏散演练，提高全体员工的应急能力。

4.5 生产安全事故现场处置方案

① 事故风险描述：简述事故风险评估的结果（可用列表的形式列在附件中）。

② 应急工作职责：明确应急组织分工和职责。

③ 应急处置，包括但不限于下列内容：

a. 应急处置程序。根据可能发生的事故及现场情况，明确事故报警、各项应急措施启动、应急救护人员的引导、事故扩大及同生产经营单位应急预案的衔接程序。

b. 现场应急处置措施。针对可能发生的事故从人员救护、工艺操作、事故控制、消防、现场恢复等方面制定明确的应急处置措施。

c. 明确报警负责人以及报警电话及上级管理部门、相关应急救援单位联络方式和联系人员，事故报告基本要求和内容。

④ 注意事项：包括人员防护和自救互救、装备使用、现场安全等方面的内容。

【举例】

1 高处坠落事故现场处置方案

事故风险分析	事故类型	高处坠落
	事故发生的区域、地点或装置的名称	事故多发生在作业及现场布置、工作台的搭建、拆除作业，以及在洞口、临边作业过程中，多因安全防护缺失或未佩戴安全保护装置或损坏等原因导致高处坠落事故发生。
	事故可能发生的时间、危害严重程度及影响范围	发生高处坠落后，可引起人员轻伤、重伤，如果涉及人身关键部位，或者坠落现场环境不良，能造成人员死亡事故。高处坠落事故发生多为单人事故，影响范围为作业现场。
	事故发生前可能出现的征兆	① 高处作业时，下方没有架设安全护网； ② 高处作业没有佩戴安全带或防坠器； ③ 安全带、工作服、工作鞋等劳动防护用品穿戴不符合要求； ④ 作业人员疏忽大意，疲劳过度； ⑤ 工作责任心不强，主观判断失误； ⑥ 高处作业安全管理不到位
应急工作职责	现场应急小组由现场所有人员组成，现场职位最高的人员在部门负责人未到之前担任应急组长，第一时间组织进行应急处置。 ① 组长：负责事故的决策和全面指挥，负责与项目作业地专业救援队伍及医疗机构签订协议或建立沟通机制。 ② 副组长：协助组长工作，负责事故现场的具体指挥，组织相关人员尽快赶到现场，组织指挥救援工作。 ③ 应急工作组：在第一时间组织救援队伍开展抢险，迅速转移可能扩大事故的危险源及实施其他可以防止事故扩大的防范措施。及时联系 120 将现场受伤人员转送医院救治，减少人员伤亡。协调现场各方救援力量，配合专业救援力量顺利开展工作；做好事故现场保卫警戒工作，引导疏散危险区域内的有关人员，严禁无关人员进入事故现场；协同医疗救护机构做好伤员的救治工作	
应急处置	事故应急处置程序	责任人
	立即通知组长，通知周边人员疏散，防止再次发生伤害	现场人员
	组长组织做好应急处置	组长
	组长向应急办公室报告，做好后期清理和问题查找、事故总结、恢复生产等工作	组长

续表

应急处置	如事故情况严重，仅靠现场人员和应急物资无法有效处置，需立即上报应急指挥部，请求响应升级，通知各专业处置小组赶赴现场	组长
	宣布启动专项预案或公司综合应急预案，组织各专业应急处置组进行处置	应急指挥部
	现场应急处置措施	
	① 发生高空坠落事故后，现场人员应当立即采取措施，切断或隔离危险源，防止救援过程中发生次生灾害； ② 应马上组织人员抢救伤者，应立即向现场负责人报告； ③ 现场人员应做好受伤人员的现场救护工作。如受伤人员出现流血、骨折、休克或昏迷状况，应采取临时包扎止血措施，进行人工呼吸或胸外心脏挤压，尽量努力抢救伤员； ④ 在伤员转送之前必须进行急救处理，避免伤情扩大，途中作进一步检查，进行病史采集，以发现一些隐蔽部位的伤情，做进一步处理，减轻患者伤情。转送途中密切观察患者的瞳孔、意识、体温、脉搏、呼吸、血压等情况，有异常应及早做出相应的处理措施； ⑤ 当有人受伤严重时，应派人拨打当地120急救电话，详细说明事故地点、严重程度、联系电话，并派人到路口接应	
注意事项	① 防护器材和应急救援器材佩戴整齐 ② 救援对策或措施安全可靠 ③ 救援结束后，应尽快将救援器材和装备恢复备战状态。	

4.6 事故风险辨识、评估

4.6.1 事故风险辨识、评估的目的

生产经营单位应当针对本单位可能发生的生产安全事故的特点和危害，进行风险辨识和评估，事故风险辨识、评估是制定相应的生产安全事故应急救援预案的基础。因此，应针对不同事故种类及特点，识别存在的危险有害因素，确定可能发生的事故类别，分析事故发生的可能性，以及可能产生的直接后果和次生、衍生后果，评估各种后果的危害程度和影响范围，提出防范和控制事故风险措施，并指导应急预案体系建设、应急预案的编制。

4.6.2 事故风险辨识、评估的原理

事故风险辨识、评估应考虑导致风险的原因和风险事件的后果及其发生的可能性、影响后果和可能性的因素，不同风险及其风险源的相互关系以及风险的其他特性，还应考虑控制措施是否存在及其有效性。

事故发生的概率以及现有的安全控制措施决定了危害事件发生的可能性；能量或危险物质的量、危险物质的理化性质以及周边人员、资产分布情况决定

危害事件的后果严重程度。风险评估的主要内容为：

① 事故风险辨识；

② 判断事故发生的可能性；

③ 分析事故可能产生的直接后果以及次生、衍生后果；

④ 根据事故发生的可能性以及事故出现后的后果，计算个体风险、社会风险值。

4.6.3 事故风险辨识、评估的依据

开展风险评估的主要依据：

① 国家有关的法律、法规、标准及有关规定的要求；

② 生产经营单位的应急预案；

③ 生产经营单位应急演练评估结果；

④ 生产经营单位的相关技术标准、操作规程或管理制度；

⑤ 相关事故应急救援或调查处理的材料；

⑥ 其他相关材料。

4.6.4 事故风险辨识、评估的程序

事故风险辨识、评估应按照准备、实施和编制事故风险辨识、评估报告的程序进行，事故风险辨识、评估流程见图 4-4。

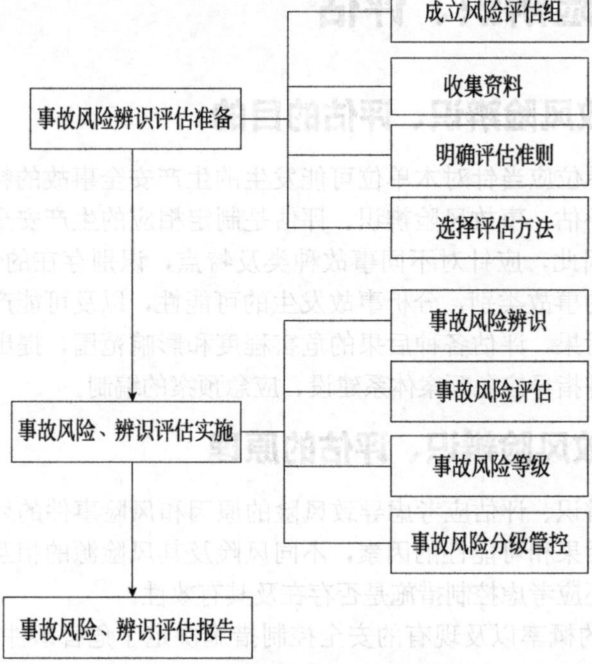

图 4-4 事故风险辨识、评估流程

4.6.5 事故风险辨识、评估的准备

（1）成立事故风险辨识评估组

结合部门职能和分工，成立以生产经营单位相关负责人为组长，相关部门人员参加的事故风险辨识、评估组，明确工作职责和任务分工，制订工作方案。生产经营单位可以邀请相关专业机构或者有关专家、有实际经验的人员参加事故风险辨识、评估。

（2）收集资料

评估组在评估时应收集分析以下资料：

① 适用于本生产经营单位的法律、法规、规章及标准；

② 危害信息；

③ 生产经营单位的资源配置；

④ 设计和运行数据；

⑤ 自然条件；

⑥ 人口数据；

⑦ 本行业典型事故案例；

⑧ 以往风险评估文件；

⑨ 其他有关资料。

（3）明确事故风险辨识、评估准则

事故风险辨识、评估准则包括事故风险辨识标准、方法，事故发生的可能性、严重性的取值标准及风险等级评定标准。应依据以下内容制定事故风险辨识、评估准则：

① 有关安全生产法律、法规；

② 设计规范、技术标准；

③ 生产经营单位的安全管理标准、技术标准；

④ 生产经营单位的安全生产方针和目标等。

（4）选择评估方法

生产经营单位应根据生产经营的性质和特点，在生产准备、实施、维护、终止等阶段有针对性地选择风险评估方法，开展危险、有害因素识别和风险评估。常见的风险评估方法有：

① 安全检查表（SCL）；

② 头脑风暴法；

③ 预先危险性分析（PHA）；

④ 危险与可操作性分析（HAZOP）；

⑤ 失效模式与影响分析（FMEA）；

⑥ 风险矩阵；
⑦ 保护层分析（LOPA）；
⑧ 故障树分析（FTA）；
⑨ 事件树分析（ETA）；
⑩ 层次分析法；
⑪ FN 曲线；
⑫ GB/T 27921—2011 规定的其他风险评估方法

4.6.6 事故风险辨识、评估的实施

（1）事故风险辨识

生产经营单位应根据危险有害因素评估的目的，结合自身生产经营实际，选择适用的风险评估方法，对生产准备、实施、维护和终止等阶段进行危险有害因素辨识，确定可能发生的事故类别。事故类别应按照 GB 6441—1986 的规定进行划分。危险化学品企业还应根据 GB 18218—2018 辨识确定重大危险源。

（2）风险评估

生产经营单位应按照 AQ 8001—2007 等标准开展风险评估，评估各种后果的危害程度和影响范围，分析事故可能产生的次生、衍生后果，将风险评估的结果和风险评估准则比较，确定风险等级，明确个人风险和社会风险值，判断风险水平是否可以接受。

超过个人和社会容许风险限值标准的，生产经营单位应当采取相应的措施降低风险。

（3）风险等级确定

生产经营单位应定期排查评估重点部位、重点环节，通过分析重特大事故发生的规律、特点和趋势，依据风险评估准则分别确定事故风险“红、橙、黄、蓝”4 个等级，其中，红色为最高级。

（4）风险分级管控

生产经营单位应建立事故风险分级管控机制，实施风险差异化动态管理。定期对红色、橙色事故风险进行分析、评估、预警，采取风险管控技术、管理制度、管理措施，将可能导致的事故后果限制在可防、可控范围之内。

（5）编制事故风险辨识、评估报告

事故风险辨识、评估结束后，评估组成员沟通交流评估情况，对照有关规定及相关标准，汇总评估中发现的问题，并形成一致的评估组意见，撰写事故风险辨识、评估报告。事故风险辨识、评估报告应当客观公正、数据准确、内容完整、结论明确、措施可行。

4.6.7 事故风险辨识、评估报告的主要内容

事故风险辨识、评估报告主要内容包括：

① 事故风险辨识、评估的主要依据。

② 危险有害因素辨识、风险评估过程。

③ 危险源的基本情况、可能发生的事故类别。

④ 事故发生的可能性及危害程度，风险等级。

a. 个人风险和社会风险值；

b. 可能受事故影响的周边场所、人员情况。

⑤ 现有安全管理措施、安全技术、监控措施和事故应急措施。

⑥ 事故风险辨识、评估的结论与建议。

4.7 应急资源调查报告

4.7.1 应急资源调查的目的

根据生产经营单位可能发生的事故影响范围和危害程度，全面调查本地区、本单位第一时间可以调用的事故处置所需的应急资源状况和合作区域内可以请求援助的应急资源状况，为建立生产经营单位应急资源数据库和管理信息平台提供统一完整、及时准确的基础资料和决策依据，并结合事故风险评估结论，为提升生产经营单位先期处置提供应急资源准备，指导应急措施的制定。

4.7.2 应急资源调查的原则

（1）全面性原则

应急资源调查过程中既要考虑资源种类的全面性，又要考虑内部和周边地区调查的全面性，保证调查结果没有遗漏。

（2）实用性原则

应急资源调查过程中既要考虑应急资源种类与可能发生的事故性质、危害程度的匹配性，又要考虑应急资源调集、使用的可靠性，保障所调查的应急资源在应急处置时有用、可用。

（3）规范性原则

采用程序化和系统化的方式规范生产经营单位应急资源调查过程，保证调

查过程的科学性和客观性。

(4) 可操作性原则

综合考虑调查方法、事件和经费等因素，结合生产经营单位的实际情况，使调查过程切实可行，便于操作。

4.7.3 应急资源调查的程序

(1) 调查准备

结合本单位部门职能和分工，成立以单位相关负责人为组长，单位相关部门人员参加的应急资源调查小组，明确工作职责和任务分工。生产经营单位可以邀请相关专业机构或者有关专家、有实际经验的人员参加事故风险评估。必要时，可与事故风险评估工作组合并。

制定应急资源调查计划，包括调查的事件、地点、调查组人员构成和调查分工。

(2) 调查启动

按照调查计划，调查组采用资料收集、现场勘探、人员访谈等方法进行应急资源调查。

① 资料收集

收集生产经营单位应急管理相关的资料，包括：

a. 生产经营单位风险评估报告；

b. 生产经营单位各类应急预案；

c. 应急演练记录；

d. 应急救援相关记录；

e. 应急处置评估报告；

f. 其他相关资料。

② 应急资源需求分析

在资料收集的基础上，结合事故风险评估结果，对生产经营单位事故应急处置中所需应急资源的种类、数量和调集方式、投入使用时间等进行分析，明确应急资源需求结果。

③ 现场勘查

在应急资源需求分析的基础上，采用现场勘查的方式查看生产经营单位自身和周边应急资源，重点查看设备类应急资源和设施类应急资源。

④ 人员访谈

对于在资料收集和现场勘查过程中所涉及的疑问、信息的补充和已有资料的考证，采用人员访谈的方式进行求证，访谈对象为生产经营单位应急管理相关人员，参与应急救援工作的人员，访谈可采用当面交流、电子或书面调查表的方式进行。

4.7.4 编写报告

调查组成员对调查内容进行汇总整理，对照已有资料，对其中可疑处和不完善处进行核实和补充，按照应急资源调查报告大纲的要求编制调查报告。

4.7.5 调查内容——应急人力资源

① 应急救援队伍

a. 内部救援队伍。调查生产经营单位内部的应急救援队伍情况，队伍人数和应急救援能力。

b. 周边地区企业救援队伍。调查周边地区与本单位签订救援协议的其他救援队伍情况和应急救援能力。

c. 政府救援力量。调查发生事故后，生产经营单位可以求助的政府救援力量，如军队、武警、消防等。

d. 志愿者队伍。调查生产经营单位周边以社区为依托的，通过培训组成的具有一定自救、互救知识和技能的社区应急队伍。

② 应急管理人员

调查生产经营单位内部在事故应急管理体系中开展事故准备、响应、善后和改进管理工作的专职人员。

③ 应急专家

调查生产经营单位内部和周边区域的可为有效开展应急工作提供建议和咨询的有关应急专家。

应急人力资源调查登记见表 4-1。

表 4-1　应急人力资源调查登记表

类别		队伍名称	人数
应急救援队伍	内部救援队伍		
	周边企业救援队伍		
	政府救援力量		
	志愿者队伍		
应急管理人员		—	
应急专家		—	

4.7.6 应急物资

(1) 生活类物资

食品和水：调查生产经营单位内部储备的用于事故应急状态下的食品、水的种类和数量，以备事故发生后初期的需要，如饼干、罐头、压缩食品等；

衣物类：调查生产经营单位内部储备的用于事故应急状态下的被子、毛毯、棉衣等的种类和数量。

(2) 医疗救助类

调查生产经营单位配备的用于事故应急救援过程的医疗救助类物资。主要包括：常备药品、医疗急救箱等。

(3) 应急保障类

调查生产经营单位配备的用于事故应急救援过程的应急保障类物质。主要包括：燃料、方木等。

生产经营单位应急物资调查见表 4-2。

表 4-2 生产经营单位应急物资调查表

类别		名称	数量
生活类物资	食品和水	饼干	
		罐头	
		瓶装水	
		……	
	衣物	被子	
		棉衣	
		……	
医疗救助类		常备药品	
		医疗急救箱	
		……	

4.7.7 应急装备

(1) 车辆类

调查生产经营单位内部用于应急救援的相关车辆的种类和数量。主要包括以下几种：

① 指挥车。用于事故发生后救援指挥的车辆，包括救护指挥车、移动指挥系统、通信指挥车等。

② 消防车。生产经营单位配备的各类消防车辆，如水罐消防车、泡沫消防车、干粉泡沫联用消防车等。

③ 保障车。用于生产经营单位应急救援后勤保障的车辆，如后援保障车、办公宿营车等。

④ 其他车辆。其他用于生产经营单位应急救援的相关车辆。

(2) 防护类

调查为避免、减少人员伤亡以及次生危害的发生，用于事故发生时的防护装备。主要包括以下几种：

① 身体防护。用于抢险救援时的身体防护装备，如抢险救援服、避火服、防化服、隔热服等。

② 头部防护。用于抢险救援时的头部防护装备，如消防头盔、抢险救援头盔等。

③ 眼部防护。用于现场救援的眼部防护装备，如防化护目镜等。

④ 呼吸防护。用于现场救援的呼吸类防护装备，如正压式空气呼吸器、氧气呼吸器、防毒面罩等。

⑤ 其他防护装备。其他类型的防护装备。

(3) 监测类

调查生产经营单位储备的用于事故现场监测的相关装备。如生命探测仪、气体检测仪、气相色谱仪、红外线测温仪等装备。

(4) 侦检类

调查生产经营单位储备的用于事故现场快速准确地进行检测的相关装备，如有毒气体探测仪、可燃气体检测仪、热像仪、测温仪、水质分析仪等。

(5) 警戒类

调查生产经营单位储备的用于事故现场的警戒类装备，主要包括警戒标志杆、隔离警示带、危险警示牌、闪光警示灯、出入口标志牌等。

(6) 救生类

调查生产经营单位配备的用于事故救援的救生类装备，主要包括折叠式担架、逃生气垫、缓降器、救生绳索等。

(7) 抢险类

调查生产经营单位配备的用于事故现场工程抢险作用的常用装备，主要包括破拆和堵漏工具、排水泵、排沙泵、灭火器材和装置、挖掘设备、支护工具等。

(8) 洗消类

调查生产经营单位配备的用于危化品事故洗消作业的常用装备，如强酸、碱洗消器，洗消喷淋器、单人洗消帐篷、密闭式公众洗消帐篷、洗消喷枪等。

(9) 通信类

调查生产经营单位储备的用于应急救援工作的通信装备，一般分为有线和无线两类，包括无线传真机、便携式笔记本电脑、对讲机等。

(10) 照明类

调查用于生产经营单位储备的用于应急救援的相关照明类设备，包括手提式防爆灯、移动式升降照明灯组等。

(11) 其他类

调查生产经营单位除上述装备外的其他装备的种类和数量，如电动排烟机、水驱动排烟机等。

应急装备调查见表 4-3。

表 4-3　应急装备调查表

类别		设备名称	数量
车辆类	指挥车	救护指挥车	
		移动指挥系统	
		……	
	消防车	水罐消防车	
		泡沫消防车	
		……	
	保障车	后援保障车	
		办公宿营车	
		……	
防护类	身体防护	抢险救援服	
		避火服	
		防化服	
		……	
	头部防护	消防头盔	
		抢险救援头盔	
		……	
	眼部防护	防化护目镜	
	呼吸防护	正压式空气呼吸器	
		防毒面罩	
		……	
监测类		生命探测仪	
		气体检测仪	
		红外线测温仪	
		……	
侦检类		有毒气体探测仪	
		可燃气体检测仪	
		热像仪	
		测温仪	
		……	
警戒类		警戒标志杆	
		隔离警示带	
		危险警示牌	
		闪光警示灯	
		……	

续表

类别	设备名称	数量
救生类	折叠式担架	
	逃生气垫	
	缓降器	
	救生绳索	
	……	
抢险类	电动剪切钳	
	气动切割刀	
	机动液压泵	
	内封式堵漏袋	
	外封式堵漏袋	
抢险类	堵漏枪	
	灭火器	
	排水泵	
	排沙泵	
	挖掘设备	
	吊装设备	
	……	
洗消类	强酸、碱洗消器	
	洗消喷淋器	
	洗消帐篷	
	洗消喷枪	
	……	
通信类	无线传真机	
	便携式笔记本电脑	
	对讲机	
	……	
照明类	手提式防爆灯	
	移动式升降照明灯组	
	……	
其他类	电动排烟机	
	……	

4.7.8 应急设施类

（1）避难设施

调查生产经营单位内部或周边也可以满足公众临时避难的场所，如体育馆、礼堂、学校等公共建筑，以及公园、广场等开阔地点、用于临时避难的帐篷、活动板房等。

（2）交通设施

调查生产经营单位应急救援过程中所需要的交通设施情况，包括铁路、公路和航空等交通设施以及周边的交通是否通畅。

（3）医疗设施

调查生产经营单位内部和周边地区应急情况下的医疗能力，周边医疗机构的分布情况以及可提供的医疗救助能力。

（4）应急资金、技术和信息类

调查生产经营单位应急资金保障情况，以及生产经营单位内部和外部在应急情况下的相关应急技术资料、应急信息等。

4.7.9　应急资源调查报告主要内容

调查报告的主要内容包括：

① 总则。调查对象及范围、调查工作程序、生产经营单位主要风险状况。

② 生产经营单位应急资源。按照应急资源的分类，分别描述相关应急资源的基本现状、功能完善程度、受可能发生的事故的影响程度等。

③ 周边社会应急资源调查。描述本单位能够调查或掌握可用于参与事故处置的相关社会应急资源情况。

④ 应急资源不足或差距分析。重点分析本单位的应急资源以及周边可依托的社会应急资源是否能够满足应急需要，本单位应急资源储备及管理方面存在的问题、不足等。

⑤ 应急资源调查主要结论。针对应急资源调查后，形成基本调查结果。

⑥ 制定完善的应急资源的具体措施。提出完善本单位应急资源保障条件的具体措。

⑦ 附件。附上应急资源调查后的明细表，明细表包括应急资源的种类、名称、数量等信息。

4.8 应急能力评估

4.8.1　应急能力评估基本程序

① 成立评估工作组。生产经营单位主要负责人组织成立评估工作组，组长

由单位主要负责人担任或指定，组员由组长确定。组长明确组员的工作职责和任务分工，制定工作计划并组织实施。组员应具备完成评估任务的能力。

② 收集评估所需资料。主要包括：应急组织体系、应急救援队伍、应急物资装备、应急预案、应急演练、教育培训等相关资料。

③ 评估方法。工作组采用资料分析、现场查验、人员访谈等方式方法，依据《生产安全事故应急能力评估打分表》（表 4-5）实施评估，并依据分级规则应急能力分为优、良、一般、较差、差 5 级。

④ 应急能力评估报告的主要内容。应急能力评估报告的主要内容包括：编制说明、安全风险特点概述、评估的过程、评估结论及建议等。参与评估的人员应在应急能力评估报告上签字。单位主要负责人审批应急能力评估报告，并督促落实相关措施建议，促进单位应急能力建设。

⑤ 评估报告的结论及建议。对于评估为较差、差的，单位主要负责人应组织专题研究，制定整改方案。应急能力有重大缺项、不能满足应对本单位重大安全风险需要的，需制定应急能力发展规划，加大投入，弥补短板。日常管理存在缺陷的，责成相关部门限期整改，提高管理水平。

4.8.2 应急能力评估方法及分级规则

(1) 应急能力评估方法

应急能力评估采用评分表方法进行评估，生产安全事故应急能力评估打分表及分级见表 4-4。

表 4-4 生产安全事故应急能力评估打分表及分级

序号	项目	评估内容	打分办法	评估简况	得分
1	应急组织体系(10)	1. 是否依法设置安全生产应急管理机构(2)	① 建立了与本单位事故风险相适应的应急组织体系，制度健全得相应分；② 每一小项不符合要求，该项得 0 分		
		2. 是否建立健全本单位安全生产责任制和相关管理制度；是否明确企业主要负责人是安全生产应急管理第一责任人(2)			
		3. 是否配备专职或兼职安全生产应急管理人员(2)			
		4. 是否明确现场初始应对机制，包括启动预案、先期处置、发出警报、险情处置、疏散撤退、信息报告、态势研判、请求支援等任务的程序要求(2)			
		5. 是否建立健全与属地政府及其相关部门在信息传递、预警响应、应急处置、社会面控制、紧急疏散和善后恢复等方面紧密衔接的安全风险联控机制(2)			

续表

序号	项目	评估内容	打分办法	评估简况	得分
2	应急救援队伍(5)	1.是否按规定及安全风险特点建立专(兼)职应急救援队伍并配备了相应装备	①建立了专(兼)职应急救援队伍的,得5分; ②与邻近救援队伍未签订救援协议的,扣2分; ③未建立应急救援队伍的不得分		
		2.生产规模较小的单位,是否指定兼职应急救援人员			
		3.自身应急力量不足的,是否与邻近救援队伍签订救援协议			
3	应急物资装备(20)	1.矿山、金属冶炼等企业,生产、经营、运输、储存、使用危险物品或处置废弃危险物品的生产经营单位:是否建立生产安全事故应急救援信息系统,并与属地区政府负有安全生产监督管理职责部门的安全生产应急管理信息系统互联互通(2)	①矿山、金属冶炼等企业,生产、经营、运输、储存、使用危险物品或处置废弃危险物品的生产经营单位建立了应急救援信息系统并与所属地区政府实现了互联互通,得相应分,否则不得分; ②按规定配备了应急救援器材、设备和物资,设置了逃生通道,账物相符、日常管理正常、逃生通道畅通的,得相应分; ③未进行经常性维护、保养,不能保证应急物资装备正常运转、占用逃生通道畅通的,每发现1处扣1分; ④不会使用应急器材、装备的,每发现1人次扣1分; ⑤专业救援队伍装备、设施不符合要求不得分		
		2.是否按规定配备了应急救援器材、设备和物资(1)			
		3.是否建立了应急救援器材台账,且与实物相符(2)			
		4.是否建立了应急救援物资储备台账,且与实物相符(2)			
		5.重点岗位各种应急救援器材是否有定期检测和维护保养记录(2)			
		6.是否在有较大危险因素的生产经营场所和有关设备设施上,设置明显的安全警示标志,标明风险内容、危险程度、安全距离、防控办法、应急措施等内容(2)			
		7.各种报警装置和应急救援设备、设施,是否处于良好状态,能够正常运转(2)			
		8.重点岗位工作人员是否会正确使用应急救援器材(2)			
		9.(抽查监测仪器仪表及从业人员)风险监测、沟通是否有效、准确、可持续?人员定位装置是否有效?(2)			
		10.专业救援队伍是否配备救援车辆及通信、灭火、侦察、气体分析、个体防护等救援装备,建有演习训练等设施(2)			
		11.逃生通道是否畅通(1)			

续表

序号	项目	评估内容	打分办法	评估简况	得分
4	应急预案(25)	1. 主要负责人是否履行组织编制和实施本单位的应急预案的职责，各分管负责人是否按照职责分工落实应急预案规定的职责(2)	① 按规定编制、修订应急预案体系，得相应分； ② 应急预案有缺项、错误多、要素不全等，每发现1处扣1分； ③ 未开展风险评估和应急资源调查的，扣2分； ④ 应急预案未下发到相关单位、部门、岗位的，每发现1处扣1分； ⑤ 预案附件信息过期的，每发现1处扣1分； ⑥ 应急预案衔接不清的，每发现1处扣1分； ⑦ 矿山、金属冶炼等企业，生产、经营、运输、储存、使用危险物品或处置废弃危险物品的生产经营单位和中型规模以上的其他生产经营单位，未形成应急预案书面评估纪要扣2分； ⑧ 应急预案不依法管理的，每发现1处扣1分		
		2. 是否编制综合应急预案，重大危险源、重大安全风险专项应急预案、现场处置方案和重点岗位应急处置卡(3)			
		3. 综合应急预案是否涵盖应急组织机构及其职责、应急预案体系、事故风险描述、预警及信息报告、应急响应、保障措施、应急预案管理等内容(2)			
		4.(抽查处置方案)应急处置方案是否明确了防范次生衍生事故，避免伤亡扩大的措施(2)			
		5. 应急预案是否由本单位主要负责人签署公布，并发放至本单位相关部门、岗位和相关应急救援队伍(2)			
		6. 预案附件提供的信息是否准确(2)			
		7. 单位应急预案之间，以及与属地政府及其部门、应急救援队伍和涉及的其他单位应急预案是否相互衔接(2)			
		8. 预案发布前是否进行论证或评估(3)			
		9. 矿山、金属冶炼等企业，生产、经营、运输、储存、使用危险物品或处置废弃危险物品的生产经营单位和中型规模以上的其他生产经营单位，是否形成应急预案书面评估纪要(2)			
		10. 应急预案是否按要求向有关部门备案(2)			
		11. 是否定期开展应急预案评估，包括评估应急程序和处置措施与本企业应急能力的适应性(2)			
		12. 应急预案是否及时修订并备案(1)			
5	应急演练(20)	1. 是否制定了应急演练计划，是否覆盖了全体员工(3)	① 依法组织应急预案演练并进行评估的，得相应分；未按计划组织应急演练的，每发现1次扣1分； ②抽查桌面演练，每不合格1处扣1分； ③未落实应急演练评估报告提出改进建议的，每发现1处扣1分		
		2. 综合应急预案、专项应急预案是否能做到每年至少演练一次(4)			
		3. 现场处置方案是否做到至少每半年演练一次(4)			
		4. 抽查桌面演练，并作出评估结论。范围包括重大危险源、重大安全风险专项预案和重点岗位现场处置预案等(5)			
		5. 是否对应急演练进行书面评估总结(2)			
		6. 演练评估报告中对应急预案的改进建议是否进行了落实(2)			

续表

序号	项目	评估内容	打分办法	评估简况	得分
6	教育培训(15)	1. 主要负责人是否经过培训，并经考核合格(2)	①依法组织教育培训的，得相应分；②未实施应急预案培训的，每发现1次扣1分；③抽查应急教育培训效果，每不合格1人次扣1分；④应急教育培训档案每不合格1人次扣1分		
		2. 安全生产应急管理人员是否经过培训，并经考核合格(2)			
		3. 是否对从业人员开展安全教育和培训(2)			
		4. 是否将应急处置与逃生自救互救知识纳入企业安全生产教育培训内容和培训计划(2)			
		5. 是否开展应急预案培训，并建档记录(2)			
		6. 一线职工是否掌握本岗位现场处置方案和应急处置卡的内容(3)			
		7. 专业救护队伍是否按期对有关负责人、救援管理人员、矿山救护队及兼职矿山救护队指战员进行培训(2)			
实际打分合计					
换算分数					
等级					

(2) 分级规则

① 计分规则

表4-5含6大项共44小项评估内容，总分100分。应得分为表4-5中各项目对应得分和，实得分为各项目实际得分，最后得分是指进行百分制换算后的得分。最后得分换算方法：最后得分=（实得分/应得分）×100分

② 等级划分

根据最后得分，应急能力分5级：

优——90分以上；良——80分以上、90分以下；一般——70分以上、80分以下；较差——60分以上、70分以下；差——60分以下。以上含本数，以下不含本数。

4.8.3 应急能力评估报告主要内容及格式

(1) 应急能力评估报告主要内容

① 编制说明。简要说明应急能力评估工作的目的、依据、原则和程序；评估组的组成；评估工作计划、方法及过程；收集的资料清单等。

② 概述本单位安全风险特点。

③ 应急能力评估。从应急组织体系、应急救援队伍、应急物资装备、应急预案、应急演练、教育培训等方面详细说明评估的过程和结果。

④ 评估结论。

⑤ 加强应急能力建设和应急管理的建议。

⑥ 附件。包括评估工作计划文件、资料清单、《生产安全事故应急能力评估打分表》以及其他文字、照片等原始资料，评估人员签字表等。

（2）封面内容

应急能力评估报告封面主要包括生产经营单位名称、应急能力评估报告名称、编制单位名称、编制日期等内容。

4.9 应急预案评估

4.9.1 评估目的、依据、原则、程序及资料收集分析

（1）评估目的

通过评估发现应急预案内容存在的问题和不足，对是否需要修订做出结论，并提出修订建议。

（2）评估依据

主要依据以下内容：

① 生产经营单位风险评估结果；

② 生产经营单位应急组织机构设置情况；

③ 预案实施后出台或者修订的相关法律法规和标准；

④ 有关规范性文件；

⑤ 应急演练评估报告；

⑥ 应急处置评估报告；

⑦ 其他相关材料。

（3）评估原则

实事求是、依法依规、科学评估、持续改进。

（4）评估程序

结合本单位部门职能和分工，成立以单位相关负责人为组长，单位相关部门人员参加的应急预案评估组，明确工作职责和任务分工，制订工作方案。评估组成员人数一般为单数，必要时可以增加。生产经营单位可以邀请相关专业机构或者有关专家、有实际经验的人员参加应急预案评估，必要时可以委托安全生产技术服务机构实施。

（5）资料收集分析

评估组应确定需评估的应急预案，依据收集的相关资料，明确以下情况：

① 法律、法规、规章、标准及上位预案中的有关规定重大变化情况；

② 应急指挥机构及其职责调整情况；

③ 面临的事故风险重大变化情况；

④ 重要应急资源重大变化情况；

⑤ 预案中的其他重要信息变化情况；

⑥ 应急演练和事故应急处置中发现的问题；

⑦ 其他情况。

4.9.2 评估实施

采用资料分析、现场审核、推演论证、人员访谈等方式方法，对应急预案进行综合分析评估，应急预案评估见表 4-5。

（1）资料分析

针对评估目的和评估内容，查阅有关的法律法规、标准规范、应急预案、风险评估等相关的文件资料，梳理有关规定、要求及证据材料，初步分析应急预案存在的问题。

（2）现场审核

依据资料分析的情况，通过现场实地查看、设备操作检验等方式，准确掌握并验证风险评估、应急资源、工艺设备等各方面的问题情况。

（3）推演论证

根据需要，采取桌面推演、实战演练等形式，对机构设置、职责分工、响应机制、信息报告等方面的问题进行推演验证。

（4）人员访谈

采取抽样访谈或座谈研讨等方式，向有关人员收集信息、了解情况、考核能力、验证问题、沟通交流、听取建议，进一步论证有关问题情况。

表 4-5　生产安全事故应急预案评估表

评估要素	评估内容	评估方法	评估结果
1. 应急预案的编制依据	1.1　梳理《中华人民共和国突发事件应对法》《中华人民共和国安全生产法》等法律中的有关新规定和要求，对照评估应急预案中的不符合项	资料分析	
	1.2　梳理行政法规、地方政府法规中的有关新规定和要求，对照评估应急预案中的不符合项	资料分析	

续表

评估要素	评估内容	评估方法	评估结果
1.应急预案的编制依据	1.3 梳理国务院部门规章、地方政府规章中的有关新规定和要求，对照评估应急预案中的不符合项	资料分析	
	1.4 梳理国家标准、行业标准及地方标准中的有关新规定和要求，对照评估应急预案中的不符合项	资料分析	
2.组织机构及职责	2.1 查阅生产经营单位机构设置、部门职能调整以及总指挥、副总指挥等关键岗位职责划分等方面的文件资料，初步分析本单位应急预案中应急组织机构设置及职能确定情况	资料分析	
	2.2 抽样访谈，了解掌握生产经营单位本级、基层单位办公室、生产、安全及其他业务部门有关人员对本部门、本岗位的应急工作职责的意见及建议	人员访谈	
	2.3 依据资料分析和抽样访谈的情况，结合应急预案中应急组织机构及职责，召集有关职能部门推演论证表，就重要职能进行推演论证，评估值班值守、调度指挥、应急协调、信息上报、舆论沟通、善后恢复等职责划分是否清晰，关键岗位职责是否明确，应急组织机构设置及职能分配与业务是否匹配		
3.主要事故风险	3.1 查阅生产经营单位风险评估报告，对照生产运行、工艺设备等有关文件资料，初步分析本单位面临的主要事故风险类型及风险等级划分情况	资料分析	
	3.2 根据资料分析情况，前往重点基层单位、重点场所、重点部位查看验证	现场审核	
	3.3 座谈研讨，就资料分析和现场查证的情况，与办公室、生产、安全等相关业务部门以及基层单位人员代表沟通交流，评估本单位事故风险辨识是否准确、类型是否合理、等级确定是否科学、防范和控制措施能否满足实际需要，并结合风险情况提出应急资源需求	人员访谈	

续表

评估要素	评估内容	评估方法	评估结果
4.应急资源	4.1　查阅生产经营单位应急资源调查报告,对照应急资源清单、管理制度及有关文件资料,初步分析本单位及合作区域的应急资源状况	资料分析	
	4.2　根据资料分析情况,前往本单位及合作单位的物资储备库等重点单位、重点场所,查看验证应急资源的实际储备、管理、维护情况,推演验证应急资源运输的路程路线及时长	现场审核,推演论证	
	4.3　座谈研讨,就资料分析和现场查证的情况,结合风险评估得出的应急资源需求,与办公室、生产、安全等相关业务部门以及基层单位人员沟通交流,评估本单位及合作区域内现有的应急资源的数量、种类、功能、用途是否发生重大变化,外部应急资源的协调机制、响应时间能否满足实际需求	人员访谈	
5.应急预案衔接	5.1　查阅上下级单位、有关政府部门及周边单位的相关应急预案,梳理分析在信息报告、响应分级、指挥权移交、警戒疏散等工作方面的衔接要求,对照评估应急预案中的不符合项	资料分析	
	5.2　座谈研讨,就资料分析的情况,与办公室、生产、安全等相关业务部门、基层单位、周边单位人员沟通交流,评估应急预案在内外部上下衔接中的问题	人员访谈	
6.实施反馈	6.1　查阅生产经营单位应急演练评估报告、应急处置总结报告、监督检查、体系审核及投诉举报等方面的文件资料,初步梳理归纳应急预案存在的问题	资料分析	
	6.2　座谈研讨,就资料分析得出的情况,与办公室、生产、安全等相关业务部门、基层单位人员沟通交流,评估确认应急预案在预警预报、信息报告、响应处置等方面存在的问题	人员访谈	
7.其他	7.1　查阅其他有可能影响应急预案适用性因素的文件资料,对照评估应急预案中的不符合项	资料分析	
	7.2　依据资料分析的情况,采取人员访谈、现场审核、推演论证等方式进一步评估确认有关问题	人员访谈,现场审核,推演论证	

4.9.3 评估报告编写

应急预案评估结束后，评估组成员沟通交流各自的评估情况，对照有关规定及相关标准，汇总评估中发现的问题，并形成一致的、公正客观的评估组意见，在此基础上组织撰写评估报告。

4.9.4 生产安全事故应急预案评估报告编制大纲

(1) 总则

① 评估对象；

② 评估目的；

③ 评估依据；

④ 评估组织。

(2) 应急预案评估内容

① 应急预案编制依据；

② 组织机构与职责；

③ 主要事故风险；

④ 应急资源；

⑤ 应急预案衔接；

⑥ 实施反馈。

(3) 应急预案适用分析

对应急预案各个要素内容的适用性进行分析，指出存在的不符合项。

(4) 改进意见及建议

针对评估出的不符合项，提出相应的改进意见和建议。

(5) 评估结论

对应急预案作出综合评价及修订结论。

(6) 附件

附上评估人员基本信息及分工情况，包括姓名、性别、专业、职务职称、签字等。

应当建立应急预案定期评估制度，对预案内容的针对性和实用性进行分析，并对应急预案是否需要修订作出结论。主要评估预案的适用性、可行性和可操作性，通过评估发现应急预案内容存在的问题和不足，对是否需要修订做出结论，并提出修订建议。

4.10 应急管理

4.10.1 应急管理基本概念

应急管理是针对特重大事故灾害的危险问题提出的一项管理，是指生产经营单位在突发事件的事前预防、事发应对、事中处置和善后管理的过程中，通过建立必要的应对机制，采取一系列必要措施，保障公众生命财产安全、促进社会和谐健康发展的有关活动。

应急管理方针和原则。“坚持预防和应急并重，常态和非常态结合”是应急管理方针。“以人为本，减少危害；居安思危，预防为主；统一领导，分级负责；依法规范，加强管理；快速反应，协调应对；依靠科技，提高素质”是应急管理的原则。

事故的应急管理不只是局限于事故发生后的救援行动，应急管理是对突发事件的全过程管理，根据突发事件的预防、预警、发生和善后四个发展阶段，应急管理可分为预防与应急准备、监测与预警、应急处置与救援、事后恢复与重建四个过程。应急管理又是一个动态管理，包括预防、预警、响应和恢复四个阶段，均体现在管理突发事件的各个阶段。

应急管理是一个完整的系统工程，可以概括为“一案三制”，即突发事件应急预案，应急体制、机制和法制。

（1）一案

“一案”是指制订、修订应急预案。《生产安全事故应急条例》（2019 年 4 月 1 日起施行）规定了应急预案编制、修改的责任主体。

第五条 县级以上人民政府及其负有安全生产监督管理职责的部门和乡、镇人民政府以及街道办事处等地方人民政府派出机关，应当针对可能发生的生产安全事故的特点和危害，进行风险辨识和评估，制定相应的生产安全事故应急救援预案，并依法向社会公布。

生产经营单位应当针对本单位可能发生的生产安全事故的特点和危害，进行风险辨识和评估，制定相应的生产安全事故应急救援预案，并向本单位从业人员公布。

第六条 生产安全事故应急救援预案应当符合有关法律、法规、规章和标准的规定，具有科学性、针对性和可操作性，明确规定应急组织体系、职责分工以及应急救援程序和措施。

第七条 县级以上人民政府负有安全生产监督管理职责的部门应当将其制定的生产安全事故应急救援预案报送本级人民政府备案；易燃易爆物品、危险化学品等危险物品的生产、经营、储存、运输单位，矿山、金属冶炼、城市轨道交通运营、建筑施工单位，以及宾馆、商场、娱乐场所、旅游景区等人员密集场所经营单位，应当将其制定的生产安全事故应急救援预案按照国家有关规定报送县级以上人民政府负有安全生产监督管理职责的部门备案，并依法向社会公布。

（2）应急体制

应急体制是指建立健全集中统一、坚强有力、政令畅通的指挥系统，即明确了县级以上人民政府统一领导、行业监管部门分工负责、综合监管部门指导协调的应急工作体制。《生产安全事故应急条例》（2019 年 4 月 1 日起施行）规定了我国的应急基本体制。

第三条 国务院统一领导全国的生产安全事故应急工作，县级以上地方人民政府统一领导本行政区域内的生产安全事故应急工作。生产安全事故应急工作涉及两个以上行政区域的，由有关行政区域共同的上一级人民政府负责，或者由各有关行政区域的上一级人民政府共同负责。

县级以上人民政府应急管理部门和其他对有关行业、领域的安全生产工作实施监督管理的部门（以下统称负有安全生产监督管理职责的部门）在各自职责范围内，做好有关行业、领域的生产安全事故应急工作。

县级以上人民政府应急管理部门指导、协调本级人民政府其他负有安全生产监督管理职责的部门和下级人民政府的生产安全事故应急工作。

乡、镇人民政府以及街道办事处等地方人民政府派出机关应当协助上级人民政府有关部门依法履行生产安全事故应急工作职责。

第四条 生产经营单位应当加强生产安全事故应急工作，建立、健全生产安全事故应急工作责任制，其主要负责人对本单位的生产安全事故应急工作全面负责。

（3）应急机制

应急机制主要指建立健全监测预警机制、应急信息报告机制、应急决策和协调机制。《生产安全事故应急条例》（2019 年 4 月 1 日起施行）规定了我国应急基本机制。

第十四条 下列单位应当建立应急值班制度，配备应急值班人员：

（一）县级以上人民政府及其负有安全生产监督管理职责的部门；

（二）危险物品的生产、经营、储存、运输单位以及矿山、金属冶炼、城市轨道交通运营、建筑施工单位；

（三）应急救援队伍。

规模较大、危险性较高的易燃易爆物品、危险化学品等危险物品的生产、经营、储存、运输单位应当成立应急处置技术组，实行24小时应急值班。

第十六条 国务院负有安全生产监督管理职责的部门应当按照国家有关规定建立生产安全事故应急救援信息系统，并采取有效措施，实现数据互联互通、信息共享。

生产经营单位可以通过生产安全事故应急救援信息系统办理生产安全事故应急救援预案备案手续，报送应急救援预案演练情况和应急救援队伍建设情况；但依法需要保密的除外。

第十七条 发生生产安全事故后，生产经营单位应当立即启动生产安全事故应急救援预案，采取下列一项或者多项应急救援措施，并按照国家有关规定报告事故情况：

（一）迅速控制危险源，组织抢救遇险人员；

（二）根据事故危害程度，组织现场人员撤离或者采取可能的应急措施后撤离；

（三）及时通知可能受到事故影响的单位和人员；

（四）采取必要措施，防止事故危害扩大和次生、衍生灾害发生；

（五）根据需要请求邻近的应急救援队伍参加救援，并向参加救援的应急救援队伍提供相关技术资料、信息和处置方法；

（六）维护事故现场秩序，保护事故现场和相关证据；

（七）法律、法规规定的其他应急救援措施。

第十八条 有关地方人民政府及其部门接到生产安全事故报告后，应当按照国家有关规定上报事故情况，启动相应的生产安全事故应急救援预案，并按照应急救援预案的规定采取下列一项或者多项应急救援措施：

（一）组织抢救遇险人员，救治受伤人员，研判事故发展趋势以及可能造成的危害；

（二）通知可能受到事故影响的单位和人员，隔离事故现场，划定警戒区域，疏散受到威胁的人员，实施交通管制；

（三）采取必要措施，防止事故危害扩大和次生、衍生灾害发生，避免或者减少事故对环境造成的危害；

（四）依法发布调用和征用应急资源的决定；

（五）依法向应急救援队伍下达救援命令；

（六）维护事故现场秩序，组织安抚遇险人员和遇险遇难人员亲属；

（七）依法发布有关事故情况和应急救援工作的信息；

（八）法律、法规规定的其他应急救援措施。

有关地方人民政府不能有效控制生产安全事故的，应当及时向上级人民政府报告。上级人民政府应当及时采取措施，统一指挥应急救援。

第十九条 应急救援队伍接到有关人民政府及其部门的救援命令或者签有应急救援协议的生产经营单位的救援请求后，应当立即参加生产安全事故应急救援。

应急救援队伍根据救援命令参加生产安全事故应急救援所耗费用，由事故责任单位承担；事故责任单位无力承担的，由有关人民政府协调解决。

第二十条 发生生产安全事故后，有关人民政府认为有必要的，可以设立由本级人民政府及其有关部门负责人、应急救援专家、应急救援队伍负责人、事故发生单位负责人等人员组成的应急救援现场指挥部，并指定现场指挥部总指挥。

第二十一条 现场指挥部实行总指挥负责制，按照本级人民政府的授权组织制定并实施生产安全事故现场应急救援方案，协调、指挥有关单位和个人参加现场应急救援。

参加生产安全事故现场应急救援的单位和个人应当服从现场指挥部的统一指挥。

第二十二条 在生产安全事故应急救援过程中，发现可能直接危及应急救援人员生命安全的紧急情况时，现场指挥部或者统一指挥应急救援的人民政府应当立即采取相应措施消除隐患，降低或者化解风险，必要时可以暂时撤离应急救援人员。

第二十三条 生产安全事故发生地人民政府应当为应急救援人员提供必需的后勤保障，并组织通信、交通运输、医疗卫生、气象、水文、地质、电力、供水等单位协助应急救援。

第二十四条 现场指挥部或者统一指挥生产安全事故应急救援的人民政府及其有关部门应当完整、准确地记录应急救援的重要事项，妥善保存相关原始资料和证据。

第二十五条 生产安全事故的威胁和危害得到控制或者消除后，有关人民政府应当决定停止执行依照本条例和有关法律、法规采取的全部或者部分应急救援措施。

第二十六条 有关人民政府及其部门根据生产安全事故应急救援需要依法调用和征用的财产，在使用完毕或者应急救援结束后，应当及时归还。财产被调用、征用或者调用、征用后毁损、灭失的，有关人民政府及其部门应当按照国家有关规定给予补偿。

第二十七条 按照国家有关规定成立的生产安全事故调查组应当对应急救援工作进行评估，并在事故调查报告中作出评估结论。

第二十八条 县级以上地方人民政府应当按照国家有关规定，对在生产安全事故应急救援中伤亡的人员及时给予救治和抚恤；符合烈士评定条件的，按照国家有关规定评定为烈士。

(4) 应急法制

应急法制是指依法行政，使突发公共事件、安全生产事故的应急处置规范化、制度化和法制化，并将应急管理纳入安全生产日常生产管理。《生产安全事故应急条例》（2019 年 4 月 1 日起施行）规定了我国应急基本法制规定。

第八条 县级以上地方人民政府以及县级以上人民政府负有安全生产监督管理职责的部门，乡、镇人民政府以及街道办事处等地方人民政府派出机关，应当至少每 2 年组织 1 次生产安全事故应急救援预案演练。

易燃易爆物品、危险化学品等危险物品的生产、经营、储存、运输单位，矿山、金属冶炼、城市轨道交通运营、建筑施工单位，以及宾馆、商场、娱乐场所、旅游景区等人员密集场所经营单位，应当至少每半年组织 1 次生产安全事故应急救援预案演练，并将演练情况报送所在地县级以上地方人民政府负有安全生产监督管理职责的部门。

第九条 县级以上人民政府应当加强对生产安全事故应急救援队伍建设的统一规划、组织和指导。

县级以上人民政府负有安全生产监督管理职责的部门根据生产安全事故应急工作的实际需要，在重点行业、领域单独建立或者依托有条件的生产经营单位、社会组织共同建立应急救援队伍。

国家鼓励和支持生产经营单位和其他社会力量建立提供社会化应急救援服务的应急救援队伍。

第十五条 生产经营单位应当对从业人员进行应急教育和培训，保证从业人员具备必要的应急知识，掌握风险防范技能和事故应急措施。

第二十九条 地方各级人民政府和街道办事处等地方人民政府派出机关以及县级以上人民政府有关部门违反本条例规定的，由其上级行政机关责令改正；情节严重的，对直接负责的主管人员和其他直接责任人员依法给予处分。

第三十条 生产经营单位未制定生产安全事故应急救援预案、未定期组织应急救援预案演练、未对从业人员进行应急教育和培训，生产经营单位的主要负责人在本单位发生生产安全事故时不立即组织抢救的，由县级以上人民政府负有安全生产监督管理职责的部门依照《中华人民共和国安全生产法》有关规定追究法律责任。

第三十一条 生产经营单位未对应急救援器材、设备和物资进行经常性维护、保养，导致发生严重生产安全事故或者生产安全事故危害扩大，或者在本单位发生生产安全事故后未立即采取相应的应急救援措施，造成严重后果的，由县级以上人民政府负有安全生产监督管理职责的部门依照《中华人民共和国突发事件应对法》有关规定追究法律责任。

第三十二条 生产经营单位未将生产安全事故应急救援预案报送备案、未建立应急值班制度或者配备应急值班人员的，由县级以上人民政府负有安全生产监督管理职责的部门责令限期改正；逾期未改正的，处 3 万元以上 5 万元以下的罚款，对直接负责的主管人员和其他直接责任人员处 1 万元以上 2 万元以下的罚款。

第三十三条 违反本条例规定，构成违反治安管理行为的，由公安机关依法给予处罚；构成犯罪的，依法追究刑事责任。

4.10.2 应急管理的基本内容

应急预案是生产经营单位为减少事故的后果而预先制定的抢险救灾方案，是进行事故救援活动的行动指南；其是针对具体设备、设施、场所或环境，在风险评估的基础上，评估了事故发生的形式、发展过程、危害范围和破坏区域的条件下，为降低事故损失，就事故发生后的应急救援机构和人员、应急救援的设备、设施条件和环境、行动的步骤和纲领、控制事故发展的方法和程序等，预先做出的计划和安排。

（1）建立健全和完善应急预案体系

预案制定依据《中华人民共和国安全生产法》（下简称《安全生产法》）《国家突发事件应对法》和《生产安全事故应急条例》进行编制、修改。企业应建立健全“纵向到底，横向到边”的预案体系。所谓“纵”，就是按垂直管理的要求，从企业总公司到分公司（厂）、车间（部门）都要制订应急预案，不可断层；所谓“横”，就是涵盖企业生产中所有类别的安全生产事故都要有部门管，都要制订专项预案，不可或缺。相关预案之间要做到互相衔接，逐级细化。预案的层级越低，各项规定就要越明确、越具体，避免出现“上下一般粗”现象，防止照搬照套。应急体系不仅要完善，而且要根据国家法律法规要求和企业实际情况，及时修订完善预案体系。

（2）建立健全和完善应急管理体制

主要建立健全集中统一、坚强有力的组织指挥机构，形成强大的全员动员体系。建立健全以企业为主、地方有关部门和相关地区协调配合的应急管理体系，建立健全应急处置的专业队伍、专家队伍，并及时更新。通过演练检验应急指挥机构综合指挥协调能力，企业内外综合协调能力，应急队伍现场处置能力能，应急物资保障能力是否满足事故应急处置要求。

建立健全和完善应急运行机制，主要是要建立健全监测预警机制、信息报告机制、应急决策和协调机制以及应急响应机制、现场指挥、公众的沟通与动员机制、资源的配置与征用机制，奖惩机制和城乡社区管理机制等等。《生产安全应急条例》对现场指挥部及总指挥做出明确规定。

(3) 建立健全应急法制

建立健全应急法制是指依法行政，使突发公共事件、安全生产事故的应急处置规范化、制度化和法制化，并将应急管理纳入安全生产日常生产管理。

按要求预案应定期开展预案培训、预案演练；做好应急队伍建设，鼓励和支持生产经营单位和其他社会力量建立提供社会化应急救援服务。生产经营单位应当对从业人员进行应急教育和培训，保证从业人员具备必要的应急知识，掌握风险防范技能和事故应急措施。应急救援队伍应确保所具备的应急处置能力与安全生产事故所需处置能力相适应，并定期组织训练；应急救援队伍应当配备必要的应急救援装备和物资，根据可能发生的生产安全事故的特点和危害，储备必要的应急救援装备和物资，并及时更新和补充，还应进行经常性维护、保养，保证正常运转。

第5章

事故案例评析

5.1 物体打击事故

5.1.1 一起强令作业造成的物体打击事故

（1）事故经过

1985年5月1日，某工地在房顶安装刚打好不久的水泥空心板突然断裂下落，造成1人死亡，1人轻伤的严重后果。某水泥厂浴池工程栋号长张某的行为触犯我国《刑法》第一百一十四条之规定，构成重大责任事故罪，人民法院依法判处张某有期徒刑2年。

1985年4月27日，张某向市建筑公司经理张某某提出：工期紧，要上水泥空心板的事。张某某问："空心板啥时间打的"；张某回答，是本月22日打的；张某某明确答复："不能上，最快也得过半个月以后才能上"。4月29日下午，张某在工地向施工负责人郭某安排上水泥空心板，郭某当时提出4月22日打的板，才一个星期，时间短，不能上。随即张某叫工人陈某带撬棒到打板场做了简单检查，回到工棚后对郭某说，"板硬棒着哩，质量还可以，再保养两天就可以上了"。4月30日下午，张某又到工地催郭某抓紧上板，延长工期要罚款。5月1日8时，郭某根据张某的决定派李某、王某等五人在房顶安装水泥空心板，当上到第二块板时，挂有水泥空心板的拖车一个车轮压到上好的第一块板上，该板突然断裂下落，在房顶施工的王某随断折的板掉下地面，拖车车把将李某从房顶打落到地面上，导致一亡一伤的严重后果。

（2）事故原因

不听劝告，强令冒险作业。张某身为国家建筑队的技术工人，工程栋号长，有章不循，违背规定，特别是领导和施工人员提出刚打了一个星期的水泥空心板不能上的正确意见后，置若罔闻，为赶工程进度，竟强令工人盲目蛮干，冒险作业，造成了一死一伤的严重后果。

（3）整改措施

必须严格遵守规章制度，增强安全意识。对于心存侥幸、盲目蛮干，强令冒险作业的行为要坚决给予抵制，以确保安全施工顺利进行。各级领导要坚持原则，认真监督检查，发现不利安全施工的因素和苗头，要及时劝阻和制止。

5.1.2 玻璃掉落地上摔碎后弹起划伤人事故

（1）事故经过

2008年10月6日17时25分左右，检修中心动力部动力检修班检修工赵某在洗浴中心四楼洗淋浴时，将自带的肥皂盒放置于固定在墙上的玻璃肥皂架上，洗浴过程中手拿肥皂时，碰落肥皂架子上的玻璃，玻璃掉落地上摔碎后弹起的碎片划伤赵某的右腿和右脚踝部，经医院诊断为右腿外伤、右踇长肌腱断裂。

（2）事故原因

① 洗浴中心墙壁上安装的玻璃肥皂架自身存在缺陷是导致此次事故发生的直接原因。洗浴中心从交工至事发之日不足4个月，但据洗浴中心工作人员反映，事发前已发现玻璃肥皂架部分有松动现象，物业管理科随即安排人员进行检查后将松动的玻璃架拆除。据现场观察玻璃肥皂架的连接方式不合理，安装不牢固，轻碰就很容易掉落。

② 综合服务中心现场工作人员事前已发现玻璃肥皂架部分有松动现象，但未将此问题进行反映汇报，也未制定明确、具体的防范措施。虽然对玻璃肥皂架进行了检查，但检查不细，未将所有松动的玻璃肥皂架及时拆除，属于管理不严、检查不到位、防范措施未落实。是造成此次事故的间接原因。

（3）事故责任及处理

① 施工单位某冶金建设公司作为此次事故的责任单位，负责对洗浴中心包括玻璃肥皂架在内的所有设施缺陷进行改造或维修，土建项目组作为洗浴中心在建期间的主管部门，具体负责洗浴中心设施及安全性改造维修的全部工作。

② 综合服务中心对洗浴中心存在的安全隐患检查不细、防范措施未落实，扣综合服务中心效益工资1000元，扣物业管理科科长周某效益工资500元。

③ 取消检修中心动力部动力检修班“安全生产标准化”班组。

（4）整改措施

① 综合服务中心尽快安排人员将洗浴中心所有的玻璃肥皂架全部拆除。制定洗浴过程安全注意事项，告知各单位学习，并在洗浴中心显眼位置悬挂，张贴或悬挂安全警示标识。综合服务中心要制定洗浴中心相关管理制度，抓好落实。

② 洗浴中心从交工至10月6日事发还在1年的维保期内，土建项目组作为洗浴中心建设过程中的主管部门，应尽快联系施工单位，拿出具体方案，对洗浴中心包括玻璃肥皂架在内的所有设施缺陷进行改造或维修。

③ 各单位教育职工不仅要注意工作过程中的个人安全，同样要做好在厂区内洗浴、上下班途中、外出办事（包括出差）等过程的安全，做好对过程及环境、路面状况、车辆等的确认，提高个人安全意识和安全防护技能。

5.2 车辆伤害事故

5.2.1 高速特大交通事故

(1) 事故经过

2012年8月25日16时55分，蒙AK××××卧铺大客车从内蒙古自治区呼和浩特市长途汽车站出发前往陕西省西安市，出站时车辆实载38人。19时，车辆在呼包高速土默特右旗萨拉齐出口匝道处搭乘一名乘客，车辆乘务员也在此处下车。22时50分，该车在包茂高速与榆神高速互通式立交桥处，搭载另外一名转乘乘客，此时卧铺大客车实载39人，期间车辆由陈某、高某轮换驾驶。8月25日19时3分，豫HD××××重型半挂货车在兖州矿业陕西榆林能化有限公司装载35.22t甲醇后，前往陕西省韩城市昌顺化工厂，期间车辆由闪某、张某轮换驾驶。

8月26日2时15分，重型半挂货车进入安塞服务区停车休息并更换驾驶员。2时29分，闪某全驾驶重型半挂货车从安塞服务区出发，违法越过出口匝道导流线驶入包茂高速公路第二车道。此时，卧铺大客车正沿包茂高速公路由北向南在第二车道行驶至安塞服务区路段。2时31分许，卧铺大客车在未采取任何制动措施的情况下，正面追尾碰撞重型半挂货车。碰撞致使卧铺大客车前部与重型半挂货车罐体尾部铰合，大客车右侧纵梁撞击罐体后部卸料管，造成卸料管竖向球阀外壳破碎，导致大量甲醇泄漏。碰撞也造成卧铺大客车电气线路绝缘破损发生短路，产生的火花使甲醇蒸气和空气形成的爆炸性混合气体发生爆燃起火，大火迅速引燃重型半挂货车后部和卧铺大客车，并沿甲醇泄漏方向蔓延至附近高速公路路面和涵洞。事故共造成大客车内36人死亡、3人受伤，大客车报废，重型半挂货车、高速公路路面和涵洞受损，直接经济损失3160.6万元。

(2) 事故原因

① 直接原因

a. 卧铺大客车驾驶人陈强遇重型半挂货车从匝道驶入高速公路时，本应能够采取安全措施避免事故发生，但因疲劳驾驶而未采取安全措施，其违法行为在事故发生中起重要作用，是导致卧铺大客车追尾碰撞重型半挂货车的主要原因。

b. 重型半挂货车驾驶人闪某从匝道违法驶入高速公路，在高速公路上违法低速行驶，其违法行为也在事故发生中起一定作用，是导致卧铺大客车追尾碰撞重型半挂货车的次要原因。

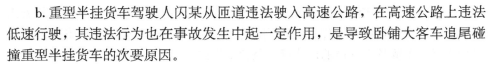

② 间接原因

a. 内蒙古自治区某公司客运安全管理的主体责任落实不力。该公司未严格执行《内蒙古呼运（集团）有限责任公司驾驶员落地休息制度》，未认真督促事故大客车在凌晨2点至5点期间停车休息；开展道路运输车辆动态监控工作不到位，对事故大客车驾驶人夜间疲劳驾驶的问题失察。

b. 河南省某责任公司危险货物运输安全管理的主体责任落实不到位。该公司安全管理制度不健全，安全管理措施不落实；未纠正事故重型半挂货车驾驶人没有在公司内部备案、没有参加过安全教育培训等问题；未认真开展危险货物运输动态监控工作，对事故重型半挂货车未按规定配备两名合格驾驶人和超量装载危险货物等问题失察。

c. 内蒙古自治区有关交通运输管理部门道路客运安全的监管责任落实不到位。

ⓐ 交通运输管理局组织开展道路客运市场管理和监督检查工作不力，对责任公司落实车辆动态监控工作的情况督促检查不到位。

ⓑ 交通运输局组织开展道路运输行业安全监管工作不到位，对交通运输管理局履行监管职责的情况督促检查不到位。

d. 河南省有关交通运输管理部门危险货物道路运输的监管责任落实不到位。

ⓐ 交通运输局及公路运输管理所组织开展危险货物道路运输管理和监督检查工作不力，未认真督促孟州市汽车运输有限责任公司整改安全管理制度不健全和安全管理措施不落实等问题。

ⓑ 道路运输管理局指导道路运输管理部门开展危险货物道路运输管理工作不力，对汽车运输有限责任公司存在的安全隐患督促检查不到位。

ⓒ 交通运输局组织开展危险货物道路运输监督检查工作不到位，对道路运输管理局和交通运输局履行监管职责的情况督促检查不到位。

e. 陕西省延安市、内蒙古自治区呼和浩特市、河南省焦作市有关公安交通管理部门道路交通安全的监管责任落实不到位。

ⓐ 陕西省延安市公安交通警察支队对包茂高速安塞服务区出口加速车道的通行秩序疏导不到位，对车辆违法越过导流区进入高速公路主线缺乏有效管控措施。

ⓑ 内蒙古自治区呼和浩特市公安交通警察支队开展客运车辆及驾驶人交通安全教育工作存在薄弱环节，对呼运（集团）有限责任公司客运车辆及驾驶人的违法行为监管不到位。

⑥ 河南省焦作市孟州市公安交通警察大队开展危险货物运输车辆及驾驶人排查建档、安全教育等工作存在薄弱环节，对孟州市汽车运输有限责任公司危险货物运输车辆及驾驶员的违法行为监管不到位。

③ 事故性质

经调查认定，以上特别重大道路交通事故是一起生产安全责任事故。

(3) 整改措施

针对事故暴露出来的问题，为进一步细化工作措施，切实落实企业安全生产主体责任和相关部门监管责任，有效防范类似事故再次发生，特提出以下工作建议：

① 高度重视道路交通安全工作。

② 进一步加强长途卧铺客车安全管理。

③ 进一步加强危险化学品运输安全管理。

④ 加大道路路面秩序巡查力度。

⑤ 着力提升道路运输行业从业人员教育管理水平。

⑥ 尽快完善道路交通安全法律法规和技术标准。

5.2.2 重大道路交通事故

(1) 事故经过

2017 年 9 月 26 日 8 时 33 分许，驾驶人刘某驾驶某物流有限责任公司号牌为京 ABL×××（挂车悬挂黑 BT××挂号牌）的重型半挂牵引车，由南向北行驶至京港澳高速公路 K581＋100m 处（新乡卫辉境内）时，车辆偏离车道碰撞中央隔离护栏，冲破中央隔离带后驶入对向车道，与对向车道由北向南行驶的冀 D×××ZT 号、豫 JS××××号、豫 FDT×××号小型普通客车发生碰撞，造成冀 D×××ZT 号车 1 名乘车人、豫 JS××××号车驾驶人及 10 名乘车人死亡，京 ABL×××号车驾驶人及 1 名乘车人、豫 FDT×××号车驾驶人及 5 名乘车人、冀 D×××ZT 号车驾驶人及 2 名乘车人受伤，车辆及高速公路设施不同程度损坏。

(2) 事故原因和事故性质

① 直接原因

经调查认定，事故直接原因是：事故车辆驾驶人刘某驾驶不符合技术条件的牵引车和长、宽、高均超过规定限值的挂车上路行驶、雨天超速行驶，致使车辆偏离车道碰撞中央隔离护栏，冲破中央隔离带后驶入对向车道，与对向车道由北向南行驶的车辆发生碰撞。

一是刘某驾驶不符合技术条件的牵引车和长、宽、高均超过规定限值的挂车上路行驶。刘某驾驶的牵引车第一轴制动气管未连接，挂车第三轴右侧制动摩擦片存在裂纹，不符合《机动车运行安全技术条件》（GB 7258—2017）要求；挂车长度、宽度、高度实际尺寸分别为30550mm、2525mm、4100mm，不符合《汽车、挂车及汽车外廓尺寸、轴荷及质量限值》（GB 1589—2016）要求。

二是刘某驾驶机动车雨天超速行驶。事故发生时，事发路段有小雨，路面潮湿，应当降低行驶速度。经鉴定，事故发生前车速为91.1～94.4km/h，不仅未降低行驶速度，且已超过事发路段限速（货车90km/h）。

② 间接原因

一是运输企业未按规定落实安全管理主体责任。该物流有限责任公司未认真履行企业安全生产主体责任，违法购买不符合国家标准的非法改装半挂车和其他车辆号牌、行驶证、道路运输证用于生产经营活动；车辆安全检查中未能及时发现京ABL×××（悬挂黑BT×××挂号牌挂车）存在的安全隐患；对驾驶员管理不到位，对驾驶员人为解除汽车刹车行为未能及时纠正，导致行驶过程中存在安全隐患，驾驶员安全意识淡薄。×××车队以欺骗手段在道路运输管理部门办理车辆审验业务，违法将黑BT×××挂车号牌及营运手续转卖他人。

二是车辆生产企业违法承揽生产销售不符合国家标准的车辆，法定代表人违法倒卖车辆手续。××专用车有限公司违法违规承揽生产、销售不符合国家标准的改装半挂车。××专用车制造有限公司违法违规承揽生产、销售不符合国家标准的改装半挂车，法定代表人王立春违法买卖机动车号牌、行驶证和车辆道路运输证等运营手续等。

三是地方交通运输部门安全监管不到位。相关监管部门对该物流有限责任公司违法违规问题、未按规定落实安全管理主体责任问题监管不力。××道路运输管理站审验把关不严，致使已经3年没有进行安全检验且已实际灭失的挂车，在不符合条件的情况下通过道路运输证审验；××市公安交警支队车辆管理所未认真履行车辆安全技术检测，检测工作不实不细。

四是事故路段道路技术状况不符合要求。经交通运输部公路科学研究所司法鉴定中心鉴定，事故发生路段道路中央分隔带护栏波形梁钢护栏横梁中心高度、护栏板基底金属厚度、拼接螺栓连接副整体抗拉荷载平均值、第四车道部分点段的横向力系数均不符合国家标准规范要求。

③ 事故性质

经调查认定，京港澳高速新乡段“9·26”重大道路交通事故是一起生产安全责任事故。

(3) 整改措施

① 认真落实道路运输企业安全生产主体责任。该物流有限责任公司、××车队等道路运输企业要认真落实安全生产主体责任，严格执行国家有关法律法

规和规章标准，建立健全安全生产责任制和安全管理制度；严禁购买不符合国家标准的非法改装车辆用于生产经营活动，严禁非法购买车辆号牌、行驶证、道路运输证、套用改装车辆从事生产经营活动，严禁将报废、损毁车辆营运手续进行转卖，严禁采取欺骗手段通过车辆综合检测和营运手续年审。要严格执行车辆检查制度，认真进行车辆安全检查，始终保持营运车辆技术状况良好，确保车辆在安全性能正常的情况下上路行驶。要加强驾驶员培训、教育和管理，建立完善安全培训、考核制度，增强从业人员法制意识、安全意识和安全技能。建议相关部门认真吸取事故教训，在全市交通运输行业开展专项检查，严格车辆技术管理，加强驾驶员安全教育，落实运输车辆安全隐患排查治理措施，保障交通行业安全。

② 加大源头管控和对不合规车辆生产行为的打击力度。交通运输主管部门要会同工业和信息化、公安、认证认可监督管理部门督促乘用车制造企业采取有效措施，防止不符合载运标准未获强制性产品认证的车辆出场上路；要加强对乘用车集中装车点、物流场站的监督检查，严禁未在申报系统申报、与申报信息不符、超出退出期限车辆出场；要加强对获得强制性产品认证车辆生产企业的监管，对车辆制造企业有针对性地开展源头执法检查，及时发现、查处违规车辆。机动车检验机构要严把资格许可关，切实加强证后监管。建议针对事故涉及企业违规建设、违法承揽生产销售车辆，相关人员违法倒卖车辆手续等问题开展专项整治。

③ 加强对高速公路管理养护和安全隐患排查治理。交通、公安等部门要认真吸取事故教训，加大道路交通安全隐患整治，大力实施生命防护工程，对已有公路经排查未达到国家标准的，按国家标准进行整治，对新修公路严格按国家标准建设，坚决防止因道路不达标发生事故；货运车辆，特别是运输汽车的货运车辆，按新的标准进行排查检查，未达到标准的不准上路行驶；没有AB证的驾驶员不准驾驶大货车上路行驶，对持有AB证的，严查重处，降级到位；严格对运输企业的监管，对未认真落实主体责任、GPS监控形同虚设的企业，从严从重处理；加强路面管控，实行公安、交通联合执法，严查进口、严巡路面、严惩违法、及时救助、快速处置。

④ 加强路面管控和巡逻执法检查。公安机关交通管理部门、交通运输部门要利用机动车稽查布控系统和道路货运车辆公共监管和服务平台，加强路面联合执法，严查未在申报系统申报、与申报信息不符、超出退出期限和不符合载运标准的车辆运输车，对非法改装车辆一律责令恢复原状并依法处罚，对拼装车辆一律收缴、强制报废，并依法吊销车辆《道路运输证》、责令运输企业停业整顿。要严厉打击假牌套牌违法行为，严格依法进行处罚。

⑤ 其他工作建议。

a. 针对事故暴露出的车辆在灭失的情况下仍能通过安全检测、该注销的车辆未予注销、未进行安全检测即通过运输证审验等问题，建议公安、交通、质监等部门应建立相应的沟通协作机制和信息共享机制，严格落实交通运输部、公安部、质检总局联合印发的《关于加快推进道路货运车辆检验检测改革工作的通知》等规定，积极推进道路运输车辆检验检测改革。

b. 该起事故调查中，因涉及多个省（市），事故调查进度较慢，各省（市）对道路交通事故的调查机制和性质认定以及责任追究差异较大，建议国务院安委办加强对跨省（市、区）重大生产安全事故的督办，在事前挂牌督办、事后审核的同时，应重点对调查处理过程进行督办，针对技术报告认定的问题，召开相关省（市、区）政府参加的督办会议，以国务院安委办名义督促各省（市、区）就管理责任开展调查，认定责任，综合平衡，提出合理合法的处理意见。同时建议尽快建立典型事故提级调查、跨地区协同调查和工作机制。

5.2.3 叉车安全事故

（1）事故经过

2004年12月7日，选煤厂跳汰机改造工程正如期进行。按照工作程序要求，跳汰机新旧机体的搬运任务由叉车（8t）司机潘某带领机修工李某负责用叉车完成。

上午11点05分左右，按预定安排，叉车司机潘某在李某配合下，将跳汰机一件新机体（4000mm×6200mm×1820mm，重5.7t）运送至行车吊装口下方，以便新机安装。

当叉车运行至离吊装口2m一段斜坡路段时，由于重心不稳机体歪斜倒向一侧，机修工李某躲闪不及，被歪倒的工件挤断右臂，叉车车窗受损、前叉弯曲。

（2）事故原因

① 直接原因

潘某同李某用叉车运输超大物件时，图省事，没有将工件可靠固定，导致工件歪斜伤人，是造成此次事故的直接原因。

② 主要原因

a. 潘某、李某在叉车运行至离吊装口2m一段斜坡路段时，没有对工件稳定性进行检查，不能及时发现安全隐患。

b. 李某在监护作业时，没有采取其他防歪倒措施，并观察好退路，造成站位不当，工件歪倒时躲闪不及受伤。

c. 施工负责人魏某安排工作时，没有布置相应的安全防范措施，可预见性安全隐患没有做到位，且没有在现场统一协调指挥，安全管理有漏洞。

③ 间接原因

a. 职工潘某、李某自保、互保、联保意识差，没有及时发现安全隐患并提醒李某注意安全，及时制止其危险行为。

b. 选煤厂对职工安全管理、安全教育、技术管理培训力度不够，职工安全意识薄弱，自保、互保、联保意识差，工作麻痹大意，图省事，轻安全，存在“四乎、三惯”思想。

(3) 事故教训及整改措施

① 选煤厂要针对此次安全事故，总结防范措施，举一反三地排查类似工作、类似思想、类似行为的存在，坚决杜绝安全事故重演。

② 选煤厂要在《选煤厂安全规程》及安全技术措施方面下功夫，提高职工安全防范能力，并结合此次事故教训，举一反三，深刻反思，杜绝“四乎、三惯”思想存在，开展好警示教育活动。

③ 选煤厂要进一步明确和落实各级安全生产责任制，强化关键工序和重点隐患的双重预警，并加强特殊作业人员的安全管理。

④ 选煤厂要深刻接受这次事故教训，结合“五精”管理要求，迅速开展“反事故、反三违、反四乎三惯、反麻痹、反松懈、反低境界管理、反低标准作业”活动，加大现场安全管理力度，强化现场精品工程意识。

⑤ 选煤厂各级管理人员要冷静下来，深刻反省自己的工作，真正找出自己工作中的不足之处，在今后的工作中要以身作则，深入现场，靠前指挥，坚决杜绝安全事故的发生，确保安全生产。

5.3 机械伤害事故

5.3.1 盲目作业，腿被皮带绞住

(1) 事故经过

2006 年 7 月 28 日早 8 点 30 分左右，某电石分厂石灰窑工序丙班班长接班后，安排巡检工王某、李某例行巡检设备。8 点 50 分左右，王某开启石灰窑 1# 上料皮带检查，发现皮带在运行时有跑偏现象。王某随即翻越安全防护栏到该皮带北侧，用脚踹正在运行的皮带进行检查和处理，李某则在皮带南侧检查托辊的运行情况。李某在检查托辊过程中突然发现皮带出现跳动，抬头即发现王某右腿被皮带绞住，立即停止皮带运行，随后通知班长、调度、工序主管、分厂厂长进入事故现场实施抢救。9 点 20 分左右，王某被送到乌达区医院进行救

治。经医院确诊，王某右腿小腿骨折，耻骨连接错位，膝盖内侧韧带撕裂。

(2) 事故原因

① 直接原因

巡检工违章作业，翻越安全防护栏，用脚踹正在运行的皮带，未执行设备《检修安全操作规程》规定的检修运转设备必须断电挂牌确认后方可作业。

② 间接原因

a. 未办理检修作业票证、落实安全防护措施即盲目作业。

b. 电石分厂二、三级安全教育不到位，巡检工安全意识淡薄，自我防护意识差。

c. 电石分厂岗位员工配置不足，流动性较大，新员工基本素质偏低，安全教育工作不能很好地落实到位。

(3) 整改措施

① 任何运转设备检修必须断电挂牌确认、落实好安全措施后方可作业；

② 加大二、三级安全教育及班组长安全培训力度，提高员工的安全防护意识；

③ 加大各级安全生产监督检查力度；

④ 按岗位要求将人员配置到位，并采取切实可行的措施，提高新员工安全素质及安全操作技能；

⑤ 积极改善现场作业环境。

5.3.2 一般机械伤害事故

(1) 事故经过

2016 年 12 月 14 日上午 7 时 00 分左右，位于某在建房屋工地正在铺设第 6 层楼顶模板，张某在三楼使用物料提升机将模板材料运送到六楼，空吊笼从六楼下放过程中卡在提升机井内五六层之间，此时一楼曳引轮并未停止转动，曳引轮上钢丝绳散乱出来，张某便到一楼修理钢丝绳，在修理过程中提升机吊笼突然自动下降，牵拉钢丝绳回收到曳引轮上，回收的钢丝绳同时牵拉张某撞向提升机的铁质井架，张某撞上井架后回弹跌倒在地面，任某见状立即上前进行抢救，并组织其他工人一同将张某抬上车送往大岭山医院抢救，医院上午 9 时许宣布死亡。

(2) 事故原因和事故性质

① 调查情况

接到事故报告后，该地安全监管分局执法人员到事故发生地进行实地调查时发现，物料提升机处于静止状态，该提升机载货平台停靠在建房屋 5 楼楼面处，物料提升机的控制盒控挂在第三层提升机井旁一水泥柱上。提升井顶端固定滑轮的承载梁已被拉弯变形。

② 询问情况

事故发生后，调查组成员相继对工程承包方任某、发包方何某，工人谭某、谭某某、唐某、唐某某等人做了询问调查。综合一楼在场人员任某及唐某某、唐某、谭某某的询问笔录可以确定事发当时张某独自在修理散乱的钢丝绳，并在修理过程中被钢丝绳牵拉撞向铁质井架致其受伤。

③ 事故原因

a. 直接原因

事故发生的直接原因是张某缺乏安全意识，违规作业，对物料提升机维修过程中存在的危险认识不足，未在确保安全的情况下独自对物料提升机进行维修，维修过程中吊笼突然坠落拉动钢丝绳回收，回收的钢丝绳牵拉张某撞向提升机的铁质井架，致其重伤经抢救无效死亡。

b. 间接原因

一是任某对其施工人员的安全培训不到位，未能保证从业人员具备必要的安全生产知识，熟悉相关的安全生产规章制度和安全操作规程，掌握本岗位的安全操作技能；二是安全隐患排查不到位，未建立健全生产安全事故隐患排查治理制度，未采取技术、管理措施，及时发现并消除事故隐患，物料提升机由任某投入使用，在使用过程中未安排专人对物料提升机的使用进行监管；三是任某投入使用的物料提升机设备简陋、未能提供物料提升机定期维护保养记录，未能确保物料提升机正常运行，不具备符合国家标准或者行业标准的安全生产条件；四是何某、蔡某、刘某未按规定向住建部门办理相关手续，擅自施工。

④ 事故性质

经调查组调查认定：该事故是一起由于施工人员违规作业，安全生产责任制不落实，安全管理、安全监管不到位而引发的一般生产安全责任事故。

(3) 事故责任及处理

① 责任认定

a. 张某缺乏安全生产意识，违反规定对物料提升机进行维修，造成事故，对本次事故负有责任。

b. 任某对其施工人员的安全培训不到位，未能保证从业人员具备必要的安全生产知识，熟悉相关的安全生产规章制度和安全操作规程，掌握本岗位的安全操作技能；未建立健全生产安全事故隐患排查治理制度，采取技术、管理措施，及时发现并消除事故隐患。因此，任某应对本次事故负有责任。

c. 何某、蔡某、刘某未按规定向住建部门办理相关手续，擅自施工，在本次事故中存在违法行为。

② 处理建议

为吸取事故教训，教育和惩戒有关单位和责任人，根据事故调查情况，建议对此次事故相关人员做如下处理：

a. 任某其行为违反了有关法律法规的规定，对事故负有责任，建议由安全生产监督管理部门依照《中华人民共和国安全生产法》对其进行行政处罚。

b. 张某鉴于其已经死亡，建议不再追究其责任。

c. 何某、蔡某、刘某在本次事故中存在违法行为，建议由住建部门依照有关法律法规对其进行调查处理。

(4) 整改措施

为防范类似事故再次发生，建议大岭山规划建设办督促相关单位落实如下整改措施：

① 何某应吸取本次事故的教训，严格遵守有关法律法规，对拟建工程按规定办理相关建筑工程规划报建手续。

② 任某作为生产经营单位应具备建筑施工相关资质；应当制定并实施安全生产教育和培训计划，保证从业人员具备必要的安全生产知识，熟悉相关的安全生产规章制度和安全操作规程，掌握本岗位的安全操作技能；建立健全生产安全事故隐患排查治理制度，采取技术、管理措施，及时发现并消除事故隐患。

5.3.3 某食品有限公司职工死亡事故

(1) 事故经过

2005年1月10日1时20分，因自动压榨机的第二段发生故障，生产一部生馅岗位领班张某通知在岗维修人员刘某（机修工）、于某（电工）去修理。维修至凌晨4时25分时，刘某在机械的后部内通知于某试车，于某走到机械前面通知张某开车试机。张某打开设备开关，这时听到机械后面传来刘某的求救声，张某关闭了设备开关，两个人跑过去发现刘某被托盘的拉杆顶住胸部，压榨袋下部紧固杆顶住其颈侧部，经医院抢救无效死亡。

(2) 事故原因

① 刘某作为机修工，在修理试车时缺乏安全操作知识，在没能脱离到安全操作距离以外时，就通知于某让张某试车，导致试车时发生挤压事故，对此事故负有直接责任。

② 于某作为电工，试车时没有起到维修监护人的作用，在离开维修现场通知操作工试车时未确认维修人员脱离到安全位置导致了事故的发生，对此事故负有直接责任。

③ 领班张某工作麻痹大意，未能发现此次事故隐患，缺少对事故源头——开车前的安全提示，在试车时未进行开车前检查，未确认维修人员是否脱离便打开机械设备开关，导致了事故的发生，对此事故负有直接责任。

④ 设备部长严某，作为安全生产的负责人对维修人员的安全教育和安全提示有责任，设备的安全操作规范不详细，其中紧急处理方案不规范，安全教育及提示不到位，对维修员工的管理工作不细致，对此事故负有直接领导和管理责任。

⑤ 生产部长王某作为生产管理人员，对操作者的安全教育力度监督管理不到位，工作不细致，对事故负有一定的领导和管理责任。

⑥ 生产部长助理王某作为当班现场管理人员，监督管理不到位，工作不细致，对事故负有一定的领导和管理责任。

(3) 事故处理

区安监局对企业主要负责人行政处罚 3 万元。

企业内部处理：对公司常务副总经理罚款 6000 元，设备部长严某罚款 4000 元，生产部长王某、领班张某、电工于某各罚款 2000 元，机修负责人葛某、电工负责人张某各罚款 1000 元。

5.4 起重伤害事故

5.4.1 一般起重伤害事故

(1) 事故经过

① 事故发生经过

2018 年 6 月 1 日 8 时许，死者王某与陈某按照 2 号车间领班段某的安排，把玻璃从原片区吊运到切割台。陈某站在吸盘侧面，用电动葫芦桥式起重机吊运一块玻璃（长 5.008m、宽 3.3m、厚 0.01m、面积 16.53m^2，一块玻璃重约 413.25kg），王某站在两侧玻璃的中间，当玻璃刚吊离地面时，被吊起玻璃和后面吸附的 3 块玻璃同时向吸盘方向倒去，压倒了王某，玻璃同时破碎，造成王某受伤，厂长陈某某开公务车送王某到桥头医院，段某和段某某陪同。随后，财务负责人方某于 9 时许拨打 110 向公安机关报案。王某经桥头医院抢救，于 10 时许抢救无效被宣布死亡。

② 应急救援情况

桥头公安局、桥头安监分局、桥头经信局接报后及时向上级报告事故情况，并迅速安排相关领导及执法人员赶赴事故现场，有序地开展事故应急救援工作。各部门在控制事故现场，排查事故隐患，防止事故扩大的同时，妥善保护事故现场以及相关证据，为后续事故调查现场勘查奠定基础。

③ 事故善后处理

事故发生后，当地政府高度重视事故善后处理工作，调查组积极配合做好相关善后处理工作。2018 年 6 月 3 日，××特种玻璃有限公司（甲方）和王某的家属（乙方）签订协议书，甲方赔偿乙方人民币 30 万元，协议签订当日甲方向乙方支付了人民币 30 万元，社保分局按照该省工伤保险条例相关规定向乙方支付相关费用 79 万元。

(2) 事故人员伤亡情况

① 人员伤亡情况

2018 年 6 月 1 日 8 时 20 分许，××特种玻璃有限公司 2 号车间内发生一起一人死亡事故。死者：王某。

② 直接经济损失

直接经济损失约 110 万元。

(3) 事故原因

事发时陈某和王某正在通过起重机和玻璃吸吊机进行吊取玻璃操作。陈某用起重机将真空吸盘靠近玻璃后，由王某站在吸吊机中间与玻璃相对的位置操作吸盘对玻璃进行抓取，然后陈某操作起重机将要提取的玻璃向上提升。由于大气压力的作用，玻璃之间存在吸附力，事发时吸吊机吸附的玻璃与其后面的玻璃未完全消除吸附力，导致在起吊过程中将后面三块玻璃一起提升。同时，由于玻璃摆放角度不足（玻璃说明书要求的存放角度为 5°～8°，现场测量旁边的玻璃角度为 4.3°），过于偏向垂直方向，加上陈某操作起重机时，存在一定程度的斜拉斜吊，增加了玻璃的不稳定状态，使玻璃产生向吸吊机倾倒的趋势。在上述因素的综合影响下，玻璃因吸附力不足发生坠落并顺势倾倒，连同真空吸吊机一同砸向站在附近的王某，最终造成王某受伤后死亡。

a. 直接原因。由于玻璃之间存在“吸附力”，被起吊的玻璃带起后面几块玻璃一同提升后掉下发生倾倒，导致玻璃和玻璃吸吊机撞击王某。

b. 间接原因。

ⓐ 操作人员王某未能按照玻璃吸吊机使用说明的要求，在吸吊机工作时保持安全距离，同时××公司的玻璃摆放夹角不符合要求（玻璃说明书要求的存放角度为 5°～8°，现场测量旁边的玻璃角度为 4.3°），陈某的斜拉斜吊行为增加了玻璃的不稳定状态，致使玻璃坠落倾倒，导致事故发生。

ⓑ ××特种玻璃有限公司安全管理不到位。有建立生产安全事故隐患排查治理制度，但未对排查情况形成相关台账记录；对特种设备电动葫芦桥式起重机有具体的操作规程，但未及时督促相关人员按照规程落实到工作中。

ⓒ 陈某某作为××特种玻璃有限公司实际负责人，建立、健全了本单位安全生产责任制；组织制定了本单位安全生产规章制度和操作规程；组织制定并

实施了本单位安全生产教育和培训计划；保证了本单位安全生产投入的有效实施；督促、检查了本单位的安全生产工作；组织制定并实施了本单位的生产安全事故应急救援预案；及时、如实报告了生产安全事故。

ⓓ 陈某作为××特种玻璃有限公司特种设备操作员，具有特种设备从业人员证（证书编号：××××），并参加企业开展的安全生产教育和培训。发生事故时，行吊（电动葫芦桥式起重机）没有在起吊玻璃的正上方，行吊偏斜靠向起吊玻璃的另一侧，陈某操作起重机存在一定程度的斜拉斜吊情况。

ⓔ 王某在事故发生时所站位置（在两侧玻璃之间，在吸盘后面）违反操作规程。

(4) 事故性质

经调查认定，“6・1”事故是一起一般生产安全责任事故。

(5) 事故责任及处理

① 事故责任认定

a. ××特种玻璃有限公司安全管理不到位。有建立生产安全事故隐患排查治理制度，但未及时发现并消除事故隐患，未形成相关台账记录；对特种设备电动葫芦桥式起重机有具体的操作规程，但未及时督促相关人员按照规程落实到工作中，××特种玻璃有限公司对事故的发生负有责任。

b. 陈某某作为××特种玻璃有限公司实际负责人，建立、健全了本单位安全生产责任制；组织制定了本单位安全生产规章制度和操作规程；组织制定并实施了本单位安全生产教育和培训计划；保证了本单位安全生产投入的有效实施；督促、检查了本单位的安全生产工作；组织制定并实施了本单位的生产安全事故应急救援预案；及时、如实报告了生产安全事故。东莞市鹏玻特种玻璃有限公司实际负责人陈某某履行了相关的安全生产管理职责。

c. 陈某行吊（电动葫芦桥式起重机）没有在起吊玻璃的正上方，行吊偏斜靠向起吊玻璃的另一侧，其操作起重机存在一定程度的斜拉斜吊情况，但起重机械钩下存在吸盘（重约90kg），在操作中是难以精确确定物品质心的。

d. 王某违反操作规程，安全意识不足，在操作过程中不按照规定站在安全位置，导致被吸吊机和玻璃压伤，后经桥头医院抢救无效死亡。王某对事故的发生负有责任。

证据有《现场检查记录》《现场处理措施决定书》《询问笔录》《勘验笔录》和现场照片等。

② 事故责任单位和责任人的处理建议

为吸取事故教训，教育和惩戒有关责任人员，根据事故调查情况，建议对这起事故的责任人做如下处理。

a. 建议做出行政处罚的单位及人员。

ⓐ ××特种玻璃有限公司安全管理不到位。有建立生产安全事故隐患排查治理制度，但未对排查情况形成相关台账记录；对特种设备电动葫芦桥式起重机有具体的操作规程，但未及时督促相关人员按照规程落实到工作中，违反了《中华人民共和国安全生产法》的有关规定，导致事故发生。东莞市鹏玻特种玻璃有限公司对事故的发生负有责任。建议由安全生产监督部门依据相关法律法规对××特种玻璃有限公司实施行政处罚。

ⓑ 陈某某作为××特种玻璃有限公司实际负责人建立、健全了本单位安全生产责任制；组织制定了本单位安全生产规章制度和操作规程；组织制定并实施了本单位安全生产教育和培训计划；保证了本单位安全生产投入的有效实施；督促、检查了本单位的安全生产工作；组织制定并实施了本单位的生产安全事故应急救援预案；及时、如实报告了生产安全事故。××特种玻璃有限公司实际负责人陈某某履行了相关的安全生产管理职责。鉴于××特种玻璃有限公司实际负责人陈某某履行了相关的安全生产管理职责，并在事故发生后及时进行赔偿，建议对陈某某不予追责。

ⓒ 王某对事故的发生负有责任，鉴于其本人已经死亡，建议不追究其责任。

ⓓ 当地党工委及安全办有召开安全生产工作会议纪要和安全生产检查，履行了安全生产检查监督职责，但也存在检查督促不到位，巡查人员的安全检查力度不够，没有督促企业落实主体责任。建议大洲村对相关工作人员进行批评教育。

b. 其他处理。

陈某具有特种设备从业人员证（证书编号：××××），但起重机械吊钩下存在吸盘（重约 90kg），陈某在日常的实际操作中，是难以精确确定起吊物品质心的，事故的原因在于玻璃间存在一定吸附力以及玻璃存放角度不当所致，建议××特种玻璃有限公司加强对陈某的安全生产教育和培训。

c. 事故涉及其他法律责任，如其他当事方是否构成民事侵权等责任，建议当事各方通过其他法律途径解决。

（6）整改措施

为防范此类事故再次发生，建议当地安监分局督促事故相关单位明确负责人职责，坚持“安全第一、预防为主、综合治理”的方针，在今后的生产经营活动中，必须严格遵守《中华人民共和国安全生产法》等法律法规和规章的规定，落实安全生产主体责任，认真做好各项安全生产工作。为防范和杜绝生产安全事故的发生，确保生产安全，现提出以下整改措施。

① 生产经营单位必须遵守特种设备操作规程

特种设备必须配备专职负责人，负责特种设备的使用管理；具体组织制定、修改、落实特种设备的各项安全管理制度、安全规程等，并检查执行情况；确保特种设备操作员持证上岗；督促做好特种设备的定期检验工作；对特种设备检查，发现问题要及时处理。

② 生产经营单位必须重视安全生产管理工作

生产经营单位应当建立健全生产安全事故隐患排查治理制度，采取技术、管理措施，及时发现并消除事故隐患。事故隐患排查治理情况应当如实记录，并向从业人员通报。

③ 生产经营单位必须加强对员工的安全生产教育培训

生产经营单位应当对从业人员进行安全生产教育和培训，保证从业人员具备必要的安全生产知识，熟悉相关的安全生产规章制度和安全操作规程，知悉自己在安全生产方面的权利和义务。

5.4.2 “10 · 6”起重伤害事故

(1) 事故经过

2015 年 10 月 6 日，因长江水位上涨，重庆某公司水泥分厂发运工段副工段长胡某带领本单位职工熊某、凌某两名工人及江西新联人力资源有限公司派驻该公司的孟某、张某、何某、赵某、吴某、陈某 6 名工人进行发运码头皮带转运廊桥提升调整作业。上午 8：00—11：00，他们将 2# 吊楼廊桥一端（离主航道远端）提升完毕，接着对另一端 1# 吊楼廊桥进行提升。11：08 时许，胡某站在廊桥平台上负责起吊作业指挥，并操作卷扬机，孟某、熊某、何某、吴某 4 人分别站在廊桥平台四角处，负责观察起吊笼导向轮是否脱轨等异常情况。陈某、凌某、张某、赵某 4 人分别站在廊桥下端吊笼提升平台四角处，主要负责观察吊笼升降平台伸缩腿是否正常伸腿在牛腿上。待廊桥提升至距牛腿工作面 30～40cm 时，吊笼升降平台忽然脱落，廊桥一端及吊笼升降平台坠入江中，致使站立在廊桥和吊笼升降平台上的 9 名操作人员全部落水。

(2) 应急救援情况

事故发生后，发运码头靠驳货船的船员和周边工人自发投入抢救，先后将赵某、吴某、陈某、凌某 4 名工人抢救上岸，由重庆万州西南水泥有限公司送往医院救治。万州区人民政府、重庆市安监局接报后，调派公安、武警、海事、港航、水上打捞等人员，运用专业工具器材进行搜救，于 2015 年 10 月 7 日中午前将胡某、熊某、孟某、张某、何某 5 名遇难者遗体打捞出水。

(3) 事故原因

① 直接原因

2# 吊楼内吊笼的吊杆支柱与法兰盘连接处 8 块三角加强筋平角焊部位和吊杆支柱与法兰盘垂直管板焊接强度不够，同时焊接处受长时间的腐蚀和金属疲劳影响，在该吊笼上升的载荷作用下，导致吊杆支柱与法兰盘焊缝处整体断裂脱落，致使廊桥一端及吊笼升降平台坠入江中，站立在上面的9名工人全部落水。

② 间接原因

a. 重庆某水泥有限公司安全生产主体责任落实不到位，主要表现为：

ⓐ 技术管理缺失。重庆某水泥有限公司在提升廊桥作业前没有编制工作方案，没有制定技术措施和组织措施。在本次提升吊装作业前，未对上岗的9名操作人员进行专项安全技术交底。

ⓑ 安全防护不到位。重庆某水泥有限公司未向临水作业的胡某等9名作业人员配备和发放救生衣，并督促工人在水上作业时正确穿戴。

ⓒ 安全隐患排查不到位。重庆某水泥有限公司未对起重设备进行仔细检查，没有及时排查和消除吊楼的吊笼吊杆支柱与法兰盘焊接处和吊杆支柱与法兰盘垂直管板焊接处存在焊接强度不够、年久腐蚀、金属疲劳等安全隐患。

ⓓ 劳动组织不合理。重庆某水泥有限公司在进行吊装作业时，没有设置专职指挥工、安全监护人员，副工段长胡某既是起吊机具操作工，又是指挥工、安全监护人和现场管理人，身兼数职，不能履行好现场安全监管工作。

ⓔ 管理制度执行不到位。重庆某水泥有限公司没有严格督促胡某等作业人员执行公司的吊装、高空作业等安全生产规章制度和安全操作规程，导致工人违章冒险作业。事故发生时，落水的9名人员均未按规定系挂好安全带，且站立在移动的吊笼升降平台上面作业。

ⓕ 安全教育培训不落实。重庆某水泥有限公司未将江西新联人力资源有限公司派驻该公司的孟某、张某、何某、赵某、吴某、陈某6名派遣工人纳入本单位从业人员统一管理，未对他们进行岗位安全操作规程和安全操作技能的教育培训。

ⓖ 安全管理机构不健全。重庆某水泥有限公司现有干部职工340余人，但公司未按照《安全生产法》规定设置安全管理机构，配备专职安全生产管理人员，仅由生产技术处李建华一人兼职公司日常安全管理工作，安全、技术、生产工作缺乏制约，未形成安全监督机制。

b. 万州经济技术开发区经济发展局履行安全生产监管职责不到位。

ⓐ 万州经济技术开发区经济发展局对重庆万州西南水泥有限公司多年来未按照《安全生产法》设置安全管理机构，配备专职安全生产管理人员等问题失察。

ⓑ 万州经济技术开发区经济发展局在日常的监管中，督促企业对长期存在的重大安全隐患排查整改不力。

（4）事故性质

通过对造成本次事故直接原因和间接原因的分析，认定本次事故是一起由于重庆万州西南水泥有限公司技术管理缺失，安全教育培训、安全防护、隐患排查不到位，劳动组织不合理、管理制度执行不力、安全管理机构不健全，监管部门履行安全生产监管职责不到位造成的较大生产安全责任事故。

(5) 整改措施

为了从此次事故中深刻吸取教训，避免和预防类似事故再次发生，针对本次事故的特点，建议如下：

① 重庆某水泥有限公司应深刻吸取此次事故的教训，举一反三，进行一次深入的安全生产隐患大排查，并立即落实整改。

② 重庆某水泥有限公司在从事廊桥传输系统提升等危险作业时，应编制作业方案，按程序进行审批和实施。并对作业人员进行专项安全技术交底。

③ 重庆某水泥有限公司当进一步加强企业主体责任的落实，建立健全安全管理机构，配备专职安全生产管理人员，强化企业内部安全管理；对本单位从业人员要按照相关规定进行安全生产教育、培训，督促安全管理人员遵守安全生产法律、法规，认真履行职责，教育和督促从业人员严格执行本单位的安全生产规章制度和安全操作规程。

④ 重庆某水泥有限公司应将被派遣劳动者纳入本单位从业人员统一管理，应加强对被派遣劳动者进行岗位安全操作规程和安全操作技能的教育和培训。

⑤ 重庆某水泥有限公司管理人员应对安全生产状况和生产设备进行经常性检查，对发现的工人违章作业行为和安全隐患要给予及时制止和消除，并给予相应处理。

⑥ 该水泥有限责任公司应进一步优化企业管理模式，优化下属公司主要负责人的任免制度，督促下属公司主要负责人履行管理职责。

⑦ 该水泥有限公司应聘请专家制定该廊桥传输系统拆除方案，对该系统进行拆除，及时消除次生安全生产隐患。

⑧ 万州经济技术开发区经济发展局等监管部门要进一步强化监管责任，对本次事故暴露出来的管理薄弱环节，及时制定整改措施；要进一步加强部门间的沟通、协调，防止出现“监管真空”，坚决预防和杜绝类似事故再次发生。

5.5 触电事故

5.5.1 某电力公司职工触电坠落死亡事故

2007 年 2 月 7 日，某地供电公司送电工区带电班在等电位带电作业处理 330kV 3033 凉金二回线路缺陷过程中，发生触电高空坠落人身死亡事故，造成

1人死亡。

（1）事故经过

2007年2月7日，某地供电公司送电工区安排带电班带电处理330kV 3033凉金二回线路#180塔中相小号侧导线防震锤掉落缺陷（该缺陷于2月6日发现）。办理了电力线路带电作业工作票，工作票签发人王某，工作班人员有李某（死者，工作负责人，男，28岁，工龄9年，带电班副班长）、专责监护人刘某等共6人，工作地点在青山堡滩，距河清公路约5km，作业方法为等电位作业。14时38分，工作负责人向市地调调度员提出工作申请，14时42分，市地调调度员向省调调度员申请并得以同意。14时44分，地调调度员通知带电班可以开工。16时10分左右，工作人员乘车到达作业现场，工作负责人李某现场宣读工作票及危险点预控分析，并进行了现场分工，工作负责人李某攀登软梯作业，王某登塔悬挂绝缘绳和绝缘软梯，刘某为专责监护人，地面帮扶软梯人员为王某、刘某，其余1名为配合人员。绝缘绳及软梯挂好，检查牢固可靠后，工作负责人李某开始攀登软梯，16时40分左右，李某登到与梯头（铝合金）0.5m左右时，导线上悬挂梯头通过人体所穿屏蔽服对塔身放电，导致其从距地面26m左右跌落到铁塔平口处（距地面23m）后坠落地面（此时工作人员还未系安全带），侧身着地，地面人员观察李某还有微弱脉搏。现场人员立即对其进行现场急救，并拨打电话向当地120和工区领导求救。由于担心120救护车无法找到工作地点，现场人员将李某抬到车上，一边向公路行驶，一边在车上实施救护。17时12分左右，与120救护车在公路相遇，由医护人员继续抢救，17时50分左右，救护车行驶至事故发生地市第一人民医院门口时，李某心跳停止，医护人员宣布死亡。

（2）事故原因

本次作业的330kV凉金二线铁塔为ZMT1型，由ZM1型改进，中相挂线点到平口的距离由原来的10.32m压缩到8.1m；档窗的K接点距离由9.2m增加到9.28m；两边相的距离由17m压缩到13m（ZMT1塔在北京良乡铁塔试验场通过真型试验）。但由于此次作业忽视改进塔形的尺寸变化，事前未按规定进行组合间隙验算。作业人员沿绝缘软梯进入强电场作业，绝缘软梯挂点选择不当，造成安全距离不能满足《电力安全工作规程（电力线路部分）》等电位作业最小组合间隙及该省电力系统带电作业现场安全工作规程的规定（2002年12月制订，经海拔修正后事故发生地区应为3.4m），此次作业在该铁塔无作业人时最小间隙距离约为2.5m，作业人员进入后组合间隙仅余0.6m，是导致事故发生的主要原因。

（3）暴露问题

① 工作审批把关不严

未针对塔形尺寸的变化，拟定相应的带电作业工作方案；带电作业属高危险工作，在思想上未引起高度重视，仅当成一般的检修工作进行安排，有关管理人员及技术人员均未到现场监督指导。

② 工作票执行不严肃

一是工作票所列工作条件未涉及“等电位作业的组合间隙”以及“工作人员与接地体的距离”，重点安全措施漏项；二是工作条件中所列的安全距离均未按海拔高度进行校正；三是列入工作票的安全措施在工作现场未严格执行；四是工作票的办理、职责履行均不严肃和认真。

③ 工作组织不严谨

一是未进行现场查勘，没有对现场结线方式、设备特性、工作环境、间隙距离等情况进行分析；二是未确定作业方案和方法及制订必要的安全技术措施；三是工作负责人违反《安规》规定，直接参与工作，工作专责监护人未尽到监护职责。

④ 缺陷管理不规范

对于防震锤掉落的一般性缺陷，当作紧急缺陷处理；对于可通过配合线路计划检修停电处理的缺陷，却采取高风险性的带电作业进行处理。缺陷分类和分级管理的要求落实执行不到位。

⑤ 安全预控措施流于形式

一是本次作业未制订“作业指导书”；二是虽然进行了危险点分析，使用了危险点分析卡，但控制措施中仍未涉及“等电位作业的组合间隙”，以及“工作人员与接地体的距离”，防止高空坠落的控制措施并未执行，危险点分析预控流于形式。

⑥ 职工安全生产培训不到位

一是安全意识培训不到位，所有工作人员在对塔型基本参数不了解、此种作业方法能否在该塔型上开展不清楚的情况下冒险蛮干，工作中多处不满足规程要求，现场无一人提出疑义并制止；二是带电作业针对性培训不强，一些工作人员对于组合间隙的概念和如何在作业过程中落实均不清楚；三是工作票中四种人（工作票签发人、工作负责人、工作许可人、专职监护人）都未尽到安全职责，不具备担当本岗位工作的基本技能，暴露出重点人员的培训流于形式，考试把关不严。

⑦ 安全管理的执行力欠缺

事故中反映出领导层没有将“安全第一、预防为主”的方针贯穿到企业各项工作的始终，只注重工作总体安排，不注重工作整体组织以及工作过程监控和考核；管理层忙于事务性工作和一般性要求，不加强对过程的指导检查和细化布置，重点工作安排不突出、敷衍了事，对现场和班组管理流于形式、疏于管理；执行层对最基本的“两票三制”、危险点分析等措施不落实不执行，习惯性违章屡禁不止，“规程有规定，我有老经验”。

⑧ 安全忧患意识欠缺

相对稳定的安全生产局面，导致盲目乐观，安全忧患意识降低，管理有所放松。没有充分认识到安全生产基础依然薄弱，忽视了安全生产的长期性和艰巨性。一些单位对安全生产工作不能集中精力，不做深入细致的工作，不精心部署，不用心控制，安全措施不到位。

5.5.2 某煤矿触电事故

2008 年 4 月 10 日，某煤矿工程班在回收 309 运顺 8 联巷及 36 联巷风机及控制开关过程中，发生一起触电事故，造成 1 人死亡。

（1）事故经过

2008 年 4 月 10 日 8 点班，机电二队班前会安排工程班回收 309 运顺 8 联巷及 36 联巷风机及控制开关。主管副队长李某在班前会上安排了工作，并强调了安全注意事项，该项工作由班长秦某带领谢某、赵某、温某、苏某等 6 人负责。约 9 点 30 分到 309 运顺 8 联巷配电点，班长秦某又对工作进行了具体分工，安排谢某、赵某两人负责回收 36 联巷风机和开关，温某、苏某带领王某负责回收 8 联巷风机和开关，同时也强调了相关停送电安全管理程序工作。8 联巷由于是双风机双电源开关，因此又专门安排温某负责停 8 联巷专用变压器并甩低压电缆和此路开关，同时由王某配合，苏某负责停 18 联巷此路电源馈电并甩开风机开关电缆另作排水使用。然后秦某带领其他人员去切眼回收水泵和开关。

谢某、赵某先到 18 联巷配电点后，停了他们作业点的馈电开关后并闭锁挂牌，然后又把移变停电闭锁挂牌并上锁即进入 36 联巷开始作业。

苏某到 18 联巷后将自己作业回路的馈电开关停电闭锁并挂牌后返回 8 联巷将电缆从开关上甩下。但由于现场无接线盒，等待接线盒到后再连接。相距约 10m 处的温某在接潜水泵开关。

大约 11 点 30 分谢某和赵某工作完毕返回 18 联巷，检查了自己停的馈电和开关没有异常情况，另一台馈电处于停电闭锁挂牌状态，于是取掉自己的停电牌，对自己的停电回路进行了送电。

正在 8 联巷清洗电缆的苏某，突然发生异常触电情况，温某发现后立即过去进行现场急救。11 点 52 分送至神东医院抢救，12 点 28 分抢救无效死亡。

（2）事故原因

① 直接原因

由于控制备用风机开关的上级馈电开关停电后断路器不能分断，设备质量存在严重问题，变压器送电后分支馈电开关没有起到配电系统的断路分开关作用，在停电闭锁后，恢复上级电源时直接带电造成线路上作业的苏某触电。

② 间接原因

a. 某煤矿机电业务部门管理不到位，对编号为 082750 的 KBZ2-200/1140（660）型矿用隔爆型真空馈电开关入井前进行的通电试验记录不全，无分项记录，设备入井前的检查试验制度不完善，入井把关不严。

b. 某煤矿机电二队，在现场施工存在同一供电系统两条供电支线工作的情况下，未实施从负荷侧到电源逐级停电操作程序，未同时对控制移变的高压开关上锁。

c. 苏某在上一级移变馈电开关停电后，该馈电开关停电没有分合闸指示，没有进一步确认停电后开关是否可靠分闸，就上锁、挂牌作业。

d. 机电二队当班人员设备回撤现场，未认真进行风险评估。

③ 管理原因

机电管理部门、物资供应中心，对设备选型、选厂、考察、采购、进货、验收把关不严，设备管理部门管理机制不健全。

(3) 整改措施

① 全公司对 KBZ2-200/660 型馈电开关，进行一次全面的检查，发现不能可靠断电的必须立停止使用。

② 即使 KBZ2-200/660 型馈电开关能够断电，但不能单独作为一级馈电进行使用，必须在其上一级或下一级装设一台其他型号的馈电开关，才能使用。在停电作业时两台馈电必须同时进行挂牌，闭锁并上锁。

③ 高压停送电必须实施工作票和操作票制度；低压停送电必须执行停电、验电、挂牌、闭锁、上锁的规定，同时必须执行谁停电谁送电的制度，严格规范程序操作。

④ 公司各相关技术业务部门必须严把设备订货与进货质量验收关，严禁不合格的设备进入各个生产领域。

⑤ 加强各类机电设备的检修与维护，保障各种安全保护灵敏可靠，定期进行电气设备及保护装置的检查、检修和试验，消除各种隐患，预防各类机电设备事故和误动作的发生。

⑥ 全公司各单位做好每台设备的全过程管理，必须按规程规定和质量标准进行逐台出厂和入井二级验收，严格落实二级验收管理制度，对达不到质量标准和完好要求的设备，必须按程序进行整改。

⑦ 加大对新入企员工与劳务用工的安全技术操作技能和危险源辨识能力的强化培训，继续全面持久地进行全员安全技能教育和安全知识培训工作，努力提高全体作业人员的技术素质和操作水平。

5.6 淹溺事故

5.6.1 某公司淹溺事故

2015年9月2日13：40分左右，某炉窑有限公司在迁钢公司热轧作业部一热轧作业区侧压机到R1轧机之间渣沟从事氧化铁皮清理工作时，发生一起7人淹溺死亡的较大安全生产事故。

（1）事故经过

热轧作业部一热轧中修于2015年8月26日开始，炉窑公司9月2日开始进行一热轧作业区侧压机到R1轧机之间渣沟氧化铁皮清理工作。9月2日11：02，公司动力作业部一热轧水处理控制中心岗位职工窦某某，接到热轧作业部精轧职工张某通知开DC3水系统。11：25动力作业部一热轧水处理控制中心岗位职工李某某接到热轧作业部一热轧作业区甲班作业长张某某通知开DC2、DC6水系统（一备一用）。然后按照轧线要求，并根据现场情况陆续恢复DC2、DC3和DC6供水系统（DC6冲渣水系统于12：38启动，由于水位低停，12：53～12：58第二次启动，仍因水位低停，13：43～13：50启动正常）。

11：32热轧作业部张某某，告知热轧作业部设备管理室检修计划员李某已联系动力作业部水处理岗位送水，同一时间李某通知炉窑公司检修负责人张某某已联系完送水。12：10炉窑公司项目负责人杨某某安排岳某某等10人去热轧作业部一热轧作业区侧压机到R1轧机渣沟区域从事氧化铁皮清理工作。炉窑公司职工张某某负责调整厂房内4#加热炉西南角处DC6冲渣水阀开度来控制水流量。然后其余9人一起进入渣沟从事氧化铁皮清理作业，作业1h左右，侧压机到R1轧机段冲渣沟水流量突然增大。

13：40左右，炉窑公司检修负责人金某接到现场作业人员电话，说现场水突然增大，冲走7个人。金某迅速赶到现场找人，没有找到。后又到动力作业部负责的旋流井寻找，发现旋流井内有人，即刻通知抓斗机司机从旋流井内将周某某等5人救出后，经送往迁安市人民医院抢救无效后死亡。到9月3日早6：10分，其余2人先后救出，经现场医务人员确认已死亡。

（2）事故原因

① 直接原因

炉窑公司在未对DC6系统冲渣水泵是否开启进行确认的情况下，将冲渣水手动阀门流量调至最大并进行作业，是造成事故的直接原因。

② 间接原因

a. 炉窑公司违反《公司检修作业安全措施》第五条，“借助水流清理渣沟前做好联系确认（确认水泵全部开启），调节阀门待渣沟水流平稳后方可施工作业”的规定。

b. 动力作业部水处理控制岗位操作工在接到热轧需供水指令后，未对本区域状况进行查看，在不具备启泵条件下，启泵失败后，多次启泵未通知热轧作业部要水联系人，违反联系确认制度。

c. 炉窑公司在此项目作业过程中安全管理混乱，未对清理粗除鳞渣沟作业存在的危险有害因素进行辨识，未采取安全防护措施，现场安全监护人员作业过程中擅自离开负责监护的现场，未履行安全监护责任。

d. 动力作业部在第三次启动 DC6 系统冲渣水泵前，未再次进行安全确认，启泵后水流将在粗除鳞渣沟内作业的炉窑公司人员冲入旋流沉淀池。

e. 热轧作业部危险因素告知书辨识不充分，未履行专职人员现场监护职责。

f. 设备部监管职责落实不到位。

(3) 整改措施

① 明确每名干部职工都要做出四项保证，责任区域无隐患、不违章指挥、不违章作业和安全生产“四不伤害”。

② 全面开展以“杜绝三违，消除隐患，落实责任”为主题的安全生产综合大排查活动。

③ 在全体干部和岗位职工中开展了“吸取事故教训，严格遵章守制，强化安全生产工作”的安全警示教育培训。

④ 进一步规范、完善设备检修操作牌、生产、检修联系协作确认管理制度。针对事故暴露出的问题。

⑤ 各司其职、密切配合、进一步规范相关方安全管理工作。

5.6.2 某环境工程有限公司一般淹溺事故

2017 年 3 月 31 日16 时左右，青岛某环境工程有限公司乳化液车间发生一起人员伤亡事故，造成现场 1 人死亡，1 人受伤。

(1) 事故经过

2017 年 3 月 31 日 16 点多，某公司乳化液车间内共有四人，分别是方某、秦某、官某、王某。

方某为现场负责人，他安排官某、王某在车间修灯，安排秦某到储罐内更换损坏的阀门，他在罐外帮忙。秦某未做任何防护措施，爬到罐顶后，坠入罐内并滑倒，遂感觉罐内呛人，呼吸困难，立即进行呼救。听到呼救后方某一边呼喊：“不好，不好，快救人，快救人。”一边在没有任何防护措施的情况下盲目施救，因救援不当自己跌落罐内。

王某听到呼喊从距离储罐约 10m 处跑过来，爬到罐顶往下看，发现方某和秦某两人在储罐里，方某面朝下趴在罐子里，秦某面朝上躺在罐子里。后方某抢救无效死亡，秦某昏迷数日后苏醒，目前仍在治疗中。

（2）事故原因

① 直接原因

发生事故的废乳化液储罐内有少量残液，储罐内自然通风不良，废乳化液长期存放其中的有机物会发生降解释放出甲烷、二氧化碳、氮气等气体，释放出的气体有的比空气相对密度大，使罐内气体氧含量大幅降低；罐内人员呼吸不断消耗空气中的氧，呼出二氧化碳，加剧了罐内氧含量的降低。

现场操作人员在入罐前没有进行通风检测，没有采取任何防护措施，进入罐中冒险作业，导致缺氧后窒息，是事故发生的直接原因；现场负责人发现险情后，在未采取任何防护措施的情况下盲目施救，导致自己落到罐底头部受撞击后昏迷失去本能反应，面部浸入废乳化液中因淹溺死亡，是导致事故后果扩大的原因。

② 间接原因

某公司存在对安全生产主体责任落实不到位、安全教育培训不足、安全管理存在缺陷，行业主管部门监管缺失等问题是导致事故发生的间接原因。

a. 安全管理人员违章指挥、从业人员冒险作业。根据《中华人民共和国安全生产法》第二十二条和《山东省生产经营单位安全生产主体责任规定》第十条之规定，生产经营单位应制止和纠正违章指挥、强令冒险作业、违反操作规程的行为。方某作为该公司现场负责人违章指挥，致使秦某冒险作业，导致事故发生。

b. 监督和教育从业人员按照使用规则佩戴、使用劳动防护用品不到位。根据《中华人民共和国安全生产法》第四十二条的规定：生产经营单位必须为从业人员提供符合国家标准或者行业标准的劳动防护用品，并监督、教育从业人员按照使用规则佩戴、使用。该公司未监督和教育从业人员按照使用规则佩戴、使用劳动防护用品。现场作业人员在未采取任何防护措施，未佩戴任何劳动防护用品的情况下，冒险进入罐内，导致遇险。

c. 废乳化液储罐未设置危险废物识别标志。根据《中华人民共和国固体废物污染环境防治法》第五十二条：对危险废物的容器和包装物以及收集、贮存、运输、处置危险废物的设施、场所，必须设置危险废物识别标志。该公司事发现场废乳化液储罐未设置危险废物识别标志。

d. 意外事故的防范措施和应急预案未按规定备案。根据《中华人民共和国固体废物污染环境防治法》第六十二条：产生、收集、贮存、运输、利用、处置危险废物的单位，应当制定意外事故的防范措施和应急预案，并向所在地县级以上地方人民政府环境保护行政主管部门备案；环境保护行政主管部门应当进行检查。

e. 行业主管部门监管缺失。根据《危险废物经营许可证管理办法》第十七条：县级以上人民政府环境保护主管部门应当通过书面核查和实地检查等方式，加强对危险废物经营单位的监督检查，并将监督检查情况和处理结果予以记录，由监督检查人员签字后归档。环保部门对该公司安全监管缺失。

(3) 整改措施

该公司应认真总结事故教训，按照“四不放过”的原则，严格落实生产经营单位安全生产主体责任，加强从业人员安全教育和培训、为从业人员提供符合国家标准或者行业标准的劳动防护用品，并监督、教育从业人员按照使用规则佩戴、使用。强化安全防范和风险意识教育，让全体员工真正从中受到教育，从根本上杜绝和减少类似事故的发生。

① 加强作业现场的安全监管，加强对遵守安全生产规章制度、操作规程情况的监督检查，严格落实安全管理制度及相关安全操作规程，认真履行安全监管职责，杜绝三违作业，切实做到不安全不作业、安全措施未落实不作业，为从业人员提供安全的作业环境，从本质上提高安全水平。

② 结合事故案例，积极开展职工安全教育培训工作、围绕“珍惜生命，遵章守纪”的主题，在员工中开展反“三违”活动，联系实际查找本岗位的安全隐患和易发生事故的危险环节，消除安全隐患，杜绝安全管理漏洞。

5.7 灼烫事故

5.7.1 某电厂高压加热器检修烫伤人身事故

某年 8 月 16 日，某电厂在 1# 机 2# 高压加热器（简称高加）检修作业中，因安全措施不到位，加热器水室中的水未放净，在拆除人孔门时，人孔芯顶出，热水喷出，三人被烫伤。

(1) 事故经过

某年 8 月 16 日 9 时 31 分，某电厂 1# 机 2# 高加有泄漏现象，经点检人员确认后，通知维护单位天津 A 公司维护项目部。

13 时 30 分，A 公司工作负责人李某办理工作票手续。运行人员根据工作票安全措施要求填写操作票。14 时 40 分，“1# 机 2# 高加隔离措施”操作票执行完毕。由于水侧压力高，放空气门处喷水大，放水管震动大，应该开启的放空气门与放水门实际上均只是部分开启。

17 时 10 分，接班后的运行三值 1# 机机组长徐某与主值班员罗某（从事本岗位工作 1 个月）就地核实工作票安全措施，发现 2# 高加水侧放水门有汽排出，认为 2# 高加水侧放水门有汽排出是汽侧蒸汽由泄漏管子漏入水侧造成，在此之前，8 月 13 日在 3# 高加检修时有类似现象。

17 时 15 分，设备部点检员杨某（从事本岗位工作 1 个月）也到现场核实安全措施，判断高加水侧水放尽，具备开工条件。17 时 20 分，机组长徐某办理了工作票许可手续。

18 时 30 分，原工作负责人办理《工作班成员变更确认单》，将检修工作临时委托给另一工作负责人冯某（从事本岗位工作 18 个月，取得工作负责人资格 1 个月），交代拆开人孔门进行高加降温。

20 时 59 分，工作负责人和工作班另两名成员进入现场上架子进行作业，在拆除人孔门过程中，取人孔门芯时，人孔芯顶出，喷出热水，将检修作业的三人烫伤。

（2）事故原因

经过初步分析，安全措施不到位，运行人员凭主管经验，误判断，盲目办理工作许可是事故发生的直接原因。由于高加水侧放空气门与放水门部分开启，高加水侧水仍未放净，运行人员未认真核实安全措施，在 2# 高加水侧放水到地沟处冒气的情况下，没有根据现场高加水、汽侧压力及温度变化趋势认真进行综合分析判断，更没有揭开沟盖板进行直观检查确认，而是依据“8 月 13 日在 3# 高加检修时有类似现象”的经验，主观认为汽侧剩余蒸汽漏入高加水侧所导致，没有准确判断出高加水侧的水仍未放净，盲目办理工作票许可手续。

工作负责人对作业所需安全措施是否正确完备以及所作安全措施是否符合现场实际情况不清，没有认真核实 2# 高加温度压力、金属壁温许可情况下，盲目开始检修工作，也是事故发生的原因之一。

（3）暴露问题

① 对安全生产中暴露出的问题没有采取针对性的措施

该电厂近一段时期的安全生产形势不稳定，其中一个比较突出的问题是人员工作经验欠缺，现场技能水平较低，对这一情况，该电厂没有在生产组织和生产指挥时采取必要的针对性措施，没有强化并采取针对性的培训，导致一些年轻的运行与点检人员不能完全胜任本职工作。在本起事故中，1# 机组主值班员、点检员、变更后工作负责人均在本岗工作一个多月时间，在实际工作过程中事先缺少必要的提醒，过程中缺少必要的指导，直接导致判断失误，酿成事故，教训深刻。

② 两票管理存在标准低、执行随意的问题

表面上看，本次事故过程中两票执行相对比较规范，但通过分析仍存在很大漏洞：

a. 工作票执行标准低，工作负责人变更手续不规范，执行本厂“工作班成员变更确认单”，没有在票面上履行变更签字手续；

b. 操作票填写不符合按照集团公司两票规定，缺少重要操作的必要检查确认项目，对已退出系统设备，应检查其内部情况和表计指示，证实与其相连的热源确已隔断；

c. 操作票操作顺序不正确，“关闭高加自身正常疏水及事故疏水→解列汽侧→关闭上一级高加正常疏水→解列水侧→高加放水……”的停运解备作安措顺序不符合相关运行规程操作规定；

d. 操作票存在漏项，没有“开启水侧放空气门”基本操作项；

e. 操作票与工作票中部分对应阀门名称不一致，如“1[#]机给水管道 2[#]高加入口放水门”与“1[#]机 3[#]高加至 2[#]高加给水管道放水门”等；

f. 危险点分析及预控工作的针对性及实效性有待提高，本次作业未办理动火工作票，但在危险点控制措施票中出现“火灾”及“必须办理动火票”等措施，工作负责人在打开高加人孔降温作业前没有认真核实系统参数、金属壁温许可情况下实施作业，作业过程中缺少必要交代提醒。

反映出该厂的两票管理与集团公司关于“两票三个 100%”规定要求相差甚远，需要从基础进行逐步规范和不断深化，要在可操作、可执行方面下大功夫，让两票切实发挥作用。

③ 运行、点检人员及工作负责人技术水平、安全意识与责任心均需要进一步增强

技术水平差表现在没有通过全面客观分析判断高加水侧是否放净；安全意识差表现在对于安全措施的重要性认识不到位，导致在工作中草率从事；责任心差表现在在技术水平较差的情况下没有采取打开地沟盖板等简单有效的办法进行核实，而且放水门在水侧压力降低的情况下始终没有全部开启，工作不够细致努力。

④ 对外委单位的管理仍需要进一步加强

本起事故虽然由于安全措施不到位造成，但承当维护工作的 A 公司人员在工作前没有判断出安全措施是否到位，暴露出该公司人员安全技能和安全意识离现场要求仍存在差距。

(4) 整改措施

一个很常规的检修项目酿成严重的人身伤害事故，教训十分沉痛，针对事故中暴露出的问题，集团公司要求各单位认真学习，举一反三，确保类似事故不再重复发生。

① 各单位要认真落实集团公司关于“两票三个100%”规定，尤其是高度重视“票面安全措施、危险点分析控制措施及票执行的环节必须100%落实”的贯彻工作，下大功夫不断深化两票标准化工作，加强两票的动态检查和监督工作，严格执行集团公司两票“分级管理、逐级负责”规定。再次重申各企业安全监督部门代表企业行使监督、检查和考核职责，检修主管部门对工作票的质量及执行情况负责，运行主管部门对操作票的质量及执行情况负责。

② 高度重视员工基本安全技术和技能培训教育，及时强化并采取针对性的培训，提高工作人员对作业现场的危险点分析和预控能力水平，完善作业现场员工必须具备的应知应会培训工作管理，确保适应现场各项实际操作和维护工作需要。

③ 进一步加强对外包工程和外委队伍的安全教育管理，对新厂新制、外委队伍较多的企业，要根据外委队伍工作范围和工作性质，严格审核其维护人员技术水平、资质能力，制订检查和考核标准，规范作业行为，加强动态检查管理，杜绝以包代管行为。

5.7.2 某铅冶炼厂喷炉灼烫事故

2007年9月9日，A公司矿冶分公司铅冶炼厂在粗铅冶炼建设项目试生产调试期间，发生一起喷炉灼烫事故，造成8人死亡、10人受伤（其中重伤3人）。

（1）事故经过

A公司铅冶炼厂，是2006年4月开工建设的一条年产1.25万吨粗铅的生产线。该建设项目采用富氧顶吹熔炼工艺，属熔池熔炼，其反应区位于渣层。富氧顶吹熔炼炉和喷枪是该工艺的两个核心设备。精矿、熔剂、燃料和富氧空气连续加入炉内，富氧空气输送喷枪头部沉没于渣中，气泡从熔体中逸出形成的烟气通过烟道进入制酸系统。产出的粗铅和富铅渣通过炉体下部的放铅口和放渣口间断放出。

事故发生前，该装置尚处于试生产调试阶段。9月9日凌晨在试车中曾从加料口喷出炉渣，将加料皮带烧坏。6时20分，采用人工加料。8时35分，调试现场指挥打开观察孔观察炉内，之后指挥控制工下枪，并在观察富氧空气输送喷枪架刻度后，再次指挥控制工下枪，随后又一次观察喷枪刻度，并给出提枪信号，喷枪尚未动作，即从加料口喷出一股白烟，此时，10余吨温度高达1150℃的炉渣将炉顶盖掀开，直接喷向控制室方向，摧毁了控制室及设施，造成现场9人中6人当场死亡，3人从三楼跳窗坠地重伤，其中两人经抢救无效死亡。炉渣喷出控制室后，将距炉体47m的原料厂房玻璃击碎，造成其他人员受伤。本次事故共造成8人死亡、10人受伤，其中3人重伤。

（2）事故原因

① 直接原因

富氧顶吹熔炼炉处于不正常的过氧化状态，炉渣中四氧化三铁达到正常值的3.3倍，黏度增大。现场指挥错误指挥两次下枪，未断风、断氧，使进入熔体的气体和产生的烟气无法顺利排出。炉内产生大量“泡沫渣”，气体带动熔体迅速上涨，造成熔体急剧膨胀，高温的熔体及气流瞬间将炉顶盖掀开高速喷出，引发了事故。

② 间接原因

a. 事发富氧顶吹熔炼炉的操作和控制能力不足。富氧顶吹熔炼工艺的核心设备（顶吹炉和喷枪），是由没有设计资质的单位设计的，也未经工业试验。事故发生前，存在空气和氧量控制不准确、停料后长时间空吹等错误操作，出现问题又未能及时采取正确处理措施。

b. 试生产条件不具备。没有经过系统试车，在不具备试生产的条件下盲目组织试生产，现场的空气流量计、油流量计等均不能正常使用，仅依靠阀门开度控制参数。

c. 项目建设把关不严。没有选择具有相应资质和能力的设计单位设计生产线，没有委托监理单位对生产线建设和设备安装进行有效监理。

(3) 防范措施

① 严格执行国家法律法规。新建、改建、扩建工程项目，要按照《安全生产法》等有关法律法规和国家有关规定履行立项审批程序。委托设计、施工单位进行建设项目设计、施工时，必须认真审查其相应资质条件，并应委托监理单位对工程施工进行监理。设计完成后，建设单位应组织专家审查，经审查合格后，方可委托施工单位进行施工；工程竣工后，建设单位应组织专家进行验收。

② 强化设计源头管理。设计单位应在资质许可的范围内承接建设项目工程设计业务，工程设计应包括安全设施设计内容；严禁超资质范围承接工程设计业务，或将已承接的工程设计业务转包或分包给不具备相应资质的单位。工程设计完成后，按国家有关规定进行设计审查。

③ 加强工程施工管理。施工单位应当严格按照设计文件进行施工，并接受监理单位的监督。施工期间发现建设项目的安全设施设计不合理或者存在重大事故隐患时，应报告建设单位和设计单位，并暂停施工。工程竣工时，应当主动提请发包单位进行验收。

④ 完善试生产条件。投料试生产前，要确保项目验收中发现的隐患已经整改。对于危险性较大的设备设施要进行单体试车和负荷试车。要针对项目特点制订相应的应急预案和措施，落实试生产的各项准备工作。要严密组织，科学指挥，防范试生产期间出现群死群伤的事故。

5.8 火灾事故

5.8.1 某煤矿较大火灾事故

(1) 事故概况

① 矿井概况

事故发生前，A煤矿开采－80m水平，矿井在籍人员130人。矿井设计生产能力2万吨/年，核定生产能力6万吨/年。2007年1～5月份生产煤炭1.05万吨。

该煤矿井田走向长300m，倾向长1140m，矿区面积0.34km^2。矿井采用斜井开拓，主井为提升井，副井为入风井。主要开采中间煤层。矿井可采储量26.9万吨。矿井有两个掘进工作面，分别为－35m掘进工作面和－80m掘进工作面。

矿井通风方式为中央边界式，压入式通风，副井入风，主井回风，副井井口在海州露天平盘＋13m水平，总入风量1071m^3/min，总回风量815m^3/min，副井安装两台主扇，一使一备，型号为哈飞KBZ18.5。瓦斯相对涌出量9.51m^3/min，绝对涌出量1.02m^3/min，为低瓦斯矿井。煤尘爆炸指数为43.38%。开采煤层为Ⅱ类自然发火煤层，自然发火期3～6个月。矿井瓦斯监控系统型号KJ71A，井下分站型号KF4B，共使用各类传感器7台，其中甲烷传感器4台，CO、风速、风机开停传感器各1台，对井下采掘工作面及巷道峒室进行监测监控。

2007年6月15日，A煤矿所在地煤炭工业管理局在对该矿安全复查时，发现一台国家明令淘汰的开关没有按期更换，向该矿下达了停止井下一切采掘活动的处理决定。

该矿井五照一证齐全有效。

② 事故地点概况

事故发生在西翼－31m入风道，距入风井口124m处，水平巷道，巷道净断面4.4m^2，梯形木棚支护，顶部－24m水平有原高德煤矿三坑旧巷及采空区，与－31m入风道之间只有5m煤岩柱。事故地点附近巷道部分棚子断梁，事故当班矿安排4人正在该巷道进行维修。受事故波及造成人员伤亡的地点为－35m西大巷，位于－31m入风道回风侧，梯形木棚支护，水平巷道，因部分巷道失修正在维修。

(2) 事故经过

2007年6月24日白班，A煤矿工程师苏某安排当班井下工作，4人维修－31m入风道，14人（包括1名瓦斯检查员）维修－35m西区大巷，6人维修－80m掘进巷道。

8时许，潘某、贾某、隋某、徐某4人到达－31m入风道开始维修作业，到13时50分修复了4架棚子。14时潘某4人开始修复距35m岩石斜下24m（距副井口124m）的一架断梁棚子。潘某用钎子处理棚梁上面的浮煤，顶板突然冒落，冒落物中带明火并伴有浓烟。4人立即向－35m绕道方向跑，大约14时5分跑到与暗风井岔口处，碰到通风员刘某，告诉刘某维修巷道冒下来火和烟的情况，5人想返回去查看，见整个巷道都充满了浓烟。刘某想关掉－35m西大巷掘进工作面的局部通风机，却找不到开关，5人立即顺着风流往主井底跑。

此时，在－35m西大巷作业的葛某、褚某和通风员张某正在－58m上山车场往－35m西大巷作业地点抬料，看见巷道顺风吹来浓烟，就立即跑到西大巷招呼里面作业的人员撤离，跑到暗风井上口见巷道内充满了浓重的黄烟，根本出不去，张某就领着人员往回撤到西大巷内烟雾较淡的地方躲避，并将风筒断开向外面吹风。但王某等4人返速度慢落在后面。

14时15分，刘某跑到主井底，用电话向井上汇报灾情。生产副矿长高某此时也赶到了主井底。刘某向地面调度员简单汇报了井下火灾情况，并告诉赶紧采取措施让井下反风。调度员立即将情况汇报给生产矿长单作权。14时25分井下开始反风。约10分钟后，安全矿长张某和在－80m掘进工作面维修棚子的魏某等6人撤到主井底。魏某等6人乘车升井。由于已经反风，巷道内烟雾越来越小，高某、张某、周某又奔向－35m西区，到达－35m绕道两道风门处测风门里CO浓度0.05%，不能进入，就在风门外面等待救护队到来。

14时30分，市地方煤矿救护队接到隆兴煤矿－35m水平发生火灾14人被困的灾情汇报，小队长孙宏伟带领第三小队立即出发赶赴隆兴煤矿救灾，14时51分赶到隆兴煤矿，15时入井。15时10分救护队员赶到－35m联络道与－35m西大巷岔口处，进入－35m西大巷，由岔口往前走2m发现王某等4人倒卧在巷道内。

15时15分到达－35m西大巷盲巷岔口以里10m处，发现牟某等10人躺卧在巷道内。这14名遇险人员神志不清、呼吸微弱、口吐白沫。救护队员立即开始往外救人，并请求井上支援。16时，14名遇险人员被救送到主井底，陆续升井，送到市内各医院抢救，王某等4人抢救无效死亡。

16时，市地方煤矿救护队队长李某带领第二批救护队员赶到井下，进行全面搜救，到17时搜救工作结束，没有发现其他遇险人员。19时10分，救护队按救灾指挥部命令对灾区进行封闭，22时15分封闭工作结束。

（3）事故原因

① 直接原因

－31m 入风道与顶板旧巷、采空区和露天矿边坡及地表裂隙连通，漏风引起顶板煤炭自燃，工人翻修棚子时顶板冒落，导致火灾事故发生，4 人 CO 中毒死亡。

② 间接原因

a. 该矿开采自然发火煤层，监控系统 CO 传感器损坏没有及时更换，不能检测井下空气中 CO 含量，不能及时发现井下自然发火隐患。该矿安排人员对－31m 入风道维修时，没有预先考虑到上部旧巷可能存在火灾隐患，没有采取有效的预测预报和防范措施。

b. 矿井漏风严重。5 月矿井测风为总入风量 1071m^3/min，总回风量 815m^3/min，存在漏风情况，该矿未能仔细查找漏风原因及存在的安全隐患。

c. 自救器管理使用存在严重问题。部分入井作业人员半年来经常不携带自救器入井，只是在上级部门到矿安全检查时，矿领导才督促入井人员必须携带自救器。

d. 巷道维修无安全技术措施。该矿维修－31m 入风道、－35m 西大巷和－80m 掘进巷道没有编制专门的巷修安全技术措施而安排工人作业。

e. 市、区监管部门没有认真履行职责。对该煤矿防灭火工作疏于管理，对该矿工人不带自救器入井问题未及时发现和制止，发现 5 月该煤矿存在矿井漏风问题，但没有认真安排查找漏风原因，及时消除隐患。

（4）事故教训

① 传感器必须保证完好。

② 矿井漏风必须及时查找出起因、地点，及时采取措施。

③ 自救器在关键时刻每个都是一条生命。

④ 维修巷道必须编制有针对性的技术措施。

⑤ 对上部采空区自然发火认识不足、重视不够、措施不利。

5.8.2 某大厦重大火灾事故

2017 年 12 月 1 日 3 时 53 分，某大厦 1 号楼某公司项目发生一起重大火灾事故。共造成 10 人死亡，5 人受伤，过火面积约 300m^2，直接经济损失（不含事故罚款）约 2516.6 万元。

（1）事故经过

2017 年 9 月 17 日开始，某公司先后安排北京某建设工程股份有限公司等施工单位在某大厦 1 号楼住宿。

10 月 14 日消防设施施工完成后，天津市某机电工程有限公司提示某公司加压试水，但某公司未予理睬。楼内消防水箱始终没有注水。

11月30日，位于大厦38、39层的售楼处、样板间进入开盘前准备阶段，某公司安排有关人员进行家具安装摆放和楼内清理保洁。18时31分～19时38分，负责该项目销售案场日常清理保洁服务工作的上海某环境服务有限公司北京分公司保洁员万某、隗某2人多次将木板、木条、瓦楞纸、聚苯乙烯泡沫板、珍珠棉等可燃物质放到38层消防电梯前室内。根据位于38层电梯间监控探头的监控视频显示，22时29分售楼处玻璃门关闭前后，百合公司员工邵某，某（北京）家具有限公司员工张某、陈某3人先后到38层消防电梯前室内吸烟。

12月1日3时55分，38层消防电梯前室感烟探测器首次报警；3时56分，38层北楼梯间、南侧走道、楼梯前室，39层南楼梯间、电梯前室、楼梯前室、南侧走道等部位烟感探测器火警后续报警；3时57分，38层电梯前室、弱电井，39层布草间、消防电梯前室、南强电井，顶层南楼梯间等部位烟感探测器火警后续报警；3时58分，38层南楼梯间烟感探测器火警后续报警；4时1分，37层弱电井烟感探测器火警后续报警。

4时许，居住在起火建筑3907室的技术员刘某起床后闻到烟味，便打开房间入户门，发现外面烟很大，使用手机拨打“119”火警电话报警。4时01分40秒，市消防总队119作战指挥中心接到报警电话后，立即调派辖区中队、增援中队等12个中队，34辆消防车以及170余名消防官兵赶赴现场。经全体参战官兵的顽强奋战，从38、39层搜救被困人员26人，6时40分大火全部扑灭。

（2）事故原因

① 直接原因

事故调查组根据有关专家现场勘验、视频分析、现场实验、技术鉴定结果，经综合分析认定：烟蒂等遗留火源引燃某大厦1号楼的某项目38层消防电梯前室内存放的可燃物是造成事故发生的直接原因。

② 间接原因

a. 该公司。未认真履行建设工程施工管理和消防安全主体责任。一是违反《天津市消防条例》等规定，在未竣工的建筑物内安排施工人员集体住宿；二是违反《天津市房屋安全使用管理条例》的规定，未办理房屋安全鉴定手续，擅自委托施工单位拆除38～39层之间的楼板，形成共享空间；三是违反《中华人民共和国消防法》的规定，擅自要求消防施工单位拆改楼内消防设施、排放楼内消防水箱内的消防用水，致使消防设施失效。

b. 区人民政府。对消防安全隐患排查工作督促指导不到位，组织开展安全检查、督促整改事故隐患不到位，未能有效排查、整改事故隐患，对辖区消防安全隐患失察、失管；履行房屋安全使用行政管理职责不到位，对大厦1号楼作为已建成交付使用房屋在实施装修过程中拆除38与39层之间楼板并破坏公用设施、设备等违法行为未采取责令立即停止施工等措施。

c. 街道办事处。贯彻落实区委区政府部署要求不到位，在消防安全大排查工作中存在履职不到位、火灾隐患排查整治不力等问题。

d. 公安消防部门。对完成设计检查备案项目的后期施工情况失察失管，致使事故单位施工过程中电梯间堆放杂物、施工现场人员住宿、消防自动喷淋设施损坏等违法行为持续存在。

e. 市建设行政主管部门。没有落实新建、改建、扩建工程项目报建备案和项目施工许可管理责任，未组织开展相关检查，对未报建备案和无证施工行为失管；未履行外地施工企业安全生产监督管理职责；落实《天津市建设工程文明施工管理规定》不到位，未及时排除大厦1号楼装修施工人员在施工地住宿的隐患。

f. 市国土房管部门。未按规定部署开展房屋安全管理工作，导致区房管局对本职工作职责认识不到位，对建设单位违规拆改房屋结构的违法行为查处不力；指导、监督区房管局配合街道开展房屋安全管理工作不到位。

(3) 整改措施

① 严格落实企业主体责任，全面整改事故隐患。该公司要深刻吸取事故教训，认真履行建设工程施工管理和消防安全主体责任。一是要严格按照《建筑工程施工许可管理办法》《建设工程安全生产管理条例》等法律法规的规定，做好施工许可证的办理，加强建设工程施工管理，严禁施工人员违规住宿。二是要认真按照规定，办理房屋安全鉴定手续，不得擅自拆改房屋结构，不得破坏公用设施、设备。三是全面落实《中华人民共和国消防法》规定的企业消防安全管理职责，不得拆改、破坏消防设备设施，确保消防设施完好有效。

② 严格落实消防安全责任制，切实消除消防安全隐患。一是区人民政府要进一步加强对消防安全工作的领导，积极组织开展人员密集场所为重点的消防安全隐患排查，对查出的问题立整立改，对重点隐患全程跟踪、彻底整改。二是街道办事处要全面落实属地消防安全管理职责，认真开展消防安全隐患排查治理工作，积极督促生产经营单位落实隐患整改，强化区域内消防安全监管工作。

③ 依法履行行业监管职责，严厉打击非法违法行为。街道综合执法大队要切实履行法定职责，加大监督检查力度，依法处置违法违规行为。建设行政主管部门要深入开展打击非法违法建筑施工专项行动，严肃查处非法建设、无证施工、施工人员违规住宿等违法行为；市建委和市国土房管局要加强对各区相关部门的业务指导，督促其认真履行行业监管职责。

④ 集中开展消防安全隐患清查行动，多部门联动全面围堵违规违法行为。公安消防部门一是要在全市范围内开展消防安全隐患清查行动，严厉查处火灾隐患和消防安全违法行为，坚决遏制重特大火灾事故发生。二是要进一步认真梳理房屋管理、工程建设等环节存在的隐患和漏洞，厘清建设管理、城市管理

和消防部门等相关职能部门的职责，完善协同执法制度。

⑤ 强化宣传，形成全社会参与消防工作的良好氛围。加大《消防安全责任制实施办法》宣贯力度，强化各级政府、行业部门和社会单位的主体责任意识。充分利用广播电视、互联网、新闻媒体等舆论工具加大消防宣传力度，传播消防安全常识，提高全民消防安全意识和事故防范应对能力。

5.9 高处坠落事故

5.9.1 某工程高处坠落事故

(1) 事故简介

2007 年 1 月 27 日 10 时 10 分，A 露天剧场工程发生一起高处坠落事故，造成一名作业人员死亡。

该工程总包单位为 B 建设集团；结构工程分包单位为 C 结构建筑有限责任公司；监理单位为 D 工程监理有限责任公司。

(2) 事故经过

2007 年 1 月 27 日 10 时 10 分，C 结构建筑有限公司作业人员张某在拆除工具式脚手架时，从脚手架上坠落至地面死亡（落差 7.2m）。

(3) 事故原因

① 直接原因

张某在未佩戴劳动防护用品情况下，违章冒险拆除工具式脚手架。

② 间接原因

a. 在没有拆装方案、未对作业人员进行安全技术交底情况下，违章指挥非特种作业人员进行脚手架拆除作业。

b. 现场管理混乱，未在拆除作业施工现场配备管理人员。

c. 总包单位将工程分包给不具备施工资质的单位，对分包单位现场管理不到位。

d. 监理单位未认真履行安全监理职责。

(4) 事故处理

① C 结构建筑有限公司施工现场负责人瞿某，移交公安机关依法追究其刑事责任。

② 给予 C 结构建筑有限公司主要负责人赵某罚款 5 万元的行政处罚。

③ 给予B建设集团公司主要负责人聂某罚款2万元的行政处罚。

④ 停止B建设集团公司该工程项目经理刘某执业资格6个月。

⑤ 停止B建设集团公司在事故发生地市建筑市场的投标资格30天。

⑥ 对B建设集团公司将工程分包给不具备施工资格单位的违法情况进行处罚，并将该企业的事故情况报告B公司所属省建设厅。

5.9.2 某石化公司高处坠落事故

（1）事故简介

2011年7月17日13时30分左右，某石化公司生产新区1#管桥空冷平台发生一起人员高处坠落事故。事故造成1人死亡。

（2）事故经过

2011年7月17日13时30分左右，生产新区操作员张某、张某某跟随生产新区副主任刁某巡检。刁某、张某某在前面行走，张某在后面跟行。当行至1#管桥空冷平台时，走在前面的刁某和张某某听到身后有异响，回头未看见张某。检查发现，刚刚走过的平台板有一块缺失。沿孔洞向下张望，发现张某俯卧于地面。13时37分，120急救车将张某送往医院抢救。终因医治无效，于7月18日死亡。

（3）事故原因

① 直接原因

生产新区1#管桥空冷平台板下结构支撑次梁发生局部变形，将部分平台板与结构件焊接的拉筋挣脱，出现个别平台板有效搭接咬合面减小的情况。在刁某、张某某走过后，因受力不均，平台板被张某踏翻，张某从空隙处坠落。这是事故发生的直接原因。

② 间接原因

车间领导虽然亲自带队巡检，但对支撑梁受损、平台板连接件焊点松脱可能发生坠落的风险没有识别出来，没能采取有效的防范措施。

（4）事故责任

① 生产新区静设备主任高某，负责生产新区静设备管理工作，对1#管桥空冷平台部分支撑梁受损、平台板连接处脱焊可能造成人员伤害的风险认识不够，没有及时采取处置措施，对此起事故负有主要领导责任，给予撤职处分。

② 生产新区副主任刁某，在带领人员到1#管桥空冷平台巡检时，对存在的风险认知不够，没有及时识别出风险，没有及时提醒随行人员采取有效防范措施，对此起事故负有主要领导责任，给予记过处分。

③ 生产新区主任李某，全面负责生产新区的安全管理工作，对现场设备存在的缺陷风险估计不足，安全督导不够，对此起事故负有重要领导责任，给予行政记过处分。

④ 生产新区安全总监于某，负责生产新区现场安全、环保管理，对可能发生坠落危险的风险消减措施落实不完善，负有一定的领导责任，给予警告处分。

(5) 事故教训及整改措施

① 汲取事故教训，立即组织对 $1^{\#}$ 管桥空冷平台及邻近平台、管排下的支撑梁等结构进行检查。

② 举一反三，在全公司开展高处作业防坠落专项检查，对巡检路线进行防坠落措施检查。

③ 在生产新区常减压装置施工恢复阶段，对现场实施封闭化管理，悬挂标识。重点区域设专人驻守管理。对施工单位进行全面的安全交底和防坠落安全教育。施工单位要制定完善的施工方案，完善防坠落措施。

④ 对全体员工进行一次提高安全意识强化教育，要求各单位领导要落实直线领导、属地化管理责任，认真执行各项 HSE 管理制度，做好工作前的安全分析，确保安全生产。

5.10 坍塌事故

5.10.1 某地大桥特别重大坍塌事故

2007 年 8 月 13 日 16 时 45 分左右，某地正在建设的 A 大桥发生特别重大坍塌事故，造成 64 人死亡，4 人重伤，18 人轻伤，直接经济损失 3974.7 万元。

(1) 基本情况

A 大桥工程是某工程建设项目中一个重要的控制性工程。大桥全长 328.45m，桥面宽度 13m，设 3%纵坡，桥型为 4 孔 65m 跨径等截面悬链线空腹式无铰拱桥。大桥桥墩高 33m，且为连拱石拱桥。事故发生时，大桥腹拱圈、侧墙的砌筑及拱上填料已基本完工，拆架工作接近尾声，计划于 2007 年 8 月底完成大桥建设所有工程。

(2) 事故原因

① 事故的直接原因

由于大桥主拱圈砌筑材料未满足规范和设计要求，拱桥上部构造施工工序不合理，主拱圈砌筑质量差，降低了拱圈砌体的整体性和强度，随着拱上荷载的不断增加，造成 1 号孔主拱圈靠近 0 号桥台一侧约 3～4m 宽范围内，即 2 号腹拱下的拱脚区段砌体强度达到破坏极限而坍塌，受连拱效应影响，整个大桥迅速坍塌。

② 事故的主要原因

一是施工单位路桥公司道路七公司负责该项目经理部，擅自变更原主拱圈施工方案，现场管理混乱，违规乱用料石，主拱圈施工不符合规范要求，在主拱圈未达到设计强度的情况下就开始落架施工作业。

二是建设单位项目管理混乱，对发现的施工质量问题未认真督促施工单位整改，未经设计单位同意擅自与施工单位变更原主拱圈设计施工方案，盲目倒排工期赶进度，越权指挥，甚至要求监理不要上桥检查。

三是工程监理单位，未能制止施工单位擅自变更原主拱圈施工方案，对发现的主拱圈施工质量问题督促整改不力，在主拱圈砌筑完成但强度资料尚未测出的情况下即签字验收合格。

四是设计和地质勘查单位，违规将勘察项目分包给个人，地质勘察设计深度不够，现场服务和设计交底不到位。

五是事故发生地交通质量监督部门对大桥工程的质量监管严重失职。

六是事故发生地两级政府及省有关部门对工程建设立项审批、招投标、质量和安全生产等方面的工作监管不力，要求盲目赶工期。

③ 经调查认定这是一起责任事故。

（3）事故处理

① 由司法机关处理 24 人

其中主要责任人处理情况如下。

a. 谢某，A 大桥一号拱圈施工队包工头、片石供料包工头。涉嫌工程重大安全事故罪。

b. 贺某，路桥公司道路七公司项目经理部材料采购部负责人。涉嫌工程重大安全事故罪。

c. 王某，路桥公司道路七公司项目经理部工程部负责人。涉嫌工程重大安全事故罪。

d. 夏某，路桥公司道路七公司项目经理部经理兼安全部负责人。涉嫌工程重大安全事故罪。

e. 肖某，路桥公司道路七公司经理。涉嫌工程重大安全事故罪。

f. 陈某，事故发生地公路局工务科副科长兼建设单位工程部部长。涉嫌玩忽职守罪。

g. 吴某，建设单位副总经理兼总工程师。涉嫌滥用职权罪、受贿罪。

h. 游某，事故发生地公路局总工程师兼建设单位总经理。涉嫌玩忽职守罪、受贿罪。

i. 胡某，事故发生地公路局局长、党组书记兼建设单位董事长，事故发生地人大代表。涉嫌玩忽职守罪、受贿罪。

j. 余某，工程监理单位派驻工程现场监理处副处长兼现场监理。涉嫌工程重大安全事故罪。

k. 李某，工程监理单位派驻工程现场监理处处长。涉嫌工程重大安全事故罪。

l. 蒋某，设计和地质勘察单位第四项目经理部经理。涉嫌工程重大安全事故罪。

m. 张某，事故发生地省交通建设质量监督分站站长。涉嫌玩忽职守罪。

② 给予相应党纪、政纪处分 33 人

其中主要责任人处理情况如下。

a. 刘某，事故发生地省路桥公司总工办主任。对事故发生负有主要领导责任。给予行政撤职、党内严重警告处分。

b. 徐某，事故发生地路桥公司安全生产部副部长。对事故发生负有主要领导责任。给予行政降级、党内严重警告处分。

c. 陆某，事故发生地路桥公司总工程师。对事故发生负有主要领导责任。给予行政撤职处分。

d. 刘某，事故发生地路桥公司董事、总经理。对事故发生负有主要领导责任。给予行政撤职、党内严重警告处分。

e. 陈某，事故发生地路桥公司董事长、党委副书记。对事故发生负有主要领导责任。给予行政撤职、撤销党内职务处分。

f. 李某，设计和地质勘察单位副所长。对事故发生负有重要领导责任。给予记大过、党内警告处分。

g. 武某，设计和地质勘察单位所长。对事故发生负有重要领导责任。给予记大过、党内警告处分。

h. 续某，工程监理单位党支部书记、副经理。对事故发生负有重要领导责任。给予行政记大过、党内警告处分。

i. 汤某，工程监理单位总工程师。对事故发生负有主要领导责任。给予行政撤职、党内严重警告处分。

j. 刘某，事故发生地省交通规划勘察设计院副院长。对事故发生负有重要领导责任。给予行政记大过、党内警告处分。

k. 龙某，事故发生地交通局局长、党组副书记。对事故发生负有重要领导责任。给予记大过、党内严重警告处分。

l. 张某，省交通建设质量监督事故发生地分站副站长。对事故发生负有主要领导责任。给予撤职、党内严重警告处分。

m. 刘某，事故发生地省交通建设质量监督站副站长。对事故发生负有主要领导责任。给予撤职、党内严重警告处分。

n. 李某，事故发生地省公路局总工程师。对事故发生负有主要领导责任。

给予撤职、党内严重警告处分。

o. 李某，事故发生地省公路局局长、党委书记。对事故发生负有主要领导责任。给予撤职、撤销党内职务处分。

p. 陈某，事故发生地省交通厅规划办公室主任。对事故发生负有主要领导责任。给予记过处分。

q. 李某，事故发生地原省交通厅厅长、党组书记，时任省委督办专员。对事故发生负有重要领导责任。给予记大过、党内警告处分。

r. 秦某，事故发生地州政府副州长、党组成员，州安全生产委员会主任。对事故发生负有重要领导责任。给予记大过、党内警告处分。

s. 杜某，事故发生地州委副书记、州长。对事故发生负有重要领导责任。因其他违法违纪问题已被省纪委立案调查，一并处理。

对路桥公司、建设单位各处罚 500 万元；路桥公司对所属道路七公司依《公司法》等有关法规予以解散。

对路桥公司董事长陈某、总经理刘某、副董事长方某和建设单位董事长胡某、总经理游某各按 2006 年度收入的 80%罚款。

对路桥公司道路七公司项目经理部经理兼安全部负责人夏某、道路七公司经理肖某、路桥公司安全生产部副部长徐某、路桥公司项目管理部部长向某、路桥公司总工程师陆某，工程监理单位董事长兼总经理胡某、副经理续某、副经理高某、总工程师汤某、驻地高监李某吊销有关执业资格和岗位证书。

对涉案追究刑事责任的夏某、肖某、吴某、游某、胡某 5 人以及追究行政责任撤职的陆某、刘某、陈某、汤某 4 人，自刑罚执行完毕或者受处分之日起，5 年内不得担任任何生产经营单位的主要负责人。

事故发生地在中纪委、国家监察委员会和高检院的指导下继续严肃查处这起事故背后的腐败问题。

责成事故发生地人民政府向国务院作出深刻检查。

5.10.2 某办公楼土方坍塌事故

(1) 基本情况

某办公楼工程为原址拆迁重建工程，基础深度地表以下−9.0m，地质情况：地表下−4.10m 范围内为房渣土，−4.10～−5.20m 为粉质、砂质黏土，−5.20m 以下为细卵石层；周围环境：西侧、北侧为马路，东侧紧邻一栋六层住宅楼和一处自行车棚，南侧槽边围墙外 3m 为一带地下夹层的变电室。经物探证实东、西、北三面地下皆无管线，而南侧地下管线复杂，且槽边位置遗留一道 3.5m 高原建筑物地下室混凝土墙体。因此支护设计为基坑东、西、北三面采取土钉支护，南侧采取悬臂桩支护。

(2) 事故经过

本基坑工程整体施工采取由北向南、边挖边支的方式，在灌注桩施工完毕后第二天凌晨，基坑南侧发生整体塌方，原建筑物地下室混凝土墙体及其后土体整体滑移、下沉，随后从破损的墙体边缘不断向外冒水，塌方程度进一步加剧，很快整个坑底被水浸泡，所幸没有人员伤亡。

(3) 事故原因

事故发生后，有关部门立即采取补救措施，并对事故原因展开多方面调查分析，结果如下。

① 设计因素

本基坑支护工程的设计和施工单位为两家独立单位，设计单位受施工单位委托，在未对现场作充分考察的情况下作出方案设计，后查实设计在地面荷载取值时并未考虑原有建筑物地下室混凝土外墙的重量，只按照地表超载值为 30kPa 计算，而实际中除了配电室的重力作用，原有建筑物地下室混凝土外墙产生的局部超载值高达 87.5kPa！如此巨大差异之下，边坡安全稳定系数根本无法保证。

② 施工因素

本工程的支护施工单位虽然具备一定资质，属支护施工专业队伍，但是在事故现场了解到，在事故发生前，支护施工专业队存在违章操作事实。按照规范要求，在悬臂桩支护施工中，只有混凝土灌注桩的强度达到设计要求才能进行下一步开挖，而本工程施工人员在桩身混凝土灌注后不满 24h，即开始进一步土方开挖，超挖深度超过两米。在受巨大的土压力作用，而护坡桩尚未起到支护作用的情况下，边坡即使暂时稳定，但是稍受扰动，就极易引起土方坍塌。

③ 环境因素

工程开工前，虽然支护施工单位对周围场地做了专门的物探，但由于没有充分了解原有建筑物情况，在事故发生后的现场发现发生坍塌的土体为松软的渣土，系原有建筑物与配电室之间的不合格回填土，土质、内摩擦角、摩擦阻力等参数与场地内地质勘察报告根本不符。再者导致本次事故发生的另一个间接原因是原有建筑物地下室外墙外缘存在一段市政供水的甩口，在灌注桩的拉梁施工过程中受损涌水，降低了部分土壤之间黏聚力。土方坍塌过程中，管道被继续拉裂，造成大量冒水，进一步加剧了坍塌程度。

④ 管理因素

本工程自开工之日起，总包单位的项目经理部和监理单位就进驻现场，但在事故调查中了解到，在事故发生的前两天内，尽管管理人员采取了变形观测措施，但由于是周末，现场总包单位项目管理人员和监理单位人员放松了过程控制，没能及时发现施工队的违章操作并采取措施，应该说现场管理人员和监理人员安全生产意识和责任心不够强，均有着不可推卸的部分责任。

（4）事故教训及整改措施

从以上的简单分析中我们不难发现，对于基坑支护工程我们应该注重以下几点。

① 完善设计，保证安全系数

基坑支护工程从设计开始就应该认真勘察现现场状况，了解、确认地下环境，科学的确定各种计算荷载，并充分考虑施工人员技术水平、材料性能、季节性施工等因素，最终确定合理的安全系数。

② 规范管理，消除安全隐患

不管是针对基坑支护工程还是整个建筑工程，提高管理人员素质，加强工程过程控制都是必不可少的。要建立隐患就是事故，失职等于犯罪的意识，切实把好技术、质量、安全、环保等关口，将一切隐患消除在萌芽状态。

③ 强化教育，提高工人素质

对施工人员，我们不能从自身的角度去要求他们，必须从最基本的方面开始，通过多种形式对其进行技术、安全、文明施工、规范操作等多方面的培训、教育，增强其建筑施工的知识，提高其安全意识，使其懂得保护自己和保护他人。

④ 用好资金，算好安全经济账

建筑施工行业的微利状态进一步明显，致使个别单位在安全防范方面的投资大大缩减，许多基坑支护受价格影响根本达不到安全要求。但基础工程不仅是一项单位工程顺利开始和竣工的保证，更是保证工程质量的百年大计，所以对基础阶段合理投资，好钢用在刀刃上，会给以后的工作带来不可限量的综合效益。

综上所述，基坑支护虽然只是一个分项工程，但是它的重要性绝对不容忽视，从基础阶段就抓好工程的技术、质量和安全生产是工程成功开端的关键。

5.11 冒顶片帮事故

5.11.1 某公司“7·30”冒顶事故

（1）事故简介

2015年7月30日16时20分许，某公司矿区1737中段巷道内清渣时，发生1起冒顶事故，造成1人死亡，直接经济损失约120万元。

（2）事故经过

2015年7月30日8时30分，A金矿生产技术员张某带领安全员崔某给B作业队长耿某布置工作任务。10时左右，3人进入矿区1737中段旧巷道，确定作业点清理废渣工作。中午吃午饭时，耿某将1737中段利旧巷道清渣工作安排给了作业组长耿某。15时30分左右，耿某带领李某、吴某穿戴好劳保用品，来到1737中段利旧巷道作业地点。耿某用排险钎杆对巷道顶帮浮石进行了简单检撬后，3人开始协同清理巷道内的废渣。约16时20分许，吴某正弯腰往铁簸箕扒渣时，巷道顶部浮石突然脱落，其中一块0.5m×0.3m的石头砸在吴建波背部。

（3）事故原因

这是一起由于违章操作、安全管理不到位引起的生产安全责任事故。

① 直接原因

耿某、李某、吴某在清渣作业前，对作业巷道存在的安全隐患排查不到位，敲帮问顶不彻底。施工地段巷道地质条件较差，构造裂隙较发育，巷道岩石较破碎，没有进行有效支护，致使浮石脱落，浮石砸在吴某背部致其死亡。

② 间接原因

a. 隐患排查不到位。作业人员检撬浮石不彻底，只是对大块浮石周边的小块进行了清理，没有继续对大块浮石进行彻底排险。

b. 安全教育培训不到位。职工安全意识淡薄，明知现场存在较大的安全隐患却忽视安全，作业人员违章冒险在大块浮石底部进行扒渣作业。

c. 安全管理不到位。下达作业任务前，没有对作业现场安全状况进行认真检查，对作业人员冒险作业未及时发现并予以纠正。

d. 对外包单位统一协调管理不到位。A金矿未针对施工地段巷道地质条件较差、构造裂隙较发育、巷道岩石较破碎的实际情况制定并落实安全防护的技术措施。

（4）事故责任

① 对企业内部人员建议按照相关规定处理

② 对事故单位的行政处罚建议。

a. B公司隐患排查治理不到位，安全管理不到位，对本起事故负有责任。依据《中华人民共和国安全生产法》（下简称《安全生产法》）第一百零九条第（一）项之规定，建议由市安监局对其处20万元罚款。

b. A金矿对外包单位统一协调、管理不到位，安全培训教育不到位，对本起事故负有责任。依据《安全生产法》第一百零九条第（一）项之规定，建议由市安监局对其处25万元罚款。

（5）事故教训及整改措施

① B公司、A金矿要认真吸取事故教训，在公司开展一次全面的安全生产大检查，全面排查和及时消除各类事故隐患，对不符合安全要求的要立即整改，达不到整改要求的，坚决不允许作业，要正确处理安全与生产的关系，真正做到不安全不生产，杜绝类似事故，防止其他事故。

② B公司、A金矿要进一步加强职工安全教育培训，增强安全教育培训的针对性，提高职工遵章依规作业的自觉性，从本质上提升职工安全意识及安全素质水平，杜绝“三违”现象的发生。

③ A金矿要认真落实对外包施工单位的安全监管责任，加强对施工单位作业现场的安全监管，督促外包单位严格按照安全生产标准化程序作业，切实履行好安全生产主体责任，确保安全生产。

5.11.2 某公司“6·12”冒顶片帮事故

(1) 事故简介

2013年6月12日13时10分，某铁矿公司发生冒顶片帮事故，造成1人死亡，直接经济损失182万元。

(2) 事故经过

2013年6月12日12点40分左右，李某在－100m水平177号充填现场查看充填情况时发现左帮锚杆网片变形，随即到－90m水平查看有无异常，发现1号铲车巷设置的栅栏及警示标志被移开，里面刘某在拆卸废弃注浆机配件。李某喊话通知刘某赶快撤离。刘某出来后因忘记带出工具包，随即又返回拿工具包，出来时旁边采空区发生片帮，将刘某陷入。事故发生后，该铁矿公司积极抢救，7月3日早7点搜救到刘某尸体。至此，恒辉铁矿“6·12”冒顶片帮事故共造成1人死亡。

(3) 事故原因

经事故调查组分析认定，该事故是一起生产安全责任事故。

① 直接原因

a. 177号采空区由于充填管道损坏未能及时对采空区进行充填，致使采空区片帮冒顶。

b. 注浆工刘某安全意识淡薄且违章作业，私自到早已设置栅栏和警示标志的1号铲车巷拆除旧注浆机配件。

② 间接原因

a. 该矿安全教育培训不到位，员工安全意识不强，自我保护意识差。

b. 该矿现场安全管理混乱，未严格执行安全管理制度，工人违章作业，未能及时发现并制止。

c. 该矿在反“三违”工作中，工作不细、力度不够。

(4) 事故责任

① 对事故单位的处理

依据《生产安全事故报告和调查处理条例》第三十七条第（一）项和《安全生产行政处罚自由裁量标准》的规定，建议对该矿业公司处15万元的罚款。

② 对事故单位责任人的处理

a. 王某，该公司矿长，鉴于其未依法履行安全生产管理职责，对事故发生负有主要领导责任，依据《生产安全事故报告和调查处理条例》第三十八条第(一)项和《安全生产行政处罚自由裁量标准》的规定，建议对王某处以14490元罚款。

b. 王某，该公司生产矿长、当班带班矿长，鉴于其对采空区充填管理和作业现场管理不到位，要求该矿业有限公司依据企业有关规定予以处理。

c. 王某，该公司安全矿长，鉴于其对作业现场管理不到位，要求该矿业有限公司依据企业有关规定予以处理。

d. 韩某，该公司当班注浆班长，鉴于其对当班作业人员管理不到位，要求恒辉矿业有限公司依据企业有关规定予以处理。

e. 李某，该公司注浆工，违反作业规程及劳动纪律，对事故的发生负有直接责任，鉴于其在事故中死亡，免于追责。

(5) 事故教训及整改措施

a. 召开“6·12”冒顶片帮事故警示教育大会，加强对主要负责人、管理人员及全员的安全教育培训，强化企业“三级安全教育培训”，使教育培训经常化、制度化，增强主要负责人、管理人员及全员的责任心和管理水平，全面提高从业人员的安全意识和自我保护意识；

b. 严格落实安全管理规章制度和操作规程，杜绝“三违”现象；

c. 加大安全生产投入，严格落实作业场所各项安全防护措施和作业规程；

d. 加强采空区管理，按照设计要求及时对采空区进行充填处理；

e. 严格安全生产管理，杜绝类似事故的发生；

f. 全矿开展安全隐患大排查，对发现的隐患，严格按照“五落实”整改到位，做到安全生产，不安全不生产。

5.12 透水事故

5.12.1 某铁矿“1·17”特大透水事故

(1) 事故简介

2007年1月16日22时左右，某铁矿发生透水事故，35名矿工被困井下，其中6人获救，29人死亡。

(2) 事故经过

2007年1月16日23时许，矿值班员接到报告说1号斜井出水。值班员在要求1号竖井撤出人的同时，向矿里汇报了情况。值班副矿长发现35名矿工被困井下后，一方面通知集团有限责任公司董事长，另一方面于17日4时，安排3号斜井开始打平巷，施救井下遇险矿工。

(3) 事故原因

① 直接原因

由于地下采掘活动致使采空区顶板应力平衡遭到破坏，引发采空区顶板的岩层移动。在冒落、导水裂隙、地层压力、静水压力等诸多因素的综合作用下，造成矿体顶板垮落，使第四系的水、泥沙涌入矿井。事故调查技术组分析认定，该事故的直接原因是：由于地质构造、水文地质条件复杂，矿方既未执行开发利用方案，也未按照采矿设计（长沙冶金设计研究院为该矿设计的采矿方法为上行采矿，大量放矿后，采用废石充填或低标号水泥尾砂胶结充填）进行采矿，造成矿井透水。

② 间接原因

a. 企业管理混乱、以包代管。一是该矿业公司虽然制定了《安全生产管理条例手册》等规章制度，但没有落实到位。二是企业管理与承包作业队工作分离，以包代管。三是企业领导层和采矿队伍不稳定，给安全生产造成隐患。四是企业领导人安全生产意识差，对已发现的事故隐患，没有进行整改。五是实际持大股投资人控制企业决策。六是矿业公司没有统一组织过对作业人员的安全生产教育培训。

b. 培训中介机构不落实教学管理、考核等规章制度。某职业技能培训有限责任公司组织培训管理不严，不落实教学管理、考核等规章制度，在对壕赖沟铁矿安全管理人员和特殊工种作业人员资格培训时，没有按培训大纲规定的课时完成教学课时数，壕赖沟铁矿安全监察科长孙某，只是报了名，没有参加培训学习，考试时由别人代考，也取得了安全管理人员资格证书。

c. 相关部门疏于管理、监管不到位。包头市国土资源对企业既不执行开发利用方案，也不按照采矿设计的开采顺序和开采方法进行开采的问题，疏于监管；对企业申请延续采矿权没有在法定时限内给予批复。

包头市东河区安监局虽然也多次到超越矿业有限责任公司壕赖沟铁矿进行检查，但对企业不落实安全生产责任制度、安全生产管理制度、安全生产培训制度等，监管不到位；对矿山存在安全隐患和企业没有进行整改等情况，没有及时发现并纠正。

包头市东河区人民政府作为安全生产监管的责任主体，对所属职能部门落实安全生产责任制、落实安全生产监管职责领导不力，安全生产监管主体的责任落实不到位。

(4) 整改措施

① 强化培训监管，提高人员素质。事故发生之后，包头市安监局进一步强

化了对安全培训机构的日常监管，从教学质量（教学计划、授课教师、授课时间）、教学环境、教学设备、实习操作场地、收费情况以及教学制度的落实情况实施全过程、全方位监督管理。同时，按照自治区安监局的要求对非煤矿山企业负责人和安全管理人员实施重新培训，对未经培训及培训不合格的企业不予进行复产验收，实施停产整顿。

② 加大隐患排查工作力度，规范企业生产行为。“1·17”矿难之后，为防止同类事故的再次发生，包头市对全市非煤矿山企业尤其是井工开采的企业全部进行停产整顿，要求各企业从法律、法规和规章制度的落实情况及开采现状是否与设计相符合等方面进行全面自查，并制定整改工作方案进行整改。对井工开采的矿山企业的水文地质条件和工程地质条件由国土部门组织专家进行评估验收；对企业的安全生产条件由市安监部门组织专家验收，验收合格后方可恢复生产，对不符合安全生产条件且经整改后仍不合格的及水文地质和工程地质条件恶劣且无可行的防范措施的一律予以关闭。同时鉴于超越矿业公司壕赖沟铁矿发生了特大透水事故，矿区出现大面积沉陷，已不具备安全生产条件，依法对壕赖沟铁矿实施了关闭。对周边其他矿山按照国家环保、国土资源、安全生产、林业、水利等相关政策要求，实施全面整顿治理。

③ 进一步理清职责，落实监管责任。按照《安全生产法》有关规定，进一步修改完善了《包头市安全生产监督管理办法》，理清安全生产工作领域安全生产综合监管部门和其他有关部门的职责，制定了《包头市安全生产责任制规定》，按照分级监管、行业管理、谁主管谁负责的原则，各司其职。建立和完善了非煤矿山等重点行业各监管部门联席会议制度和联合执法机制，加强部门间协调配合，促进监管工作的有效开展。

5.12.2 某煤矿“10·29”重大透水事故

(1) 事故简介

2008 年 10 月 29 日 19 时 10 分许，某煤矿发生一起重大透水事故，造成 18 人死亡，3 人下落不明，直接经济损失 590 万元。

(2) 事故经过

2008 年 10 月 29 日 15 时，工人入井后，按分工到各自地点开始作业。19 时 10 分许，工人看到有水正从小溜子巷涌出，流向一下山底部，涌水非常猛，并带有“轰轰”的响声，其中有 5 个工人慌忙升井，而其他非技改生产区一、二下山内维修及掘进作业的 20 名工人和在技改区轨道下山修棚的 1 名工人共 21 人遇难。

(3) 事故原因

经调查认定，这是一起责任事故。

① 直接原因

突水点（一下山中部小溜子巷内的西拐巷正头）西部以上存有大量的老空区，老空区内存有大量的承压水，突水点处到老空区的防隔水煤柱宽度不够，在承压水长期的压迫和浸透下，防隔水煤柱被突然冲垮，老空区内的水瞬间溃出，是造成这起透水事故发生的直接原因。

② 间接原因

a. 矿井长期违法违规生产。该矿为技改矿井，应该按照批准的技改设计施工，不得施工与技改无关的工程，但该矿自去年以来，长期组织在非技改区域开掘巷道、生产出煤。

b. 矿井防治水措施不到位，存在重大安全隐患。用煤电钻代替探水钻进行探水；探放水人员没有经过培训；探放水工作无人监督检查，探放水制度落实不到位。在探水时发现了西拐巷正头周围有老空区并且钻孔有少许水流出，接近老空区的西拐巷在掘进及探水时发现有渗水、淋水等透水征兆，这些水害重大隐患没有引起矿上的重视，并采取措施彻底消除。

c. 安全生产管理混乱，技术管理严重疏漏。部分矿井管理人员无上岗资格，矿上任命的部分管理人员不参与管理；人员配备不齐，缺少跟班安全检查员和瓦斯检查员，缺少专职技术人员；技术管理混乱，对矿井的水文地质情况了解不清，没有绘制井下实际工程图，缺少作业规程，没有专项探放水措施。

d. 济源市监管部门和克井镇政府对该矿长期违法生产监管不力。煤炭管理局在发现马庄煤矿存在在非技改区域作业问题的情况下，没有采取有效措施予以制止，违反上级指令擅自批准马庄煤矿进行技改施工；安全生产监督管理局对煤矿安全生产行使监督管理不到位，在煤矿安全监管职责未调整之前，放松了对煤矿安全的监管；克井镇政府对马庄煤矿长期违法生产监管不力，督促落实整改不到位。

e. 济源市政府对煤矿安全生产工作重视不够，监管机构设置不合理，专业技术人员配备不强。煤炭局为工业局下设的事业单位，行政执法能力受到限制。安管局煤炭安全监察科只有 1 人，不能充分履行执法监察职责。

（4）整改措施

① 技改煤矿必须严格按照技改设计程序施工，不得擅自施工与技改设计无关的巷道。

② 煤矿企业要认真落实企业主体责任，加强安全管理工作，严格落实各项安全生产规章制度。加强职工安全教育和培训工作，煤矿安全生产管理人员和特种作业人员必须经过培训，培训合格后持证上岗。加强技术管理和探放水工作，充实技术队伍，井下工程施工及时上图，研究并掌握井下地质条件变化情况，掌握矿井水文和老空区情况；建立专业探放水队伍，采用专用探水钻，

制定专项探放水措施和作业规程，安排专人对探放水工作进行现场监督、验收。

③ 煤矿安全监管部门要扎实开展煤矿安全生产监管工作，创新工作思路和方法，督促煤矿充实技术力量，抓好职工培训和持证上岗工作，提高办矿水平；对发现隐患要督促整改并跟踪落实，消除事故隐患，杜绝违法违规施工现象。

④ 济源市、克井镇政府要高度重视和周密部署煤矿安全生产监督管理工作，合理设置监管机构，配足专业技术人员，明确职责，规范管理，督促煤矿企业加大安全投入，认真进行职工安全教育和培训，提高安全生产水平。

5.13 爆破事故

(1) 事故简介

2014 年 7 月 15 日 16 时 40 分，A 爆破公司在某煤矿（露天）进行爆破作业时发生爆破事故，造成 3 人死亡，2 人重伤，1 人轻伤，直接经济损失 496 万元。

(2) 事故经过

2014 年 7 月 14 日，某煤矿项目部经理王某安排爆破队长郝某和技术负责人杨某对煤矿平盘高温区实施爆破准备。在爆破施工的时候，矿生产科张某过来给爆破队送水。送完水后开车离开，起爆员王某误以为张某车为郝某等人的车，即等车达安全距离后进行起爆。而爆炸发生时，郝某几人还没有来得及把“爆破筒”送入炮孔，“爆破筒”瞬间全部爆炸，造成 3 人当场死亡，2 人重伤，1 人轻伤。

(3) 事故原因

事故的直接原因是非现场指挥员擅自发布爆破指令，无关人员误传指令，爆破员未听从专职指挥员指令、未对起爆指令进行安全确认，在作业人员未撤出危险区域的情况下提前起爆，造成事故。事故间接原因是该爆破公司项目部作业人员安全意识淡薄、责任心不强、违章操作。且没有严格贯彻执行国家、行业以及公司内部的安全管理规章制度、措施和规程，对职工安全教育培训不到位，现场管理混乱。

(4) 整改措施

① 加强对煤矿爆破作业“一体化”安全管理工作的领导，进一步明确相关职能部门安全监管职责，加大对民用爆炸物品的使用以及爆破作业施工现场安全监管力度，杜绝类似事故的发生。

② 公安部门要加强对露天煤矿爆破作业现场安全监管，加强对爆破作业单位作业人员安全教育培训的组织和监督。要加强对保安公司的监管，规范其服务行为，督促保安公司严格履行合同义务，对不认真履行合同、起不到作用的，要依法进行处罚或清理整顿。

③ 政府对煤矿爆破工程负有监管职责的部门应依据《安全生产法》《民用爆炸物品安全管理条例》《爆破安全规程》《煤矿安全规程》等有关法律法规，加强对露天煤矿高温区、火区爆破的技术指导和安全管理。

④ 爆破公司要认真落实企业安全生产主体责任，加强对项目部的安全管理、技术指导以及用工管理的审核检查。

⑤ 爆破公司项目部必须加强对职工的安全教育培训，提高职工的安全意识，严格按照《作业规程》《操作规程》作业，露天爆破施工现场管理、指挥必须专人负责、统一指挥。

⑥ 煤矿要对爆破公司项目部及其他施工单位的安全生产工作统一协调、管理，履行好安全监管主体责任，确保爆破施工安全。

5.14 火药爆炸事故

5.14.1 一起烟花爆竹爆炸事故

(1) 事故经过

2007年11月10日14时52分，湖南省某烟花爆竹生产企业37号褙皮车间发生爆炸，造成10人死亡，1人失踪，2人受伤，$224m^2$的生产车间被毁。

该烟花爆竹生产企业的37号褙皮车间一共有东西方向联建的4间房屋，大小相同，室内均为长8m、宽7m，爆炸发生后，4间房屋全部被炸毁，只有东侧残留剩余墙体。事故现场一共有10具尸体，其中1个操作工在西侧第一间房屋内，4个操作工位于该间房屋外偏东方向，这5具尸体大多被爆炸冲击波肢解，烧焦痕迹少；另有4个操作工全部被压在第二间房屋内，位置往东偏移，并且大多已烧焦；还有1个操作工在第三间房屋内。另外，爆炸产生的炽热气浪、砖瓦等抛射物使车间外2人受伤。

现场勘查发现，37号工房西侧第一间房屋地面有3个明显的炸坑，分别为1、2、3号炸坑。经测量，1号炸坑中心点距西墙4.0m，距南墙2.8m，炸坑面积2.2m×1.4m，深0.4m；2号炸坑中心点距西墙2.3m，距南墙3.9m，炸坑面积 1.2m×1.0m，深 0.16m；3 号炸坑紧靠西墙，中心点距南墙 3.13m，炸坑面积 1.2m×0.7m，深 0.1m。

(2) 事故原因

根据该企业有关人员描述，事发当日没有无关人员进入厂区，没有发现操作工心理异常，车间内仅有的照明设备是防爆灯，当时光线充足，且厂区已拉闸断电；调查人员在现场没有发现爆炸装置的零部件及其他可疑物品，现场提取的检材没有检出 TNT（一种烈性炸药）及硝酸铵成分，尸检没有发现可疑尸体，可以排除人为破坏的可能性。事发当天，天气晴朗，不存在雷击的可能性。调查人员初步认定这起爆炸事故有可能是操作员违规操作引起的。

该烟花爆竹生产企业主要的产品是“组合烟花”。组合烟花生产线一般设有药物、装药、筑药、组装等生产区，按危险等级又可分为 1.1 级（含裸露药生产或组装）和 1.3 级（不含裸露药生产或组装）生产工房，发生爆炸事故的 37 号褙皮车间由于没有设计防护屏障而且联建，只能作为 1.3 级生产工房使用。

事故发生后，调查人员询问车间主任、药物收发员和内筒收发员时，他们一致回答，事发当日车间内正在组装生产 169 发方型组合烟花（内筒型单筒规格为 270mm×26mm）。但是从车间的第一、二间工房内操作工无一生还的情况分析，爆炸产生的瞬间能量非常大，调查人员提取 3 个炸坑的检材进行检验后，推测出爆炸的药物种类有高氯酸钾、镁铝合金粉、树脂、硝酸钡、铝渣等，这些药物的感度（摩擦、撞击）高，如操作不当，很容易引爆，而且 3 号炸坑有大量黑火药，这与先前车间主任、药物收发员和内筒收发员所说的情况不符。

经过反复调查询问，车间主任终于承认，当天在 37 号工房第一和第二间房屋内，有 7 个操作工在组装 169 发方型组合烟花，而另 2 个操作工在进行 49 发 2 寸“雪涛”组合烟花（单筒规格为 210mm×60mm）的生产组装；第三间房屋内有一些半成品和包装纸箱，1 个操作工在封箱；第四间房屋放有散装成品。

“雪涛”组合烟花由多发单个底部装有泥底的纸筒组合而成，纸筒与纸筒之间用胶固定并穿有引线，纸筒内有黑火药、内筒或药柱。其中，黑火药由硝酸钾、炭粉、硫黄组成；内筒装有亮珠和开包炸药，并用纸片等密封而成，亮珠和开包药粉处于封闭状态，与外界仅有引火线相通；药柱是含黏合剂的烟火药在机械作用下成型的有型物，药物外无任何包装，为裸露件，而事发当日生产的“雪涛”组合烟花需要使用银色药柱(一种发银色光，俗称“白光”的药柱)，成分主要包括高氯酸钾、镁铝合金粉、树脂、硝酸钡、铝渣等，因此生产“雪涛”组合烟花的工序属于 A 级工序(装发射药、亮珠以及组装裸药效果件、药包等工序)。

这起爆炸事故究竟是怎么发生的呢？根据车间主任的叙述，37 号车间当日，生产“雪涛”组合烟花的工艺过程是先外筒组盆，串引；然后装发射黑火药，装过火纸片；最后装内筒或药柱，盖纸片，封口。在这个工艺过程中，药物、半成品，尤其是裸露药物，遇到明火、电器火花、高温、摩擦、撞击、静电火花、冲击波等激发能量便可引起燃烧、爆炸。调查人员向药物收发员和内筒收发员调查证实，事故发生前几分钟，一个搬运工用板车拉着 2 袋银色药柱（约 45kg）拖向 37 号车间第一间工房，不久后组合烟花生产线技术员看到一道白光，接着就听到巨大的爆炸声。

在 37 号车间北边与 37 号车间平行的 30 号工房西侧的第二间房屋屋顶上，调查人员发现了部分肢解的尸体，DNA 鉴定结果显示，这是 2 号操作工的尸体残骸。根据尸体分布的位置、房屋倒塌的方向、炸坑上的覆盖物等情况，调查人员认定 2 号炸坑为第一炸点。那么 2 号炸坑处又是如何起爆的呢？调查人员根据调查判定，爆炸前位于 2 号炸坑处的操作工正准备进行装药柱作业，因为摩擦最终引爆了半成品银色药柱。

(3) 管理原因

事发当时，第一、第二间房屋内除了有约 45kg 的银色药柱，还有未及时运走的其他含药半成品(已组装好的 169 发方型组合烟花等)160 余千克。由于车间内人员多、药物量大，引爆银色药柱的同时产生了殉爆(当炸药＜主发药包＞发生爆炸时，由于爆轰波的作用引起相隔一定距离的另一炸药＜被发药包＞爆炸的现象)，使事故中参与爆炸的药物量超过 205kg，同时引燃了第三、第四间房屋内的半成品、散装成品及可燃物，导致事故扩大。

尽管这起事故的导火线是 1 名操作工违规操作，但是回顾 37 号车间的生产情况，不难发现，其中早已存在巨大的隐患。37 号车间的设计危险等级是 1.3 级，根据 GB 50161—2009《烟花爆竹工程设计安全规范》的规定，装发射药、亮球以及组装裸药效果件、药包等工序在 1.3 级车间是禁止的，这些工序只允许在 1.1 级工房才能进行。GB 11652—2012《烟花爆竹作业安全技术规程》中提到：烟火药制造、裸药效果件制作的各工序应分别在单独工房内进行。烟火药各成分混合宜采用转鼓等机械设备，每栋工房定机 1 台，定员 1 人；手工混药，每栋工房定员 1 人。含氯酸盐等高感度药物的混合，应有专用工房，并使用专用工具。药物混合每栋工房定量应符合表 1 规定。其中手工 3kg、机械 10kg。而该企业 37 号车间未经批准，擅自改变工房用途，不但生产需要使用银色裸露药柱的“雪涛”烟花组合，还一次把约 45kg 的含高氯酸钾的银色药柱运入车间，严重违反了规定的要求。

在 37 号车间内从事组装药柱、内筒和装发射药的 10 名操作工（事故中均死亡）都只接受了从事 1.3 级工序生产的教育培训，没有取得从事 1.1 级危险工序操作的上岗证便上岗从事装发射药、亮珠以及组装裸药效果件、药包等 1.1 级工序，而且在同一车间多人同时从事多种工序的生产。事故发生的车间对事故发生前一天和当天生产的 113 件组合烟花都没有及时转运出去，这些产品积压在37号车间的通道上，不但增加了参与爆炸的药物量，而且造成通道堵塞，影响事故发生时的安全疏散，使事故扩大化，这体现出该企业在药物中转、领药物、药物运输管理上的混乱。

(4) 事故教训

鉴于这起烟花爆竹爆炸事故给企业和社会带来了巨大损失，相关企业都应该从以下几个方面吸取教训。

第一，严格按照车间设计的危险等级进行烟花爆竹生产，装发射药、亮珠以及组装裸药效果件、药包等1.1级工序只能在设有防护屏障的1.1级车间内进行。从事1.1级工序生产的操作工必须在上岗前进行严格的教育培训，并经考核合格取得危险工序上岗资格证。

第二，烟火药物必须采用有一定强度的纸箱、木箱、防静电材料制成的箱、盆等硬质包装物进行包装，禁止使用化学纤维袋、普通塑料袋等软包装。高感度药物的制造和装、筑药工序应该在单独专用的工房内进行，并且单人、单栋在规定限量以下操作。

第三，1.3级车间内应该明确区分放置半成品和作为专用疏散通道的区域，禁止通道上放置任何物品，防止通道阻塞。企业必须对1.3级车间内从事1.3级工序操作的人员进行安全疏散、灭火、应急逃生等知识的教育培训，制订应急预案并定期组织员工进行应急救援演练。

5.14.2 一起特大TNT爆炸事故

(1) 事故经过

某年某月某日19：30，某省某厂TNT、生产线硝化车间发生特大爆炸事故，造成了严重的人员伤亡和巨大的财产损失。

(2) 事故原因

① 事故原点。事故发生后，由企业主管部门、政府劳动部门和工会劳动保护部门等组成联合调查组，对事故进行调查。由于这起事故已使原来的厂房和设备全被炸毁，现场已变成一个大而深的坑，且有积水。因而，尽管调查组专家反复勘察了事故现场，但找到的物证很少，仪表及记录纸残缺不全，这给确定事故原点和分析事故原因造成很大困难。好在当班的34名工人中，有17名幸存。经反复查询，他们提供了发生事故前的生产情况和事故发生时的一些现象。调查组结合当事人口述笔录，查证了许多有关图纸和资料，做了一些模拟试验，并从工艺技术、生产管理、设备状况、原材料质量、生产操作等方面，进行了认真的分析和讨论，最终确定并证实了事故原点——即最先发生燃烧爆炸的设备是三段2号机分离器。主要依据是：

a.当事人口述。Ⅲ-2＋机操作工自述，他于19：00从生产设备内取出硝化物和废酸样品，送到理化分析室，约 19：15 返回本岗位，发现Ⅲ-2＋机分离器冒烟，就按规定打开分离器雨淋装置和硝化机冷却水旁路阀进行降温，然后去仪表控制室找班长报告情况。

b. 班长证词。班长承认 19 点 15 分左右Ⅲ-2＋机操作工向他报告分离器冒烟，他就带领另 2 名工人来到硝化厂房，看到Ⅲ-2＋机分离器冒烟很大，就指挥工人打开机前循环阀，加入浓硫酸，以进一步降温。但此措施没有奏效，厂房内已硝烟呛人，班长便和其他人退到厂房门口，接着就看见从分离器沿口与上盖之间向外喷火，心想“不好了”，便立即向防爆土堤外面跑去，刚出涵洞，身后“轰”的一声就爆炸了。

c. 有关人员旁证。Ⅲ-10＋机操作工证实，他于 19：15 从分析室送样品回来，看到Ⅲ-2＋机分离器冒烟，就走过去问Ⅲ-2＋机操作工：“温度高不高?”回答：“不太高”。他就回到本岗位。后来看到班长指挥几个工人采取降温抑烟措施。但硝烟越来越大，他就退到厂房外面，一看到着火，就从附近涵洞跑出防爆土堤。

d. 物证。从炸塌了的仪表控制室内找到了一些综合记录残片，经补贴复原后显示的数据证明，当天 19：00 左右三段硝化机硝酸含量过高。工艺规程规定，Ⅲ-2＋机硝酸含量为 1.0%～3.5%，而记录为 7.99%；工艺规定Ⅲ-4＋至Ⅲ-7＋机硝酸含量为 2.0%～4.0%，而记录上Ⅲ-5＋机硝酸含量为 12.6%，高出工艺规定 2～3 倍。这造成工艺混乱，最低凝固点前移，反应最激烈的机台为Ⅲ-2＋机。这为Ⅲ-2＋机最先冒烟、着火和爆炸提供了确凿的物证。

e. 从爆坑形状分析。从爆坑测绘图可知，最深处等高线呈鞋底形，口部呈鸭梨形，其主轴线与硝化机布置主轴线呈大约 5°夹角，这说明起爆原点在三段硝化前几台机。根据工人所述冒烟、着火现象，确定为Ⅲ-2＋机。它最先爆炸，其冲击波使以后各机台发生不同程度位移，随即发生殉爆。尽管各机台几乎是同时爆炸的，但爆炸前的有规则的位移使留下的爆坑呈倾斜状态。

② 事故原因。调查组采用故障树分析法查找事故原因，很见成效。专家们又把硝化过程中可能引发燃烧爆炸事故的条件按先后次序和因果关系绘成程序方框图。它表明了导致事故的因素之间的逻辑关系。然后，逐项查明各种因素的状态及影响程度，排除非相关因素，保留相关因素，并对相关因素进一步探细查微，直至确认引发事故的原因。

经过对图中因素逐项分析，排除了一些非相关因素，如冷却蛇管漏水、冷却水中断或不足、搅拌器故障、仪表失灵、原料含杂质等，留下少数相关因素，可理出 2 条“事故因果链”。

在第一条“事故因果链”中，关键是投料比不正确、工艺条件紊乱，它是由硝酸浓度过高引起的。这时硝化反应激烈，硝化机内反应不充分的反应物被提升到分离器内继续反应。而分离器内既无冷却蛇管，又无搅拌装置，容易造成硝化物局部过热而分解、着火。经调查，这起事故之前就有这种现象。事故当日白班生产已发现Ⅲ-6＋、Ⅲ-7＋机硝酸阀泄漏，二班于16：30接班后，由仪表工于17：00进行了修理，但已漏入硝化系统中的硝酸使反应液硝酸含量过高，Ⅲ-2＋机内硝酸含量达7.09%，比工艺规定的1%～3.5%高2～3倍，这就导致工艺条件紊乱，局部高温分解，最终可能引起硝化物着火、爆炸。

在第二条“事故因果链”中，关键是反应液接触意外可燃物，如机内掉入油棉纱、润滑油、橡胶手套或橡胶垫圈等，它们会与混酸中的硝酸发生强烈氧化反应而冒烟、着火。经仔细调查。这起事故前并无油棉纱等掉入。但进一步调查发现，在分离器沿口与上盖之间的填料用的是不符合工艺规定的石棉绳，它与高温、高浓度的硝酸混酸接触，可能成为引发事故的火种。前面提到，工人为降温抑烟，曾向机内加了大量浓硫酸，这就使混酸与石棉绳的接触机会增多。

关于不符合工艺规定的石棉绳问题，据查是某年某月设备大修时换上的，通常石棉绳是不可燃的，但从爆炸事故现场找到的石棉绳残段和工序小库房中用剩下的石棉绳，均能用火柴点燃。经该省劳动安全卫生检测站分析检验证明，这种石棉绳中只含有50%的石棉，其余为可燃纤维和油脂。为了证明此石棉绳与硝酸混酸的作用，调查组专门做了模拟试验，证明了此种石棉绳“与工艺规定浓度的硝硫混酸作用，反应激烈，冒大量黄烟，温度由110℃上升到150℃。使用这种石棉绳完全有可能引起硝化物着火。”而用符合工艺规定的石棉绳做对照试验，几乎不发生反应。

调查组还找到了Ⅲ-2＋机分离器起火后火势蔓延扩大的主要途径：一是通过硝烟排烟管传火，二是通过低矮的木屋面板传火。

由着火而转化为爆炸，主要是没有及时采取紧急安全放料措施。按规定硝化机应有遥控、自动、手动3套安全放料装置、以备万一着火的紧急情况下能及时打开安全放料装置，将物料放入安全水池。但这个厂是个建厂时间早的老厂，工艺落后，设备陈旧，厂房低矮，生产自动化程度低，本质安全条件差，硝化机上没有自动安全放料装置，着火后操作工和班长也没有及时手动放料，以致由着火转化为爆炸。

综上所述，可将这起事故的原因概述如下：事故的起因是Ⅲ-6＋、Ⅲ-7＋机硝酸阀泄漏造成硝化系统硝酸含量过高，最低凝固点前移。致使Ⅲ-2＋机反应激烈而冒烟，此时由于高温、高浓度硝硫混酸与不符合工艺规定的石棉绳（含大量可燃纤维和油脂）接触成为火种，引起Ⅲ-2＋机分离器内硝化物着火；或者可能由于分离器内反应激烈，局部过热，引起硝化物分解着火。着火后因硝化机本质安全条件差，没有自动放料装置，工人也没有手动放料，以致由着火转化为爆炸。同时，这起事故与工厂管理方面的漏洞有很大关系，领导对安全重视不够；生产工艺设备上问题多，解决不力；工人劳动纪律差，有擅自脱岗现象；再加上使用了不符合工艺规定的石棉绳等。因而这起特大爆炸事故是一起在本质安全条件很差的情况下发生的责任事故。

（3）事故责任处理

① 直接责任

a. 三段2号硝化机操作工牛某，在发现了三段2号机分离器冒烟后，虽然打开了雨淋阀和旁路冷却水阀降温，但在发现分离器冒火后，没有采取向安全水池放料这个关键措施就跑出现场，以致火势蔓延，引起爆炸。牛某对这起事故应负直接责任，经研究给予他开除厂籍、留厂察看处分，建议移交司法机关追究刑事责任。

b. 硝化二组当班班长张某，在得知三段2号机分离器冒烟后，虽然指挥工人采取了一些降温措施，但当分离器着火后，没有督促工人打开硝化机安全放料开关，也未采取其他补救措施，而是喊撤，以致大家跑离现场。他对这起事故也应负主要责任，经研究给予他开除厂籍、留厂察看处分，建议移交司法机关追究刑事责任。

② 间接责任

a. 二分厂厂长刘某，作为二分厂生产组织者和安全生产第一负责人，没有认真贯彻执行“安全生产五同时”原则。TNT生产线某年年底停产，次年2月1日恢复生产后，准备工作不足，生产、工艺、设备长时间不正常。开工9天就停产和维修7次，单机停料频繁，换修阀门、衬垫、冷却排管多次。他对这些问题重视不够，解决不力；又擅自中断了夜间干部值班制度；二分厂职工劳动纪律松弛，脱离岗位现象严重，没有及时纠正。因此，他对这起事故负主要领导责任。经研究给予撤去分厂厂长职务、留厂察看处分。

b. 总厂厂长金某，虽任厂长才15天，但这起爆炸事故伤亡惨重，财产损失巨大，造成了不良的政治影响。他作为总厂安全生产第一负责人应对这起事故负间接领导责任。经研究给予行政记大过处分。

c. 总厂主管生产和安全的副厂长李某，作为企业主管生产、安全的负责人，负有一定的领导责任。

d. 事故调查中发现硝化机分离器与沿盖之间使用的填料是可燃的石棉绳，这是引起分离器着火的主要原因之一。造成这种石棉绳被使用的人对这起事故负有间接责任，应进一步追查，并给予政纪处分。

e. 该厂TNT生产线工艺落后，设备陈旧，自控水平低，事故隐患严重的情况日趋突出。工厂和主管部门多次向上级报告，要求进行安全技术改造。但直到事故前3年改造方案才被批准，事故前1年才被批准投资。就在新生产线已开始建设，旧生产线即将退役的时候，发生了特大爆炸事故。因此，上级公司和上级有关部门也应对这起事故负一定的责任。

（4）事故教训及整改措施

从这起特大爆炸事故中我们应该吸取以下教训：

① 在设施和技术方面

a. 危险品生产厂房应该符合防火防爆要求。这次发生爆炸事故的车间，硝化生产线主要布置在砖木结构的西侧厦内，分离器盖距木屋面板仅 1.7m，以致木屋面板成为传火物。此外，硝化车间的主体建筑采用钢筋混凝土重型屋顶，它在发生爆炸事故时形成大块飞散物砸坏周围建筑物和砸伤人员，造成次生灾害。

b. 要提高危险品生产设备的本质安全化程度和自动化水平，不仅生产设备应有完善的安全防护装置，如自动报警和自动放料，而且应尽量减少现场操作人员。

c. 危险品生产厂房内的工艺布置应整齐有序，方便操作。有利于安全疏散。而发生事故的厂房设备密集，管道纵横，工人操作须从铁梯上下，既不方便，也不利于疏散。

d. 危险品厂房与周围建筑物一定要有足够的安全距离。这次事故造成如此巨大的人员伤亡和财产损失，就与工厂布局不合理，安全距离不够，绝大部分厂房破旧有直接关系。

② 在生产和安全管理方面

a. 危险品生产要有严格的工艺设备管理。硝化车间发生事故前，设备多次出现故障，多次换修阀、垫，开车停车频繁，造成工艺紊乱。但管理干部和技术人员没有及时处理，埋下事故隐患。今后，要严格按照工艺规定的技术条件操作，减少工艺波动，尽量提高设备完好率，减少乃至杜绝事故隐患。

b. 危险品生产要有严格的劳动纪律，严禁串岗、脱岗。据调查，这起事故发生前半小时内，34 名工人中竟有 6 人脱离岗位。

c. 要经常进行提高安全意识的教育和工人反事故能力（对事故苗头的紧急处置能力）的演练。这起事故发生前，工人和班长都已手忙脚乱，没有及时采取手动放料措施就跑离现场，以致着火转化为爆炸。

d. 加强辅助生产用料的管理。如需对石棉绳的耐火、耐酸等性能进行检验后才能用于生产。

e. 领导干部组织和指挥生产要做到“安全生产五同时”，即安全工作与生产工作同时计划、同时布置、同时检查、同时总结、同时评比。而这起事故的发生在一定程度上就与该厂领导未做到“安全生产五同时”有关。

5.15 瓦斯爆炸事故

5.15.1 某煤矿“10 · 31”特别重大瓦斯爆炸事故

2016年10月31日，某煤矿发生特别重大瓦斯爆炸事故，造成33人死亡、1人受伤，直接经济损失3682万元。这是一起因超层越界、违法开采而导致的责任事故。司法机关对23人采取刑事强制措施。

(1) 事故经过

2016年10月31日，某煤矿常务副矿长邹某组织安全副矿长、生产副矿长、机电副矿长、掘进队长、采煤队长召开煤矿管理人员井下作业会。约8时，组织召开早班人员班前会，安排布置井下当班工作。事故当班出勤38人，其中，33人在超层越界开采的K13煤层区域作业（其中，采煤和掘进工28人，分别在运输平巷掘进工作面、南二运输平巷掘进工作面、南一运输平巷8#～11#采煤工作面、北一运输平巷1#～6#和10#采煤工作面作业，辅助工3人；邹某和电工王某在主平硐巡查。11时24分，在北一运输平巷1#采煤工作面在实施爆破落煤时，发生爆炸。监控视频显示，位于+375m主平硐口的配电柜被冲击波冲倒。刘某被冲击波冲出井口外4～5m远；邹某和王某未受伤，出井后安排人员将受伤的刘某送往医院救治。井下其余33名作业人员被困。

(2) 事故原因

事故直接原因是该煤矿在超层越界违法开采区域采用国家明令禁止的“巷道式采煤”工艺，不能形成全风压通风系统，使用一台局部通风机违规同时向多个作业地点供风，风量不足，造成瓦斯积聚；违章“裸眼”爆破产生的火焰引爆瓦斯，煤尘参与了爆炸。

(3) 整改措施

① 煤矿企业必须依法办矿、依法生产、依法管理，要严格按照国家法律法规及行业标准组织生产建设，健全安全管理机构，配足安全技术管理人员，完善相关制度，加强安全生产管理；加大安全投入，确保安全生产系统、技术、设备符合安全生产法律法规和《煤矿安全规程》等要求；按规定开展职工安全培训教育，落实煤矿企业“三项岗位人员”考核的规定，注重提高从业人员的安全素质。要强化煤矿安全生产监管监察工作，切实督促企业落实主体责任，并加大对技改矿井未按时开工和竣工行为的查处；对存在重大生产安全事故隐患的，要坚决责令停产整顿。要按照《国家安全监管总局国家煤矿安监局关于

开展煤矿全面安全“体检”专项工作的通知》（安监总煤监〔2017〕11号）要求，认真开展煤矿全面安全“体检”专项工作，确保不走形式，不走过场。完善煤矿安全生产举报奖励制度，重奖举报人，让违法行为无处藏身。

② 地方各级政府要进一步加强对煤炭资源监管工作的领导，强化煤炭资源的源头管理，明确煤炭资源监管部门对煤矿超层越界的监管职责；要加强对打击煤矿超层越界行为的联合执法，进一步明晰煤炭资源监管、公安、电力、煤炭安全监管、驻地煤矿安全监察以及税务等部门的职责，明确由煤炭资源监管部门牵头，建立完善定期例会、联合办公、联合执法、统一决策、重大问题通报等制度，形成工作合力；地方政府和煤炭资源监管、煤矿安全监管、公安等部门要重点打击煤矿超层越界、明停暗开、日停夜开、借整改之名进行生产和违规使用民用爆炸物品等违法违规行为，按照“四个一律”要求严肃查处，并及时予以曝光，涉嫌犯罪的，移送司法机关追究刑事责任；对超层越界查处的整改落实情况，煤炭资源监管部门应会同有关部门深入井下现场进行复查，严格验收程序，防止走过场。要研究完善对停产煤矿限制供电、停止供应民用爆炸物品的规定；进一步明确相关程序、标准和部门责任，完善煤矿民用爆炸物品审批数量、程序等规章制度，落实煤矿民用爆炸物品采购、运输、存储、使用等各个环节的监管责任。要改进现场检查方式方法，相关执法部门要在加强日常执法的基础上，利用突击检查、明察暗访，并采用查产量、查用电量、查民用爆炸物品消耗量、查劳动用工等手段，多渠道发现违法线索。

③ 各地区、各部门要坚持依法行政，进一步提高运用法治思维和法治方式解决问题的能力。一是要严格按照国家法律法规要求和有关工作程序开展相关许可和执法等工作，严禁弄虚作假行为。二是要强化行政执法监督工作，切实规范执法行为，促进执法公开、公平、公正。要切实加强安全执法考核，明确考核的内容、时间、方式，并加强对考核过程的监督。三是要强化廉洁行政意识，增强工作透明度。四是要利用科技手段，创新监管方式，加大信息共享，使安全监管工作更具针对性和有效性。同时，要进一步加强对中介机构技术服务工作的监督，加大失职失信惩戒力度，中介机构工作不能代替监管部门履行职责；要规范国有企业在职和离退休职工参与小煤矿管理及设计等方面工作的行为，对参与小煤矿违法违规勘查、开采设计或施工的，有关部门和单位应严肃查处追责。

5.15.2 某煤矿“8·29”特别重大瓦斯爆炸事故

2012年8月29日下午6点左右，某省煤矿发生特别重大瓦斯爆炸事故。事故发生时，井下有154人正在作业。截至2012年9月2日晚上11点，矿难已造成45人死亡1人被困。相关负责人已被依法控制并成立调查组。

(1) 事故经过

2012年8月29日中班，该矿各采煤队分别召开班前会后，153名工人于15

时～17时30分陆续入井，到非法违法区域作业。至事故发生时，早班有16人未升井，中班有4人提前出井，井下共有165人。应带班的安全副矿长阳某未按规定下井带班。

10号煤层提升下山处于无风微风状态，造成瓦斯积聚，17时38分，作业人员在操作提升绞车信号装置时，因失爆产生火花，发生瓦斯爆炸，2名工人当场死亡。爆炸冲击波导致＋1220m平巷下部8号和9号煤层部分采掘作业点积聚的高浓度瓦斯发生爆炸。爆炸波及10号煤层提升下山及上口附近、12号煤层下山、＋1220m平巷、8号和9号煤层一平巷至五平巷及附近采掘作业点、5号和6号煤层采掘作业点。

事故发生后，在主通风机附近的机电副矿长何某听到主通风机声音异常，判定井下发生了事故，随即打电话通知了技术副矿长王某。王某与安全副矿长阳某组织人员入井施救并查看情况。18时11分，矿长郑某感到事态严重才向有关部门报告，并召请救护消防大队救援。经自救和互救，共有115人升井，其中3人在送往医院途中死亡，50人被困井下。经过17天奋力营救，抢救出5名遇险人员，找到45名遇难人员遗体。至此，事故共造成48人死亡。

（2）事故原因

事故直接原因是该煤矿非法违法开采区域的10号煤层提升下山采掘作业点和＋1220m平巷下部8号、9号煤层部分采掘作业点无风微风作业，瓦斯积聚达到爆炸浓度；10号煤层提升下山采掘作业点提升绞车信号装置失爆，操作时产生电火花、引爆瓦斯；在爆炸冲击波的高温作用下，＋1220m平巷下部8号和9号煤层部分采掘作业点积聚的瓦斯发生二次爆炸，造成事故扩大。

事故的间接原因是该煤矿非法违法组织生产，超层越界非法采矿。该矿在批复区域外组织4个采煤队乱采滥挖、超层越界非法采矿，非法采煤量达21.14万吨，且采用突击临时封闭巷道的办法，隐瞒非法开采区域的真相，逃避政府及有关部门的监管。超能力、超定员、超强度生产。该矿在非法违法区域布置多煤层、多头面同时作业，矿井设计生产能力9万吨/年，而2011年实际产量为14.17万吨，2012年3～7月为8.4万吨；矿井设计定员为274人，而事故发生时共有职工753人，其中从事采掘作业的职工共计661人。非法违法区域通风管理混乱。没有形成稳定可靠的通风系统，采用局部通风机供风，经常发生停电停风现象，并存在一台风机向多头面供风的问题；采掘作业点之间形成大串联，存在循环风，还与周边矿井联通，造成风量不足，部分采掘作业点无风微风作业；没有安装瓦斯监控传感器，在瓦斯超限时不能报警、断电，且瓦斯检查制度不落实。技术管理缺失。该矿技术资料缺乏，＋1277m标高以下非法违法区域无开采设计、无作业规程、无安全技术措施，且没有与实际开采情况相符的图纸。现场管理混乱。矿井提升绞车信号装置没有使用信号综合保护；机电设备检修不及时，且使用明令禁止的淘汰设备；未使用完的火工品乱扔乱放；入井人员不携带自救器；不严格执行出入井登记管理制度，发生事故后难以核清井下实际人数；不执行矿领导带班下井制度，事故当班没有矿领导入井带班。

(3) 整改措施

① 严厉打击非法违法生产建设行为。地方各级人民政府要将“打非治违”作为安全生产工作的一项重要内容制度化、长期化，切实加强对“打非治违”工作的领导，进一步完善和落实地方政府统一领导、相关部门共同参与的联合执法机制，形成工作合力，始终保持高压态势，集中严厉打击各类非法违法生产经营建设行为，坚决治理纠正违规违章行为。要进一步强化地方各级政府特别是县、乡两级政府的“打非治违”责任，切实将“打非治违”的各项要求和措施落到实处。该煤矿长期存在的严重“超能力、超定员、超强度”和超层越界非法违法生产行为，不是个案，应引起高度重视。国土资源部门要加强矿产资源的管理，严格采矿许可证的年检和储量的动态管理，主动检查煤矿超层越界违法行为。对发现存在超层越界行为的矿井，要依法进行严厉查处，其有关人员涉嫌构成刑事犯罪的，要及时依法移交司法机关处理。安全监管监察部门要查明煤矿生产建设真相，监督煤矿严格在批准的煤层、开采范围、开采方案和工作面进行采掘作业，对隐瞒真实情况，逃避监管，非法违法生产的煤矿，一经查实，必须采取有力措施予以查处，直至吊销证照，提请地方人民政府依法关闭。

② 切实加大执法力度和提高执法效果。事故煤矿长期非法违法生产、违规违章作业、安全管理混乱，相关地方人民政府及相关部门虽多次执法检查，根本问题却没有得到及时发现和处理，以致酿成大祸，教训极为深刻。地方各级人民政府和有关部门要进一步改进工作方式和方法，切实加大执法力度，提高执法效果。一是采取明察暗访、突击检查等方式，防止煤矿弄虚作假、逃避检查；二是建立完善举报制度，鼓励群众举报煤矿非法违法生产行为和存在的严重隐患，重奖举报人员；三是加强对驻矿安监员管理，完善驻矿安监员的管理体制、机制、制度，充分发挥驻矿安监员在煤矿安全生产监管中应有的作用。对不负责任、知情不报甚至失职渎职的人员要严肃处理。

③ 严格落实煤矿安全生产主体责任。地方各级人民政府和有关部门要针对这起事故暴露出的现场管理混乱、技术管理缺失等问题，督促煤矿企业认真吸取教训，严格落实有关法律法规和《国务院关于进一步加强企业安全生产工作的通知》(国发〔2010〕23号）精神，健全完善严格的安全生产规章制度，严格落实《煤矿矿长保护矿工生命安全七条规定》（国家安全监管总局令第58号）和瓦斯治理“十条禁令”，做到井巷布局和采掘部署合理，通风系统完善可靠，采用正规采煤方法，减少作业头面，图实相符；深入推进煤矿安全质量标准化

建设，推进煤矿机械化建设，提高技术装备水平，坚决淘汰国家明令禁止的设备和工艺；严格落实入井检身制度和出入井人员考勤制度，入井人员必须随身携带自救器，严格落实煤矿企业领导带班下井制度；加强职工培训教育，提高从业人员的业务技能、隐患排查识别能力和防灾避灾技能等，职工未经培训不得下井作业。对不具备安全生产条件的煤矿，坚决停产整顿；对停产整顿期间生产的或整顿后仍然不达标的煤矿，要依法提请关闭。

④ 全面提升煤矿办矿水平。要结合本省煤矿数量多、规模小、灾害严重、基础薄弱的实际，按照“十二五”期间淘汰落后产能计划抓好落实，下决心关闭不符合安全生产条件和产业政策的小煤矿，通过加强瓦斯防治能力评估、兼并重组和淘汰落后产能等方面的工作，切实提高煤矿办矿水平，提升煤矿安全生产保障能力。要结合实际学习神华经验以及山西、河南、河北等地煤矿企业兼并重组的好做法，支持和鼓励安全管理水平高的大型煤矿企业兼并重组小煤矿，促进地方经济和企业安全发展。

⑤ 切实加强煤炭行业管理和煤矿安全监管监察工作。各级煤矿安全监管监察部门、煤炭行业管理和其他负有安全生产管理职责的部门，要加强自身建设，深入基层，深入现场，做到严格执法、公正执法、廉洁执法。要健全完善安全监管、行业管理和执法体系，尤其要加强县级和乡镇安全监管力量建设。煤炭行业管理部门要及时研究解决行业管理中涉及安全的重大问题，促进煤炭行业持续健康发展。建立煤炭行业管理与安全监管监察部门工作会商机制，充分发挥国土资源、煤炭行业管理、公安、监察、工会、工商等部门的协调联动作用，加强对煤炭行业发展、生产、安全工作中重大问题的沟通和协调，及时研究解决，形成合力，促进煤矿安全生产形势持续稳定好转。

5.16 锅炉爆炸事故

5.16.1 桥梁工程项目部锅炉爆炸事故

(1) 事故简介

某年 9 月 16 日下午 4 时 10 分，某桥梁工程项目部一台锅炉在运行中爆炸，造成 1 人死亡，1 人重伤的重大事故。

(2) 事故经过

9 月 16 日上午 10 时 30 分，当班锅炉操作工周某以锅炉进行点火升压。1 个多小时后，锅炉压力达到 0.2MPa，操作工周某就擅自脱离工作岗位到食堂吃饭，中午 1 时多才返回工作岗位，开始操作锅炉。当锅炉压力升至 0.3MPa 时，开始供气。下午 2 时 50 分左右，项目部停电，锅炉也停止运行。当第二次来电时，因锅炉房灯泡不亮，周某让相邻锅炉房操作工张某照看自己操作的锅炉，他去找锅炉班长领灯泡，就在周某返回距锅炉房 20 多米远时，锅炉突然爆炸，时间是下午 4 时 10 分。

(3) 事故原因

事故发生后，对锅炉爆炸现场进行了勘查和对锅炉的损坏情况进行了全面的检查，结果如下：

① 现场勘查情况是：锅炉爆炸后，强烈的冲击波造成锅炉房全部倒塌，周围的房屋、库房遭受不同程度的破坏。

② 爆炸锅炉情况

a. 锅炉前烟箱盖冲出距锅炉本体 15m；后烟箱盖冲出 4m；炉门、炉条分别冲出距锅炉本体 28m 和 46.4m；操作工张某倒卧在距锅炉正前方向 26m 处。

b. 锅炉前管板烟管以上区域，存在着明显的过热现象，在炉胆的正上方大面积已变色，存在着严重过烧现象。

c. 锅炉炉胆曾大面积挖补过，补板不规则，呈梯形状，补板纵向长度为 2440mm，横向长度分别为 1180mm、1200mm。炉胆补板纵向爆炸撕裂长度有三处，在距炉胆口 1067mm 处（爆炸口比较对称），左侧长度为 1015mm，右侧长度为 900mm；在炉胆右侧 1610mm 处，爆炸长度为 500mm。

d. 从爆炸的断口可以看出，爆炸撕裂的断口呈刀刃状；爆炸撕裂的补板焊缝中，存在严重的夹渣，其中一处在炉胆左侧补板焊缝中，未焊长度为 420mm，补板与炉胆焊接错边 10mm，可以说，根本就没有焊透，焊接质量无法保证。

e. 安全阀超期无校验，两台安全阀分别是：A47 型，弹簧压力范围 0.65～0.90MPa；A48 型，弹簧压力 1～1.27MPa，全部都超出核定工作压力范围。右侧水位表汽、水连接管全部堵塞，根本不起任何作用；左侧水位表水连接管堵塞，汽连接管堵 3/4，锅炉水位反映不准确，不真实，没有安装高低水位报警器和低水位连锁保护装置，安全附件起不到应有的作用，从而导致事故的发生。

f. 锅炉操作工无证上岗，没有经过严格的专业知识培训，盲目操作，违规违纪，串岗作业，擅离工作岗位，这些都为事故的发生提供了先决条件。

g. 项目部在管理上也存在一些漏洞。如制度不健全、不完善，没有建立设备运行各项记录，事故发生后，无据可查。

(4) 事故原因

① 锅炉没有安装高低水位报警器和低水位连锁保护装置，由于水位显示不准确，造成缺水干烧，在操作工判断失误的情况下，盲目操作给水，致使锅炉

产生大量蒸汽，压力骤增，炉胆不能承受外压产生爆炸。

② 补板焊缝质量不符合规程要求，焊缝结构本身存在着严重埋藏缺陷，致使锅炉炉胆不能承受工作压力的要求，是造成锅炉爆炸的主要的原因之一。

③ 安全附件失灵，在出现异常的情况下，不能有效地起到安全附件应有的作用。

④ 锅炉操作工无证上岗，盲目操作，违反操作规程，对事故的发生起了推波助澜的作用。

⑤ 管理混乱，职责不明确，只注重生产，轻视安全管理，违规违纪的现象从不同方面表现出来。

(5) 整改措施

为了吸取事故教训，确保锅炉安全运行，应采取以下措施：提高对锅炉安全管理重要性的认识，建立健全各项规章制度，做到有章可循；对于特殊工作岗位的职工，必须先培训，后上岗，严格执行《锅炉司炉工人安全技术考核管理办法》的规定；对于锅炉重要受压元件的修理和改造，必须申报劳动监察部门同意，杜绝无安装修理资格的单位和个人从事安装修理工作；对安全附件应该定期进行校验和维护，安装高低水位报警器和低水位连锁保护安置，确保安全附件的灵敏性、可靠性。监理单位对项目部特殊岗位职工必须检查持证上岗情况。

5.16.2 发电厂流化床锅炉爆炸事故

(1) 事故简介

2004年8月2日，某公司一台KG-25/3.8-M型流化床锅炉在压火后重新运行时，烟道内突然“砰”的一声发生爆炸，炉砖向炉后四处散落，周围浓烟四起，锅炉严重损坏。事故造成了近十万元的经济损失，但幸未造成人员伤亡。

(2) 事故经过

经事故调查，锅炉受热面未受到明显损坏，锅炉低位过热器炉墙整体倒塌，省煤气炉墙粉碎性破坏，其余炉墙也出现不同程度外张，并产生裂纹，锅炉上锅筒产生少量位移。经分析认为，这是一起典型的烟道爆炸事故。

发生事故的锅炉是河南某锅炉有限公司试制的25t流化床锅炉。2003年12月，锅炉开始安装，今年7月28日，由施工单位操作人员进行操作，开始锅炉点火试运行，8月2日上午10时由于车间检修，锅炉开始压火，司炉人员在床温850℃时停止给煤，床温再次回落时停止送风，风机挡板关到零位。下午7时35分左右起重新起火升压，按正常操作，先启动引风机，引风机启动后，显示炉膛负压为400mm水柱，再启动一次风，少量给煤，炉墙负压显示为200mm水柱，稍后仪表显示床温稍有升高，忽然发现炉膛内出现正压，接着听到锅炉内一声爆响，锅炉烟道内发生爆炸。

(3) 事故原因

从事故的现象分析，这是一次较为严重的由烟道内可燃物质引发的爆炸事故。从事故的破坏情况分析，爆炸位置是在省煤器附近，由于锅炉投入时间不长，烟道内并未积存太多的未燃尽颗粒，造成爆炸的主要成分应是煤气和挥发分。从操作人员的运行操作看，似乎没有明显的问题，但经过认真的分析，事故的原因主要就是司炉操作人员没有采取正确的操作方式。

① 在锅炉压火时没有足够时间地通风，没能吹净炉内存留的可燃气体。事故发生前几天一直下雨，锅炉给煤较湿，锅炉运行时，由于燃料中水分的蒸发，加大了通风量，大大增加了通风负荷。在压火操作时，操作人员按常规进行压火并停止通风，由于通风时间较短，导致大量的可燃气体存留在烟道内，为事故的发生埋下了隐患。

② 压火时间较长，启动时没有进行炉膛吹扫。锅炉压火时间已近10h，炉温已低于500℃以下，在此期间由于风门关闭、氧气不足，产生的大量的挥发分和CO气体，即$C+O_2 \longrightarrow CO$，积存在温度较低的烟道内。启动时，操作人员只注意了炉膛负压，没有对锅炉进行足够时间的炉膛吹扫，而且在开始运行时没有打开引风机挡板，在锅炉升火过程中，烟道内积存的CO和挥发分遇明火发生爆燃，将省煤器、过热器处的炉墙炸毁，造成锅炉严重事故。

③ 防爆门设计不合理也是造成锅炉损坏严重的原因之一。从锅炉损坏情况看，设置防爆门的一侧，炉墙破坏明显轻于其他部分。该锅炉属试制锅炉，锅炉只设计了一个防爆门，尤其是容易造成事故的锅炉尾部受热面，没有设置防爆门，事故造成该锅炉尾部受热面炉墙完全破坏，与其防爆门设置不合理也有一定关系。

(4) 事故教训

① 锅炉安装单位和使用单位安全意识不强，对锅炉试运行安全没有足够的重视，是造成这一事故的重要因素。从锅炉点火到发生事故，由于使用单位没有针对炉型及时培训司炉人员，司炉操作全部由安装单位临时负责。安装单位仅是聘请了电厂的司炉人员，而没有针对安装单位本身特点培训司炉操作人员，没有针对锅炉特点制订相应的操作规程和规章制度，没有根据特殊工况制订相应措施，为锅炉运行造成了许多不安全因素。锅炉安装单位往往重视安装过程，而忽视了对司炉操作人员的培养，此次事故为安装单位敲响了警钟。锅炉安装单位所操作的都是新安装的锅炉，炉型不固定，操作规程也不健全，对司炉操作人员的专业素质、应急处理能力和工作责任心应该有更高的要求。安装单位必须进一步提高对锅炉试运行阶段安全的重视程度，增强自身安全运行能力和对用户的服务水平。

② 制造单位应当针对这次锅炉事故所暴露出来的问题，认真地查找制造方

面的原因，采取加强连锁保护、增加防爆门和对炉墙进行加强等改进措施，以尽可能地减少事故可能造成的危害。

③ 制造单位安装使用说明书对使用操作没有做出明确的要求，也是制造单位工作的明显不足。事故发生后，对锅炉说明书进行了认真阅读，结果发现，安装使用说明书编写得非常笼统，尤其是对锅炉使用操作部分起不到真正的指导作用，对锅炉压火及其启动也没有做出明确的规定，对锅炉可能发生的故障也没有制订出预防其处理措施。作为锅炉的制造单位，防止锅炉事故发生是应尽的义务，应尽量为锅炉用户考虑周全，尤其是对容易出事故的环节，如点火、压火等阶段，还应明确告知注意事项，以最大程度减少此类事故的发生。

5.17 容器爆炸事故

5.17.1 一起运输甲醇的汽车罐车爆炸事故

(1) 事故经过

2005 年 10 月 12 日 17 时 10 分左右，一辆装有甲醇的汽车罐车驶往目的地途中某处停车场，在倒车时突然发生爆炸，车内包括司机在内的两人当场死亡；1 名路过的老人和 1 名小孩也不幸遇难。据当地的目击人讲，爆炸前司机为了将罐车穿过某一楼房的过道，反复倒车 30 多分钟；倒车时，汽车罐体上部的呼吸孔与建筑物横梁曾不停地产生碰撞。

(2) 事故原因

① 该汽车罐车内的介质为甲醇易燃液体，其闪点为 11.11℃，沸点为 64.8℃，爆炸极限为 6.7%～36%，在 21.2℃时蒸汽压力在 100mmHg。甲醇在运输过程中，由于易燃液体电阻率较大，易产生静电，当静电积聚到一定程度和一定的条件时就会放电，引起着火和爆炸。

② 由于倒车时司机心急且操作过猛，导致罐内介质摩擦产生高温和静电火花，点燃可燃物并激发了能源，引起罐内可燃液体燃烧爆炸。

③ 该司机之前驾驶该罐车曾多次顺利地通过此过道，这次事故主要是因为该罐车为空罐，加上过道的路面刚刚垫过，从而造成了高度不够，但未能引起司机的重视，忽略了罐车内的物质属易燃易爆。

(3) 整改措施

为了防止类似《危险化学品安全管理条例》的要求，汽车罐车在运输甲醇或其他易燃液体时，应注意如下几点：

① 加强安全防范意识，汽车罐车的驾驶员和事故的再次发生，遵照国务院颁发的押运员应熟悉必要的安全基本知识和有关规定，并取得上岗资格；

② 汽车罐车应有可靠的接地链，以便随时导除静电；

③ 当气温 30℃以上时，应考虑降温措施或夜间行驶；

④ 汽车罐车应按规定停放安全可靠的位置；

⑤ 通过隧道、涵洞、立交桥或其他时必须注意标高，限速行驶；

⑥ 在恶劣的路面上行驶时，应减速前进，减轻震动和冲击；

⑦ 汽车罐车应按照有关规定进行定期检验。

（4）事故教训

汽车运输甲醇等易燃液体的常压罐车，虽然不同于承压类的锅炉压力容器已引起人们的足够的重视；但常压罐车内的介质有许多是有毒、易燃易爆的危险液体，且常压罐车是属流动性的，一旦出现险情会给无辜带来危害。驾驶危险化学品的汽车罐车司机和押运员，应该吸取血的教训。引起足够的重视，避免类似的事故再次发生。

5.17.2 某饲料添加剂厂压力容器爆炸事故

（1）事故简介

某年 7 月 10 日 12 时 20 分，某饲料添加剂厂合成车间二楼环氧乙烷 1 号计量罐突然从下封头和筒体连接环缝处撕裂，裂缝长 150mm，液态环氧乙烷在有压力的情况下高速喷出后急剧汽化，使周围空间迅速达到爆炸极限。喷出的高流速物料与裂缝处的摩擦产生大量静电，随即发生了第 1 次爆炸并引起大火。12 时 30 分大火蔓延。使距合成车间 4.5m 处的 $50m^3$ 储罐内约 9t 环氧乙烷吸热汽化，罐内压力骤升，该贮罐最终因超压而爆炸。大量环氧乙烷泄漏燃烧，又使距该储罐 6m 处的汽车罐车被引燃，13 时 20 分，该汽车罐车发生爆炸，同时引起厂区内多处起火。大火于 7 月 15 日 14 时 30 分被扑灭，7 月 17 日 11 时警戒解除。这次爆炸使该厂合成车间遭到毁灭性破坏。全厂生产系统、生活系统处于瘫痪，2 台压力容器，1 台汽车罐车爆炸，6 台容器报废，4 辆消防车、7 辆小车不同程度受损，周围单位和居民楼遭到不同程度破坏，同时还造成 2 人死亡，4 人重伤，40 人轻伤（其中消防救援人员 19 人，群众 11 人受伤）。工厂直接经济损失 640 万元，工厂外其他损失 178 万元。

（2）事故原因

① 环氧乙烷 1 号计量罐，属非法自制容器，制造质量低劣，焊缝、钢板存在严重不允许缺陷，是这次事故的直接原因，也是主要原因。

② 生产车间，属于甲类易燃生产作业场所，没有按规范设计、安装防静电

接地装置，环氧乙烷泄漏汽化后，集聚电荷无法导出，酿成事故。

③ 装有环氧乙烷的罐车，没有及时脱离事故现场，导致事故扩大。

④ 该添加剂厂对本厂的压力容器、压力管道的安全管理，没有执行国家的有关法律、法规、标准，非法设计、制造、使用，造成各个安全环节严重失控。

⑤ 政府有关部门，对民营企业疏于管理，在各自的职责范围内，监督检查不力，对查出的问题的落实整改，没有跟踪管理到位。

(3) 整改措施

① 加强法制观念，树立生产经营单位的安全责任主体意识，严格执行压力容器安全技术法规，严禁私自设计、改制或自制压力容器。

② 对于易燃、易爆生产作业场所，必须按照安全技术规范，由专业部门设计，同时要特别注意安装防静电接地装置。

③ 生产作业场地、储罐及罐车之间，必须有安全隔离设施。

④ 建立应急预案，从预防着手，减少事故灾害。

⑤ 有关部门应坚决取缔非法设计、制造的压力容器，坚决打击违反安全法规的设计、制造、使用、修理、改造压力容器的活动。

5.18 其他爆炸事故

5.18.1 某亚麻厂亚麻粉尘爆炸事故

(1) 事故简介及经过

某年5月22日18时45分，某亚麻厂发生亚麻粉尘爆炸事故，死亡5人，重伤8人，轻伤7人，破坏厂房800多平方米，经济损失36万多元。

5月22日17时30分左右，当班作业工人反映制棉车间有棉布烧焦的气味，车间有关人员关闭风机进行检查，没有检查出燃烧部位，就下班吃饭。饭后工人上班，开动除尘室风机1～2min后，即发生爆炸起火。

(2) 事故原因

① 爆炸起因是除尘室内集尘罩平时不检查，不清理，使亚麻粉尘大量聚积，局部空间已达到爆炸浓度。除尘室2号风机叶轮与集聚风机内的麻絮摩擦燃烧起火，瞬间引起麻尘爆炸，炸毁除尘室，冲击波冲向制棉车间，引起火灾。

② 这个厂的干部和工人，对亚麻粉尘能够发生爆炸缺乏科学的认识，只知道易燃而不知道易爆。

③ 对除尘设备缺乏日常的检查和维护，在除尘效率不高的情况下，把过滤的空气又送回空调中。

④ 对事故预兆缺乏应有警惕性。在爆炸当天，工人反映有异味时，虽进行了检查，但没查出原因就继续生产，是事故的重要原因。

(3) 整改措施

① 要对易燃易爆重点企业的干部和工人，全面进行一次防火、防爆的知识和技术教育，提高素质，晓以利害，防患于未然。

② 对易燃易爆企业和部位，普遍进行一次技术和管理方面的检查，加强对粉尘的检测，落实电气设备安全防护措施，消除静电隐患。发现不符合要求的，尽快改进补上，凡是管理不善的，要发出书面通知，限期整改。

5.18.2 某公司铝液外溢爆炸事故

2007 年 8 月 19 日 20 时 10 分，A 集团公司下属的铝母线铸造分厂发生铝液外溢爆炸重大事故，造成 16 人死亡、59 人受伤（其中 13 人重伤），初步估算事故直接经济损失 665 万元。

事故发生后，国家安全监管总局组织有关专家赶赴事故现场，协助、指导事故调查处理等工作，并对事故的有关情况作出了如下通报。

(1) 基本情况

A 公司是一家股份制企业，B 公司是 A 集团下属的全资子公司，有 4 个氧化铝分厂、5 个电解铝分厂和 1 个铝母线分厂。铝母线铸造分厂总投资 420 万元，于 2006 年 10 月开工建设，无正规设计单位设计，由 C 建设工程集团有限公司负责施工，D 监理有限责任公司实施监理，2007 年 7 月 6 日完工投产，铝母线年设计生产能力 3 万吨。铝母线铸造分厂铸造车间主要设备有 6 台由 E 公司生产的 40t 混合炉，由 F 公司生产的 3 台 16t 普通铝锭铸造机，4 台铝母线铸造机。铝液来自约 22km 外 G 公司所属电解铝厂，采用非专用汽车运输。

(2) 事故经过

2007 年 8 月 19 日 16 时，A 集团所属铝母线铸造分厂生产乙班接班组织生产，当班在岗人员 27 人，首先由 1 号 40t 混合炉向 1 号铝母线铸造机供铝液生产铝母线，因铝母线铸造机的结晶器漏铝，岗位工人堵住混合炉炉眼后停止铸造工作。19 时左右，混合炉开始向 2 号普通铝锭铸造机供铝液生产普通铝锭，至 19 时 45 分左右，混合炉的炉眼铝液流量异常增大，出现跑铝，铝液溢出流槽流到地面，部分铝液进入 1 号普通铝锭铸造机分配器的循环冷却水回水坑内，熔融铝液与水发生反应形成大量水蒸气，体积急剧膨胀，在一个相对密闭的空间中，能量大量聚集无法释放，约 20 时 10 分发生剧烈爆炸。事故造成厂房东区 8 跨顶盖板全部塌落，中间 5 跨的钢屋架完全严重扭曲变形且倒塌，南北两侧墙体全部倒塌，东侧办公室门窗全部损毁。1号普通铝锭铸造机头部由西向东向上翻折。原铸造机头部下方地面形成9m×7m×1.9m的爆炸冲击坑。1号混合炉与2号混合炉之间的溜槽严重移位。两台天车部分损坏。临近厂房局部受损。

(3) 事故原因

经专家对事故现场初步勘察分析，造成这起事故发生的主要原因如下。

① 直接原因

当班生产时，1号混合炉放铝口炉眼砖内套（材质为碳化硅）缺失（是否脱落或破碎，由于现场知情人全部在事故中遇难，现场反复搜寻炉眼砖内套未果，目前难以判断事故前内套的真实状态），导致炉眼变大、铝液失控后，大量高温铝液溢出溜槽，流入1号16t普通铝锭铸造机分配器南侧的循环冷却水回水坑，在相对密闭空间内，熔融铝与水发生反应同时产生大量蒸汽，压力急剧升高，能量聚集发生爆炸。

② 间接原因

a. 该工程由无设计资质的公司进行设计。

b. 设计图纸存在重大缺陷。铸造机循环水回水系统设计违反了排水而不存水的原则。该厂铸造车间回水管铺设角度过小，静态时管内余水达到管径的三分之一，回水坑内水深约0.92m，循环水运行时回水坑内水深约1.28m，常规设计应不大于0.2m。上述情况的存在造成铝液流出后与大量冷却水接触发生爆炸。

c. 工厂现场建设施工违反设计。一是将1号铸造机北侧和2号铸造机南侧的回水坑表面用30cm混凝土浇筑封死，导致大量铝液与水接触后产生的水蒸气无法释放，能量大量聚集，压力急剧升高爆炸。二是厂房东区原设计为三条16t普通铝锭铸造机生产线，现场实际安装了两条16t普通铝锭铸造机生产线和两条铝母线铸造机生产线。造成现场通道变窄，事故发生时影响现场人员撤离，是事故发生后人员伤亡扩大的原因之一。

d. 现场应急处置不当。该厂应急预案第二条第五款规定：“如炉眼砖发生漏铝，在短时间处理不好，应及时撤离现场”。而当班人员发现漏铝后，20min左右未处理好，当班人员不但未撤离，反而更多人员涌入，是导致事故伤亡扩大的重要原因。

e. 工厂制订的部分工艺技术和安全操作规程未履行审核和批准程序，也无发布和实施日期，且内容不明确、不具体，如放铝口操作未对控流、放流和巡视检查作出规定。

f. 工厂制订的应急预案不符合规范要求，内容缺失，可操作性差。无应急报告程序、联络方式、组织机构和应急处置的具体措施。

(4) 事故处理

这起事故是多年来有色行业铝液外溢爆炸造成的罕见重大伤亡事故，经济损失惨重，社会负面影响较大，教训十分深刻。

为认真贯彻落实中央领导同志指示精神，深刻吸取事故教训，进一步加强冶金、有色行业安全生产监督管理工作，遏制重特大事故发生，国家安全监管总局提出以下要求。

① 进一步抓好建设项目“三同时”安全管理制度的落实工作

冶金、有色企业在新建、改建、扩建项目时，按照国家相关法规、标准和程序，必须选择有设计资质的单位进行建设项目设计，按规定履行立项申请、审批、审查等各项程序，未设计或无资质设计的建设项目，一律不得投入生产和使用；必须严格按设计图纸组织施工，严格执行设计变更程序，不得随意改变工艺布局和增减设备；企业必须按照《安全生产法》等有关法律法规要求，严格执行“三同时”制度，对建设项目的生产工艺、设备选型、水、油、汽等系统配置、厂区生产单元布局和物料运输设计中的危险源进行风险辨识，落实控制重大危险源的工程技术方案和措施，从源头上控制风险，确保建设项目本质安全。监理单位应制订工程监理方案和规程，对建设项目的材料采购质量、工程质量、合理工期、重要施工作业和施工现场等进行全面管理，坚决杜绝施工过程中的材料以次充好、偷工减料、违规建设和施工等行为。

② 突出重点，开展冶金、有色企业安全生产大检查

冶金、有色企业要立即以近期国务院开展的隐患排查治理专项行动为契机，精心组织，突出检查重点。要检查熔融金属重包的吊具、内衬是否完整，锅炉、风包、汽包等压力容器是否定期检定，各类冶金炉是否存在带病运行，有毒有害、易燃易爆气体的生产、运输、贮存和使用等环节防泄漏、防爆炸措施的落实情况，生产现场防范各类机械事故和人员伤害的安全防护措施、安全标志、监控报警、联锁和自动保护装置的设置和运行情况，尤其要检查熔融金属与水、油、汽等物质的隔离防爆措施落实情况。针对发现的重大隐患要落实治理方案、治理资金和责任人，限期进行整改。

③ 冶金、有色企业要认真落实安全生产主体责任

坚决贯彻“安全第一、预防为主、综合治理”的方针，摆正企业安全与效益、安全与生产的关系，加大安全生产投入、危险源监控和隐患治理，加强安全管理机构建设和人员培训，加强作业现场的安全管理，健全岗位安全操作规程。特别是在产能扩张、企业改制过程中要同步加强安全生产管理工作，做到机构、人员、资金、培训、管理五落实。对关键设备、设施的安全管理，要落实操作规程、安全制度、安全职责，定期检测检验和维护保养，及时排查整改隐患。中央管理的冶金、有色企业要做安全生产的表率和典范，积极推行安全标准化工作。

④ 严格应急救援预案管理

各冶金、有色企业针对生产过程中可能出现的漏炉、熔融金属重包倾覆、压力容器爆炸、有毒有害气体泄漏等重大险情或事故，要制订切实有效的应急救援预案。必须按照应急救援预案编制导则的有关要求，明确应急组织机构、报告程序、应急联络方式、应急处置方案和应急物资储备等具体内容，保证应急情况下的隔离、疏散、抢险、救援等工作的顺利开展。要加强应急救援预案的培训和演练，强化岗位作业人员对生产工艺流程的学习和掌握，定期开展实战演习，确保应急状态下各项应急处置工作开展有序。要结合生产的具体实际，定期对预案进行补充和完善，确保预案的实效性。

⑤ 加大力度，强化对企业的安全监管工作

各级安全监管部门对本辖区的冶金、有色金属企业要摸清底数，掌握其安全生产状况，明确本地区重点监管的企业，做到分类监管；要按照总局的要求，在地方政府的组织领导下，会同地方行业管理部门立即对冶金、有色企业安全生产管理工作情况开展安全督查。重点检查企业安全投入、危险源监控、隐患整改、关键岗位责任制、主要设备设施安全维护、建设项目安全设施“三同时”等情况。要从源头上把住安全生产准入关，对没有正规设计和不按设计施工的建设项目一律不得投入生产和使用。要督促企业做好安全生产的超前防范工作，监督指导企业认真履行主体责任，做好从业人员的安全教育培训和排查治理重大隐患等关键环节；对冶金、有色企业生产过程中的冶金炉、锅炉等关键部位和事故易发多发工序，督促企业立即排查并及时消除事故隐患，防止和遏制重特大事故的发生。

5.19 中毒和窒息事故

5.19.1 某公司氮气致人窒息死亡事故

(1) 事故经过

2006年2月20日10时30分左右，东北某公司球罐分公司经理马某、副经理余某、技术员赵某及工人史某等按安排到甲醇分公司合成氨装置火炬系统检查蒸汽伴热系统的冻坏情况。当检查卧式阻火器水封罐蒸汽伴热管线时，发现罐池内积存约500mm深的水，于是便查看卧式阻火器水封罐内是否有损坏泄漏(合成氨装置已于2006年1月2日全线停车抢修，并用氮气对全装置保护，未投入生产)。当拆卸人孔盖后，余某即下到罐中查看，晕倒在罐内，在人孔处的赵某发现后钻进罐内救人，亦晕倒在罐内。此时在罐上的马某大喊“快救人”，在拿到绳子后进罐救人，也晕倒在罐内。史某见状跑去找人，在化建工程处人员及 120 救护车和 119 消防人员救护下，将 3 人救出罐外，经现场抢救无效，3 人均因氮气窒息死亡。

(2) 事故原因

由于合成氨装置停车氮封，而球罐分公司的余、赵、马 3 人在未采取有效防护措施下，相继进入存在高浓度氮气阻火器的水封罐内，引起氮气窒息而死亡。管理人员未按规定在危险危害部位设置明显标识；对火炬系统区域失控漏管、火炬系统区大门没有上锁，外来人员可随意进入危险装置区域；对进入厂区的外来人员安全管理不严，造成外来人员进厂作业无人监管；管理部门对合成氨车间监督检查不严，造成基层单位有章不循、有令不行。

(3) 整改措施

对危险区域存在的隐患认识不正确是造成此次重大伤亡事故的重要原因之一，因此为了防止同类事故再次发生，我们应该：

① 在进入密闭容器前必须按要求做氧浓度分析，在合格的情况下才能进入，在紧急情况下也必须采取防护措施才能进入。

② 对危险区域的管理必须按规定严格管理，不能麻痹大意，玩忽职守。

③ 提高车间人员的安全意识，在处理事故时必须心中有数，才能更好地解决问题。

④ 对危险区域必须设立显明的安全标识牌，使进入区域的人员在应急情况下能做出正确的判断，更好地处理事故。

5.19.2 某建设公司有限空间窒息较大死亡事故

(1) 事故简介及经过

2009 年 3 月 21 日下午 14 时左右，某公司连铸车间水泵房进行除盐水池防渗漏修护作业时，发生一起较大事故，造成 5 人死亡。

2009 年 3 月 21 日 8：30，按业主预先安排，由土建工长闻某带领两名民工到除盐水池（长 20m、宽 4.6m、高 3.65m，容积约 320m^3）进行池壁渗漏修复作业。事先业主已将水池水位降至溢流最低点（池内剩余水深约 0.5m），到达现场后，闻某找到电工安某安装潜水泵，排除池内剩余水直至中午。13：45 左右，闻某带领两名民工回到现场进行渗漏修复作业。其中一名民工王某与闻某先后下到池底，相继晕倒，在除盐水池外的另一名民工王某发现下去的人员倒地后，随即喊人救助，并遇到在此区域作业的职工第四冶金建设公司曹妃甸工程总项目经理部电工张某，告知此事，然后直奔二冷泵处找到第四冶金建设公司曹妃甸工程总项目经理部郭某段长，说除盐水池出事了，有人晕倒，在安某寻找其他人进行救人时，民工王某、电工张某也先后下池救人，均晕倒在除盐水池内，安某返回除盐水池后也下去救人，当顺爬梯下到一半高度时，发现池内已有4人倒地，感觉情况异常就顺爬梯回到池上，这时郭某带领杨某等人来到事故现场，在郭某向项目部负责人电话汇报时，杨某下到池内救人，也倒在池内，至此，除盐水池内共5人窒息晕倒。

（2）事故原因

土建工长闻某在带领民工王某进入除盐水池内作业时，违反《缺氧危险作业安全规程》(GB 8958—2006)第4.1.1——当从事具有缺氧危险场所作业时，按照先检测后作业的原则和第4.3.2——在缺氧环境的作业场所，必须采取充分的通风换气措施的规定。中国第四冶金建设公司作业人员虽在作业前按要求准备了通风换气用的轴流风机，但在实际工作时没有使用，在不明池内环境情况下，贸然带人进入池内进行作业，专家组认为事故是由稳压罐内氮气随回水管道反串到除盐水池内，造成池内氮气含量超标、严重缺氧，导致作业人员下池后窒息死亡。

该工程总项目经理部对地上有限空间缺氧危险作业危险性认识不足，事前没有制订相应的安全措施和安全预案，对公司职工安全教育培训不到位，作业人员安全知识水平匮乏，安全意识低，现场施救人员缺乏必要的救护知识，盲目施救，致使施救人员缺氧窒息，导致事故扩大。

（3）整改措施

① 制订安全措施重要，严格落实更重要。施工、检修设备前，必须严格落实已制订的安全措施。

② 采用新工艺，必须对从业人员进行相关的工艺技术知识、风险识别和有关的安全知识教育和培训。《安全生产法》第二十二条规定，生产经营单位采用新工艺、新技术、新材料或者使用新设备，必须了解、掌握其安全技术特性，采取有效的安全防护措施，并对从业人员进行专门的安全生产教育和培训。

③ 受限空间作业应引起足够重视，作业前应办理《受限空间安全作业证》，履行审批手续，作业过程应严格落实受限空间作业安全规范的相关要求。

④ 维修、检修期间易发生事故，维修检修应采取有效的安全防护措施。

5.20 其他伤害事故

5.20.1 某中学踩踏事故

（1）事故简介

中午12时左右，A校初中部3000多名学生参加完歌咏比赛后返回教室，在综合教学楼一楼的楼梯间，由于拥挤发生踩踏，事故造成25名学生受伤。

阿明是该中学初二（5）班学生。前天上午9时40分左右，阿明被学校通知搬着凳子到操场参加歌咏比赛，而与他一起去参加比赛的，还有整个初中部3个年级的3000余名同学。

据阿明介绍，中午12时左右，歌咏比赛结束，同学纷纷搬着凳子返回教室。一些学生飞快地回到教室放下凳子后，又下楼去学校食堂吃饭。在综合教学楼一楼的楼梯口，正排队上楼放凳子的学生和下楼吃饭的学生发生冲突造成拥挤，不少学生倒地，被踩踏受伤。他被踩得昏了过去。“我被挤得倒在地上后，后面一些同学随后倒在我身上，一层一层地叠在一起，像叠罗汉似的。”一名受伤学生如是说。

（2）事故原因

事故原因主要是由于学生上下楼拥挤造成的。该中学校长马某接受记者采访时称，学生们参加完歌咏比赛后，学校派了几名值周老师到综合教学楼的楼梯间值勤以防意外。由于跑得快的学生急着下楼吃饭，而还没上楼的学生又急着回教室还凳子，下楼的学生和上楼的学生在综合教学楼一楼楼梯口相遇发生拥挤，初一学生阿涛往下走时，在楼梯口摔了一跤倒地，结果导致拥挤加剧，发生踩踏。

（3）事故教训

在学校里，学生面对踩踏事故时，应该怎么做才能保证自身安全消防人员提出10点建议：

① 在楼梯通道内，上下楼梯都应该举止保持文明，人多时候不拥挤、不起哄、不打闹、不故意怪叫制造紧张或恐慌气氛。

② 下楼的学生应该尽量避免到拥挤的人群中，不得已时，尽量走在人流的边缘。

③ 发觉拥挤的人群向自己行走的方向来时，应立即避到一旁，不要慌乱，不要奔跑，避免摔倒。

④ 顺着人流走，切不可逆着人流前进，否则，很容易被人流推倒。

⑤ 假如陷入拥挤的人流时，一定要先站稳，身体不要倾斜失去重心，要用一只手紧握另一手腕，双肘撑开。平放于胸前，要微微向前弯腰，形成一定的空间，保证呼吸顺畅，以免拥挤时造成窒息晕倒。即使鞋子被踩掉，也不要弯腰捡鞋子或系鞋带，有可能的话，可先尽快抓住坚固可靠的东西慢慢走动或停住，待人群过去后再迅速离开现场。

⑥ 若自己不幸被人群挤倒后，要设法靠近墙角，身体卷成球状，双手在颈后紧扣以保护身体最脆弱的部位。

⑦ 在人群中走动，遇到台阶或楼梯时，尽量抓住扶手，防止摔伤。

⑧ 在拥挤的人群中，要时刻保持警惕，当发现有人情绪不对，或人群开始骚动时，就要做好准备以保护自己和他人。

⑨ 在人群慌乱时，脚下注意些，千万不能绊倒，避免自己成为拥挤踩踏事件的诱发因素。

⑩ 当发现自己前面有人突然摔倒了，马上要停住脚步，同时大声呼救，告知后面的人不要向前靠近。

5.20.2 某地拥挤踩踏事件

（1）事故简介及经过

2014 年 12 月 31 日 23 时 35 分，某地观景平台的人行通道阶梯处发生拥挤踩踏，造成 36 人死亡，49 人受伤。

22 时 37 分，人行通道阶梯处的单向通行警戒带被冲破以后，现场值勤民警竭力维持秩序，仍有大量市民游客逆行涌上观景平台。23 时 23 分至 33 分，上下人流不断对冲后在阶梯中间形成僵持，继而形成“浪涌”。23 时 35 分，僵持人流向下的压力陡增，造成阶梯底部有人失衡跌倒，继而引发多人摔倒、叠压，致使拥挤踩踏事件发生。

（2）事故原因

对事发当晚外滩风景区特别是陈毅广场人员聚集的情况，黄浦区政府和相关部门领导思想麻痹，严重缺乏公共安全风险防范意识，对重点公共场所可能存在的大量人员聚集风险未做评估，预防和应对准备严重缺失，事发当晚预警不力、应对措施不当，是这起拥挤踩踏事件发生的主要原因。

（3）整改措施

这起公共安全责任事件，后果极其严重，社会影响极其恶劣，教训极其深刻。必须时刻牢记，维护人民群众生命财产安全和城市运行安全，是政府法定的职责和应尽的义务。事件调查结果警示我们，领导干部思想麻痹是城市公共安全的最大隐患，安全责任落实不力是城市公共安全的最大威胁。事件调查结果告诫我们，各级政府和领导干部必须时刻把人民群众生命财产安全放在第一位，不能有丝毫侥幸，不能有丝毫疏忽，不能有丝毫懈怠，必须以对党和人民极端负责的精神，不遗余力、竭尽全力、殚精竭虑，切实保护好人民群众生命财产安全，切实维护好城市运行安全，切实履行好党和人民赋予的神圣使命。在对事件原因进行深入剖析的基础上，联合调查组提出以下整改建议。

① 切实落实安全责任制，大力增强“红线”“底线”意识。要真正把安全作为不能触碰、不能逾越的高压线，把“红线”“底线”作为守护生命安全的保护线。按照“党政同责、一岗双责、齐抓共管”的要求，进一步健全安全责任体系，全面落实管行业必须管安全、管业务必须管安全、管生产经营必须管安全，

切实把安全责任逐级落实到基层、落实到岗位、落实到人头。要严格落实政府部门监管责任，进一步落实区县、乡镇属地管理责任，依法强化企业安全生产主体责任，切实做到守土有责、守土负责、守土尽责，坚决把好每道安全关。

② 切实加强对大人流场所和活动的安全管理，进一步落实和完善相关制度规定。这起事件暴露出本市公共安全管理方面仍然存在盲点，特别是对无主办单位的大型群众性活动安全风险评估不足、准备不充分，存在管理空白。要按照国务院《大型群众性活动安全管理条例》，对大型群众性活动严格依法审批，切实落实相应监管和防范措施。尽快制定出台本市大型群众性活动安全管理实施办法，加强对公共场所群众自发聚集活动管理，填补无组织群众活动的管理空白。对照国家旅游局下发的《景区最大承载量核定导则》，本市各景区要抓紧核算游客最大承载量，制定游客流量控制预案。各区县、各部门和单位要按照“分类管理、分级负责、属地为主”的要求，坚持预防为主、关口前移、重心下沉。在6月底前完成对旅游景点、商业设施、体育场馆、娱乐场所、公园、学校、地铁、机场、车站、码头等人员密集场所的公共安全检查，梳理风险隐患清单，落实整改治理措施。要督促相关经营和管理单位制定应急预案，明确最大人流承载量、限流措施和疏散路线等具体内容，做到“有组织活动有预案，群众自发活动也要有预案”，尤其对活动变更要做好风险评估、信息发布等工作。要根据应急预案，落实活动场所的供水供电、临时厕所、移动通信等基本保障措施。各区县要在年底前对涉及公共安全的重要场所进行全面梳理和评估，符合条件的要建立区县级基层应急管理单元，明确管理单元牵头主体，做实特定区域应急管理工作。

③ 切实加强监测预警，进一步提升突发事件防范能力。这起事件反映出，相关管理部门对监测信息研判不够、对人群高度密集产生的后果估计不足。要健全“谁主管、谁监测，谁预警、谁发布”的预警管理机制，针对不同突发事件，完善预警标准和响应措施。进一步加强重点环节、重点领域和重要时段的现场情况监测，结合大规模人员聚集、大流量交通等情况变化，加强分析研判，及时发现苗头性、趋势性问题，及时启动相关应急预案，采取限流、划定区域、单向通行等交通管控措施，重点加强台阶、扶梯、连接通道等特定区域的人员流动管理。要适时在全市重要场所设立显示屏和高音喇叭等安全提示设施，充分利用应急广播、新闻媒体、网络等平台发布预警信息和相关提示，规范引导市民和游客采取合理避险措施。要利用大数据加快构建全市统一的公共安全信息平台，实现信息共享，进一步加强预警信息沟通。

④ 切实加强应急联动，进一步强化应急处置能力。这起事件表明，“条块分割、条线分割、各自为政”依然是城市运行管理亟须破解的难题。要结合这起事件教训，近期抓紧组织修订本市突发事件应急联动处置暂行办法，进一步规

范本市应急联动体制机制和响应程序，强化指挥协同，提升应急联动处置效能。要加强应急队伍训练和管理，组织开展实战化应急演练，特别是要针对轨道交通、高层建筑、危险化学品、人员密集场所等开展专项处置和救援训练及演练，确保现场处置和救援有序高效。各区县政府、各有关部门和单位要认真执行值班值守制度，严格落实重要节假日及重大活动前后领导值班带班制度。要按照突发事件信息报告规定的时限要求，向同级和上级政府总值班室报告，避免信息迟报、漏报，杜绝谎报、瞒报。

⑤ 切实加强宣教培训，进一步提升全社会公共安全意识和能力。加强人民群众的公共安全教育是各级政府的一项重要工作，需要常抓不懈。要充分发挥“5·12”防灾减灾日等公共安全宣传活动作用，依托传统媒体和新媒体，开展公共安全知识普及。要扎实推进公共安全宣传教育工作“进社区（乡村）、进企业、进学校”，鼓励市民积极参与社区（乡村）组织的防灾宣传活动，督促企事业单位组织职工开展应急技能培训和实战演练，加强大中小学安全教育，增强青少年学生安全意识和自救、互救能力。加紧研究制定本市院前急救地方性法规。要加强以急救知识为核心的应急技能培训，不断提高急救专业资质人员比例。推动市民参与应急演练和宣传教育，共同树立忧患意识，增强安全防范知识，提高突发事件应对能力。

第6章

相关法律法规

6.1 《生产安全事故报告和调查处理条例》

第一章　总则

第一条　为了规范生产安全事故的报告和调查处理，落实生产安全事故责任追究制度，防止和减少生产安全事故，根据《中华人民共和国安全生产法》和有关法律，制定本条例。

第二条　生产经营活动中发生的造成人身伤亡或者直接经济损失的生产安全事故的报告和调查处理，适用本条例；环境污染事故、核设施事故、国防科研生产事故的报告和调查处理不适用本条例。

第三条　根据生产安全事故（以下简称事故）造成的人员伤亡或者直接经济损失，事故一般分为以下等级。

（一）特别重大事故，是指造成三十人以上死亡，或者一百人以上重伤（包括急性工业中毒，下同），或者一亿元以上直接经济损失的事故；

（二）重大事故，是指造成十人以上三十人以下死亡，或者五十人以上一百人以下重伤，或者五千万元以上一亿元以下直接经济损失的事故；

（三）较大事故，是指造成三人以上十人以下死亡，或者十人以上五十人以下重伤，或者一千万元以上五千万元以下直接经济损失的事故；

（四）一般事故，是指造成三人以下死亡，或者十人以下重伤，或者一千万元以下直接经济损失的事故。

国务院安全生产监督管理部门可以会同国务院有关部门，制定事故等级划分的补充性规定。

本条第一款所称的“以上”包括本数，所称的“以下”不包括本数。

第四条　事故报告应当及时、准确、完整，任何单位和个人对事故不得迟报、漏报、谎报或者瞒报。

事故调查处理应当坚持实事求是、尊重科学的原则，及时、准确地查清事故经过、事故原因和事故损失，查明事故性质，认定事故责任，总结事故教训，提出整改措施，并对事故责任者依法追究责任。

第五条　县级以上人民政府应当依照本条例的规定，严格履行职责，及时、准确地完成事故调查处理工作。

事故发生地有关地方人民政府应当支持、配合上级人民政府或者有关部门的事故调查处理工作，并提供必要的便利条件。

参加事故调查处理的部门和单位应当互相配合，提高事故调查处理工作的效率。

第六条 工会依法参加事故调查处理，有权向有关部门提出处理意见。

第七条 任何单位和个人不得阻挠和干涉对事故的报告和依法调查处理。

第八条 对事故报告和调查处理中的违法行为，任何单位和个人有权向安全生产监督管理部门、监察机关或者其他有关部门举报，接到举报的部门应当依法及时处理。

第二章 事故报告

第九条 事故发生后，事故现场有关人员应当立即向本单位负责人报告；单位负责人接到报告后，应当于一小时内向事故发生地县级以上人民政府安全生产监督管理部门和负有安全生产监督管理职责的有关部门报告。

情况紧急时，事故现场有关人员可以直接向事故发生地县级以上人民政府安全生产监督管理部门和负有安全生产监督管理职责的有关部门报告。

第十条 安全生产监督管理部门和负有安全生产监督管理职责的有关部门接到事故报告后，应当依照下列规定上报事故情况，并通知公安机关、劳动保障行政部门、工会和人民检察院：

（一）特别重大事故、重大事故逐级上报至国务院安全生产监督管理部门和负有安全生产监督管理职责的有关部门；

（二）较大事故逐级上报至省、自治区、直辖市人民政府安全生产监督管理部门和负有安全生产监督管理职责的有关部门；

（三）一般事故上报至设区的市级人民政府安全生产监督管理部门和负有安全生产监督管理职责的有关部门。

安全生产监督管理部门和负有安全生产监督管理职责的有关部门依照前款规定上报事故情况，应当同时报告本级人民政府。国务院安全生产监督管理部门和负有安全生产监督管理职责的有关部门以及省级人民政府接到发生特别重大事故、重大事故的报告后，应当立即报告国务院。

必要时，安全生产监督管理部门和负有安全生产监督管理职责的有关部门可以越级上报事故情况。

第十一条 安全生产监督管理部门和负有安全生产监督管理职责的有关部门逐级上报事故情况，每级上报的时间不得超过两小时。

第十二条 报告事故应当包括下列内容：

（一）事故发生单位概况；

（二）事故发生的时间、地点以及事故现场情况；

（三）事故的简要经过；

（四）事故已经造成或者可能造成的伤亡人数（包括下落不明的人数）和初

步估计的直接经济损失；

（五）已经采取的措施；

（六）其他应当报告的情况。

第十三条 事故报告后出现新情况的，应当及时补报。

自事故发生之日起30日内，事故造成的伤亡人数发生变化的，应当及时补报。道路交通事故、火灾事故自发生之日起7日内，事故造成的伤亡人数发生变化的，应当及时补报。

第十四条 事故发生单位负责人接到事故报告后，应当立即启动事故相应应急预案，或者采取有效措施，组织抢救，防止事故扩大，减少人员伤亡和财产损失。

第十五条 事故发生地有关地方人民政府、安全生产监督管理部门和负有安全生产监督管理职责的有关部门接到事故报告后，其负责人应当立即赶赴事故现场，组织事故救援。

第十六条 事故发生后，有关单位和人员应当妥善保护事故现场以及相关证据，任何单位和个人不得破坏事故现场、毁灭相关证据。

因抢救人员、防止事故扩大以及疏通交通等原因，需要移动事故现场物件的，应当做出标志，绘制现场简图并做出书面记录，妥善保存现场重要痕迹、物证。

第十七条 事故发生地公安机关根据事故的情况，对涉嫌犯罪的，应当依法立案侦查，采取强制措施和侦查措施。犯罪嫌疑人逃匿的，公安机关应当迅速追捕归案。

第十八条 安全生产监督管理部门和负有安全生产监督管理职责的有关部门应当建立值班制度，并向社会公布值班电话，受理事故报告和举报。

第三章 事故调查

第十九条 特别重大事故由国务院或者国务院授权有关部门组织事故调查组进行调查。

重大事故、较大事故、一般事故分别由事故发生地省级人民政府、设区的市级人民政府、县级人民政府负责调查。省级人民政府、设区的市级人民政府、县级人民政府可以直接组织事故调查组进行调查，也可以授权或者委托有关部门组织事故调查组进行调查。

未造成人员伤亡的一般事故，县级人民政府也可以委托事故发生单位组织事故调查组进行调查。

第二十条 上级人民政府认为必要时，可以调查由下级人民政府负责调查的事故。自事故发生之日起30日内（道路交通事故、火灾事故自发生之日起7日内），因事故伤亡人数变化导致事故等级发生变化，依照本条例规定应当由上级人民政府负责调查的，上级人民政府可以另行组织事故调查组进行调查。

第二十一条 特别重大事故以下等级事故，事故发生地与事故发生单位不在同一个县级以上行政区域的，由事故发生地人民政府负责调查，事故发生单位所在地人民政府应当派人参加。

第二十二条 事故调查组的组成应当遵循精简、效能的原则。

根据事故的具体情况，事故调查组由有关人民政府、安全生产监督管理部门、负有安全生产监督管理职责的有关部门、监察机关、公安机关以及工会派人组成，并应当邀请人民检察院派人参加。

事故调查组可以聘请有关专家参与调查。

第二十三条 事故调查组成员应当具有事故调查所需要的知识和专长，并与所调查的事故没有直接利害关系。

第二十四条 事故调查组组长由负责事故调查的人民政府指定。事故调查组组长主持事故调查组的工作。

第二十五条 事故调查组履行下列职责：

（一）查明事故发生的经过、原因、人员伤亡情况及直接经济损失；

（二）认定事故的性质和事故责任；

（三）提出对事故责任者的处理建议；

（四）总结事故教训，提出防范和整改措施；

（五）提交事故调查报告。

第二十六条 事故调查组有权向有关单位和个人了解与事故有关的情况，并要求其提供相关文件、资料，有关单位和个人不得拒绝。

事故发生单位的负责人和有关人员在事故调查期间不得擅离职守，并应当随时接受事故调查组的询问，如实提供有关情况。

事故调查中发现涉嫌犯罪的，事故调查组应当及时将有关材料或者其复印件移交司法机关处理。

第二十七条 事故调查中需要进行技术鉴定的，事故调查组应当委托具有国家规定资质的单位进行技术鉴定。必要时，事故调查组可以直接组织专家进行技术鉴定。技术鉴定所需时间不计入事故调查期限。

第二十八条 事故调查组成员在事故调查工作中应当诚信公正、恪尽职守，遵守事故调查组的纪律，保守事故调查的秘密。

未经事故调查组组长允许，事故调查组成员不得擅自发布有关事故的信息。

第二十九条 事故调查组应当自事故发生之日起60日内提交事故调查报告；特殊情况下，经负责事故调查的人民政府批准，提交事故调查报告的期限可以适当延长，但延长的期限最长不超过60日。

第三十条 事故调查报告应当包括下列内容：

（一）事故发生单位概况；

（二）事故发生经过和事故救援情况；

（三）事故造成的人员伤亡和直接经济损失；

（四）事故发生的原因和事故性质；

（五）事故责任的认定以及对事故责任者的处理建议；

（六）事故防范和整改措施。

事故调查报告应当附具有关证据材料。事故调查组成员应当在事故调查报告上签名。

第三十一条 事故调查报告报送负责事故调查的人民政府后，事故调查工作即告结束。事故调查的有关资料应当归档保存。

第四章 事故处理

第三十二条 重大事故、较大事故、一般事故，负责事故调查的人民政府应当自收到事故调查报告之日起15日内做出批复；特别重大事故，30日内做出批复，特殊情况下，批复时间可以适当延长，但延长的时间最长不超过30日。

有关机关应当按照人民政府的批复，依照法律、行政法规规定的权限和程序，对事故发生单位和有关人员进行行政处罚，对负有事故责任的国家工作人员进行处分。

事故发生单位应当按照负责事故调查的人民政府的批复，对本单位负有事故责任的人员进行处理。

负有事故责任的人员涉嫌犯罪的，依法追究刑事责任。

第三十三条 事故发生单位应当认真吸取事故教训，落实防范和整改措施，防止事故再次发生。防范和整改措施的落实情况应当接受工会和职工的监督。

安全生产监督管理部门和负有安全生产监督管理职责的有关部门应当对事故发生单位落实防范和整改措施的情况进行监督检查。

第三十四条 事故处理的情况由负责事故调查的人民政府或者其授权的有关部门、机构向社会公布，依法应当保密的除外。

第五章 法律责任

第三十五条 事故发生单位主要负责人有下列行为之一的，处上一年年收入40%至80%的罚款；属于国家工作人员的，并依法给予处分；构成犯罪的，依法追究刑事责任：

（一）不立即组织事故抢救的；

（二）迟报或者漏报事故的；

（三）在事故调查处理期间擅离职守的。

第三十六条 事故发生单位及其有关人员有下列行为之一的，对事故发生单位处一百万元以上五百万元以下的罚款；对主要负责人、直接负责的主管人员和其他直接责任人员处上一年年收入60%至100%的罚款；属于国家工作人员的，并依法给予处分；构成违反治安管理行为的，由公安机关依法给予治安管理处罚；构成犯罪的，依法追究刑事责任：

（一）谎报或者瞒报事故的；

（二）伪造或者故意破坏事故现场的；

（三）转移、隐匿资金、财产，或者销毁有关证据、资料的；

（四）拒绝接受调查或者拒绝提供有关情况和资料的；

（五）在事故调查中作伪证或者指使他人作伪证的；

（六）事故发生后逃匿的。

第三十七条　事故发生单位对事故发生负有责任的，依照下列规定处以罚款：

（一）发生一般事故的，处十万元以上二十万元以下的罚款；

（二）发生较大事故的，处二十万元以上五十万元以下的罚款；

（三）发生重大事故的，处三十万元以上两百万元以下的罚款；

（四）发生特别重大事故的，处两百万元以上五百万元以下的罚款。

第三十八条　事故发生单位主要负责人未依法履行安全生产管理职责，导致事故发生的，依照下列规定处以罚款；属于国家工作人员的，并依法给予处分；构成犯罪的，依法追究刑事责任：

（一）发生一般事故的，处上一年年收入30%的罚款；

（二）发生较大事故的，处上一年年收入40%的罚款；

（三）发生重大事故的，处上一年年收入60%的罚款；

（四）发生特别重大事故的，处上一年年收入80%的罚款。

第三十九条　有关地方人民政府、安全生产监督管理部门和负有安全生产监督管理职责的有关部门有下列行为之一的，对直接负责的主管人员和其他直接责任人员依法给予处分；构成犯罪的，依法追究刑事责任：

（一）不立即组织事故抢救的；

（二）迟报、漏报、谎报或者瞒报事故的；

（三）阻碍、干涉事故调查工作的；

（四）在事故调查中作伪证或者指使他人作伪证的。

第四十条　事故发生单位对事故发生负有责任的，由有关部门依法暂扣或者吊销其有关证照；对事故发生单位负有事故责任的有关人员，依法暂停或者撤销其与安全生产有关的执业资格、岗位证书；事故发生单位主要负责人受到刑事处罚或者撤职处分的，自刑罚执行完毕或者受处分之日起，5年内不得担任任何生产经营单位的主要负责人。为发生事故的单位提供虚假证明的中介机构，由有关部门依法暂扣或者吊销其有关证照及其相关人员的执业资格；构成犯罪的，依法追究刑事责任。

第四十一条 参与事故调查的人员在事故调查中有下列行为之一的，依法给予处分；构成犯罪的，依法追究刑事责任：

（一）对事故调查工作不负责任，致使事故调查工作有重大疏漏的；

（二）包庇、袒护负有事故责任的人员或者借机打击报复的。

第四十二条 违反本条例规定，有关地方人民政府或者有关部门故意拖延或者拒绝落实经批复的对事故责任人的处理意见的，由监察机关对有关责任人员依法给予处分。

第四十三条 本条例规定的罚款的行政处罚，由安全生产监督管理部门决定。

法律、行政法规对行政处罚的种类、幅度和决定机关另有规定的，依照其规定。

第六章　附则

第四十四条 没有造成人员伤亡，但是社会影响恶劣的事故，国务院或者有关地方人民政府认为需要调查处理的，依照本条例的有关规定执行。

国家机关、事业单位、人民团体发生的事故的报告和调查处理，参照本条例的规定执行。

第四十五条 特别重大事故以下等级事故的报告和调查处理，有关法律、行政法规或者国务院另有规定的，依照其规定。

第四十六条 本条例自2007年6月1日起施行。国务院1989年3月29日公布的《特别重大事故调查程序暂行规定》和1991年2月22日公布的《企业职工伤亡事故报告和处理规定》同时废止。

6.2 国务院关于特大安全事故行政责任追究的规定

第一条 为了有效地防范特大安全事故的发生，严肃追究特大安全事故的行政责任，保障人民群众生命、财产安全，制定本规定。

第二条 地方人民政府主要领导人和政府有关部门正职负责人对下列特大安全事故的防范、发生，依照法律、行政法规和本规定的规定有失职、渎职情形或者负有领导责任的，依照本规定给予行政处分；构成玩忽职守罪或者其他罪的，依法追究刑事责任：

（一）特大火灾事故；

（二）特大交通安全事故；

（三）特大建筑质量安全事故；

（四）民用爆炸品和化学危险品特大安全事故；

（五）煤矿和其他矿山特大安全事故；

（六）锅炉、压力容器、压力管道和特种设备特大安全事故；

（七）其他特大安全事故。

地方人民政府和政府有关部门对特大安全事故的防范、发生直接负责的主管人员和其他直接责任人员，比照本规定给予行政处分；构成玩忽职守罪或者其他罪的，依法追究刑事责任。

特大安全事故肇事单位和个人的刑事处罚、行政处罚和民事责任，依照有关法律、法规和规章的规定执行。

第三条 特大安全事故的具体标准，按照国家有关规定执行。

第四条 地方各级人民政府及政府有关部门应当依照有关法律、法规和规章的规定，采取行政措施，对本地区实施安全监督管理，保障本地区人民群众生命、财产安全，对本地区或者职责范围内防范特大安全事故的发生、特大安全事故发生后的迅速和妥善处理负责。

第五条 地方各级人民政府应当每个季度至少召开一次防范特大安全事故工作会议，由政府主要领导人或者政府主要领导人委托政府分管领导人召集有关部门正职负责人参加，分析、布置、督促、检查本地区防范特大安全事故的工作。会议应当作出决定并形成纪要，会议确定的各项防范措施必须严格实施。

第六条 市（地、州）、县（市、区）人民政府应当组织有关部门职责分工对本地区容易发生特大安全事故的单位、设施和场所安全事故的防范明确责任、采取措施，并组织有关部门对上述单位、设施和场所进行严格检查。

第七条 市（地、州）、县（市、区）人民政府必须制定本地区特大安全事故应急处理预案。本地区特大安全事故应急处理预案经政府主要领导人签署后，报上一级人民政府备案。

第八条 市（地、州）、县（市、区）人民政府应当组织有关部门对本规定第二条所列各类特大安全事故的隐患进行查处；发现特大安全事故隐患的，责令立即排除；特大安全事故隐患排除前或者排除过程中，无法保证安全的，责令暂时停产、停业或者停止使用。法律、行政法规对查处机关另有规定的，依照其规定。

第九条 市（地、州）、县（市、区）人民政府及其有关部门对本地区存在的特大安全事故隐患，超出其管辖或者职责范围的，应当立即向有管辖权或者负有职责的上级人民政府或者政府有关部门报告；情况紧急的，可以立即采取包括责令暂时停产、停业在内的紧急措施，同时报告；有关上级人民政府或者政府有关部门接到报告后，应当立即组织查处。

第十条 中小学校对学生进行劳动技能教育以及组织学生参加公益劳动等社会实践活动，必须确保学生安全。严禁以任何形式、名义组织学生从事接触易燃、易爆、有毒、有害等危险品的或者其他危险性劳动。严禁将学校场地出租作为从事易燃、易爆、有毒、有害等危险品的生产、经营场所。

中小学校违反前款规定的，按照学校隶属关系，对县（市、区）、乡（镇）人民政府主要领导人和县（市、区）人民政府教育行政部门正职负责人，根据情节轻重，给予记过、降级直至撤职的行政处分；构成玩忽职守罪或者其他罪的，依法追究刑事责任。

中小学校违反本条第一款规定的，对校长给予撤职的行政处分，对直接组织者给予开除公职的行政处分；构成非法制造爆炸罪或者其他罪的，依法追究刑事责任。

第十一条 依法对涉及安全生产事项负责行政审批（包括批准、核准、许可、注册、认证、颁发证照、竣工验收等，下同）的政府部门或者机构，必须严格依照法律、法规和规章规定的安全条件和程序进行审查；不符合法律、法规和规章规定的安全条件的，不得批准；不符合法律、法规和规章规定的安全条件，弄虚作假，骗取批准或者勾结串通行政审批工作人员取得批准的，负责行政审批的政府部门或者机构必须立即撤销原批准外，应当对弄虚作假骗取批准或者勾结串通行政审批工作人员的当事人依法给予行政处罚；构成行贿罪或者其他罪的，依法追究刑事责任。

负责行政审批的政府部门或者机构违反前款规定，对不符合法律、法规和规章规定的安全条件予以批准的，对部门或者机构的正职负责人，根据情节轻重，给予降级、撤职直至开除公职的行政处分；与当事人勾结串通的，应当开除公职；构成受贿罪、玩忽职守罪或者其他罪的，依法追究刑事责任。

第十二条 对依照本规定第十一条第一款的规定取得批准的单位和个人，负责行政审批的政府部门或者机构必须对其实施严格监督检查；发现其不再具备安全条件的，必须立即撤销原批准。

负责行政审批的政府部门或者机构违反前款规定，不对取得批准的单位和个人实施监督检查，或者发现其不再具备安全条件而不立即撤销原批准的，对部门或者机构的正职负责人，根据情节轻重，给予降级或者撤职的行政处分；构成受贿罪、玩忽职守罪或者其他罪的，依法追究刑事责任。

第十三条 对未依法取得批准，擅自从事有关活动的，负责行政审批的政府部门或者机构发现或者接到举报后，应当立即予以查封、取缔，并依法给予行政处罚；属于经营单位的，由工商行政管理部门依法相应吊销营业执照。

负责行政审批的政府部门或者机构违反前款规定，对发现或者举报的未依法取得批准而擅自从事有关活动的，不予查封、取缔、不依法给予行政处罚，工商行政管理部门不予吊销营业执照的，对部门或者机构的正职负责人，根据情节轻重，给予降级或者撤职的行政处分；构成受贿罪、玩忽职守罪或者其他罪的，依法追究刑事责任。

第十四条 市（地、州）、县（市、区）人民政府依照本规定应当履行职责而未履行，或者未按照规定的职责和程序履行，本地区发生特大安全事故的，对政府主要领导人，根据情节轻重，给予降级或者撤职的行政处分；构成玩忽职守罪的，依法追究刑事责任。

负责行政审批的政府部门或者机构、负责安全监督管理的政府有关部门，未依本规定履行职责，发生特大安全事故的，对部门或者机构的正职负责人，根据情节轻重，给予撤职或者开除公职的行政处分；构成玩忽职守罪或者其他罪的，依法追究刑事责任。

第十五条 发生特大安全事故，社会影响特别恶劣或者性质特别严重的，由国务院对负有领导责任的省长、自治区主席、直辖市市长和国务院有关部门正职负责人给予行政处分。

第十六条 特大安全事故发生后，有关县（市、区）、市（地、州）和省、自治区、直辖市人民政府及政府有关部门应当按照国家规定的程序和时限立即上报，不得隐瞒不报、谎报或者拖延报告，并应当配合、协助事故调查，不得以任何方式阻碍、干涉事故调查。

特大安全事故故发生后，有关地方人民政府及政府有关部门违反前款规定的，对政府主要领导人和政府部门正职负责人给予降级的行政处分。

第十七条 特大安全事故发生后，有关地方人民政府应当迅速组织救助，有关部门应当服从指挥调度，参加者配合救助，将事故损失降到最低限度。

第十八条 特大安全事故发生手，省、自治区、直辖市人民政府应当按照国家有关规定迅速、如实发布事故消息。

第十九条 特大安全事故发生后，按照国家有关规定组织调查组对事故进行调查。事故调查工作应当自事故发生之日起60日内完成，并由调查组提出调查报告；遇有特殊情况的，经调查组提出并报国家安全生产监督管理机构批准后，可以适当延长时间。调查报告应当包括依照本规定对有关责任人员追究行政责任或者其他法律责任的意见。

省、自治区、直辖市人民政府当自调查报告提交之日起30日内，对有关责任人员作出处理决定；必要时，国务院可以对特大安全事故的有关责任人员作出处理决定。

第二十条 地方人民政府或者政府部门阻挠、干涉对特大安全事故有关责任人员追究行政责任的，对该地方人民政府主要领导人或者政府部门正职负责人，根据情节轻重，给予降级或者撤职的行政处分。

第二十一条 任何单位和个人均有权向有关地方人民政府或者政府部门报告特大安全事故隐患，有权向上级人民政府或者政府部门举报地方人民政府或者政府部门不履行安全监督管理职责或者不按照规定履行职责的情况。接到报告或者举报的有关人员政府或者政府部门，应当立即组织对事故隐患进行查处，或者对举报的不履行、不按照规定履行安全监督管理职责的情况进行调查处理。

第二十二条 监察机关依照行政监察法的规定，对地方各级人民政府和政府部门及其工作人员发行安全监察管理职责实施监察。

第二十三条 对特大安全事故以外的其他安全事故的防范、发生追究行政责任的办法，由省、自治区、直辖市人民政府参照本规定制定。

第二十四条 本规定自公布之日起施行。

6.3 法律中有关违法的法律责任条款

6.3.1 《中华人民共和国安全生产法》(部分)

第六章 法律责任

第九十条 负有安全生产监督管理职责的部门的工作人员，有下列行为之一的，给予降级或者撤职的处分；构成犯罪的，依照刑法有关规定追究刑事责任：

(一) 对不符合法定安全生产条件的涉及安全生产的事项予以批准或者验收通过的；

(二) 发现未依法取得批准、验收的单位擅自从事有关活动或者接到举报后不予取缔或者不依法予以处理的；

(三) 对已经依法取得批准的单位不履行监督管理职责，发现其不再具备安全生产条件而不撤销原批准或者发现安全生产违法行为不予查处的；

(四) 在监督检查中发现重大事故隐患，不依法及时处理的。

负有安全生产监督管理职责的部门的工作人员有前款规定以外的滥用职权、玩忽职守、徇私舞弊行为的，依法给予处分；构成犯罪的，依照刑法有关规定追究刑事责任。

第九十一条 负有安全生产监督管理职责的部门，要求被审查、验收的单位购买其指定的安全设备、器材或者其他产品的，在对安全生产事项的审查、验收中收取费用的，由其上级机关或者监察机关责令改正，责令退还收取的费用；情节严重的，对直接负责的主管人员和其他直接责任人员依法给予处分。

第九十二条 承担安全评价、认证、检测、检验职责的机构出具失实报告的，责令停业整顿，并处三万元以上十万元以下的罚款；给他人造成损害的，依法承担赔偿责任。

承担安全评价、认证、检测、检验职责的机构租借资质、挂靠、出具虚假报告的，没收违法所得；违法所得在十万元以上的，并处违法所得二倍以上五倍以下的罚款，没有违法所得或者违法所得不足十万元的，单处或者并处十万元以上二十万元以下的罚款；对其直接负责的主管人员和其他直接责任人员处五万元以上十万元以下的罚款；给他人造成损害的，与生产经营单位承担连带赔偿责任；构成犯罪的，依照刑法有关规定追究刑事责任。

对有前款违法行为的机构及其直接责任人员，吊销其相应资质和资格，五年内不得从事安全评价、认证、检测、检验等工作；情节严重的，实行终身行业和职业禁入。

第九十三条 生产经营单位的决策机构、主要负责人或者个人经营的投资人不依照本法规定保证安全生产所必需的资金投入，致使生产经营单位不具备安全生产条件的，责令限期改正，提供必需的资金；逾期未改正的，责令生产经营单位停产停业整顿。

有前款违法行为，导致发生生产安全事故的，对生产经营单位的主要负责人给予撤职处分，对个人经营的投资人处二万元以上二十万元以下的罚款；构成犯罪的，依照刑法有关规定追究刑事责任。

第九十四条 生产经营单位的主要负责人未履行本法规定的安全生产管理职责的，责令限期改正，处二万元以上五万元以下的罚款；逾期未改正的，处五万元以上十万元以下的罚款，责令生产经营单位停产停业整顿。

生产经营单位的主要负责人有前款违法行为，导致发生生产安全事故的，给予撤职处分；构成犯罪的，依照刑法有关规定追究刑事责任。

生产经营单位的主要负责人依照前款规定受刑事处罚或者撤职处分的，自刑罚执行完毕或者受处分之日起，五年内不得担任任何生产经营单位的主要负责人；对重大、特别重大生产安全事故负有责任的，终身不得担任本行业生产经营单位的主要负责人。

第九十五条 生产经营单位的主要负责人未履行本法规定的安全生产管理职责，导致发生生产安全事故的，由应急管理部门依照下列规定处以罚款：

（一）发生一般事故的，处上一年年收入百分之四十的罚款；

（二）发生较大事故的，处上一年年收入百分之六十的罚款；

（三）发生重大事故的，处上一年年收入百分之八十的罚款；

（四）发生特别重大事故的，处上一年年收入百分之一百的罚款。

第九十六条 生产经营单位的其他负责人和安全生产管理人员未履行本法规定的安全生产管理职责的，责令限期改正，处一万元以上三万元以下的罚款；导致发生生产安全事故的，暂停或者吊销其与安全生产有关的资格，并处上一年年收入百分之二十以上百分之五十以下的罚款；构成犯罪的，依照刑法有关规定追究刑事责任。

第九十七条 生产经营单位有下列行为之一的，责令限期改正，处十万元以下的罚款；逾期未改正的，责令停产停业整顿，并处十万元以上二十万元以下的罚款，对其直接负责的主管人员和其他直接责任人员处二万元以上五万元以下的罚款：

（一）未按照规定设置安全生产管理机构或者配备安全生产管理人员、注册安全工程师的；

（二）危险物品的生产、经营、储存、装卸单位以及矿山、金属冶炼、建筑施工、运输单位的主要负责人和安全生产管理人员未按照规定经考核合格的；

（三）未按照规定对从业人员、被派遣劳动者、实习学生进行安全生产教育和培训，或者未按照规定如实告知有关的安全生产事项的；

（四）未如实记录安全生产教育和培训情况的；

（五）未将事故隐患排查治理情况如实记录或者未向从业人员通报的；

（六）未按照规定制定生产安全事故应急救援预案或者未定期组织演练的；

（七）特种作业人员未按照规定经专门的安全作业培训并取得相应资格，上岗作业的。

第九十八条 生产经营单位有下列行为之一的，责令停止建设或者停产停业整顿，限期改正，并处十万元以上五十万元以下的罚款，对其直接负责的主管人员和其他直接责任人员处二万元以上五万元以下的罚款；逾期未改正的，处五十万元以上一百万元以下的罚款，对其直接负责的主管人员和其他直接责任人员处五万元以上十万元以下的罚款；构成犯罪的，依照刑法有关规定追究刑事责任：

（一）未按照规定对矿山、金属冶炼建设项目或者用于生产、储存、装卸危险物品的建设项目进行安全评价的；

（二）矿山、金属冶炼建设项目或者用于生产、储存、装卸危险物品的建设项目没有安全设施设计或者安全设施设计未按照规定报经有关部门审查同意的；

（三）矿山、金属冶炼建设项目或者用于生产、储存、装卸危险物品的建设项目的施工单位未按照批准的安全设施设计施工的；

（四）矿山、金属冶炼建设项目或者用于生产、储存、装卸危险物品的建设项目竣工投入生产或者使用前，安全设施未经验收合格的。

第九十九条 生产经营单位有下列行为之一的，责令限期改正，处五万元以下的罚款；逾期未改正的，处五万元以上二十万元以下的罚款，对其直接负责的主管人员和其他直接责任人员处一万元以上二万元以下的罚款；情节严重的，责令停产停业整顿；构成犯罪的，依照刑法有关规定追究刑事责任：

（一）未在有较大危险因素的生产经营场所和有关设施、设备上设置明显的安全警示标志的；

（二）安全设备的安装、使用、检测、改造和报废不符合国家标准或者行业标准的；

（三）未对安全设备进行经常性维护、保养和定期检测的；

（四）关闭、破坏直接关系生产安全的监控、报警、防护、救生设备、设施，或者篡改、隐瞒、销毁其相关数据、信息的；

（五）未为从业人员提供符合国家标准或者行业标准的劳动防护用品的；

（六）危险物品的容器、运输工具，以及涉及人身安全、危险性较大的海洋石油开采特种设备和矿山井下特种设备未经具有专业资质的机构检测、检验合格，取得安全使用证或者安全标志，投入使用的；

（七）使用应当淘汰的危及生产安全的工艺、设备的；

（八）餐饮等行业的生产经营单位使用燃气未安装可燃气体报警装置的。

第一百条 未经依法批准，擅自生产、经营、运输、储存、使用危险物品或者处置废弃危险物品的，依照有关危险物品安全管理的法律、行政法规的规定予以处罚；构成犯罪的，依照刑法有关规定追究刑事责任。

第一百零一条 生产经营单位有下列行为之一的，责令限期改正，处十万元以下的罚款；逾期未改正的，责令停产停业整顿，并处十万元以上二十万元以下的罚款，对其直接负责的主管人员和其他直接责任人员处二万元以上五万元以下的罚款；构成犯罪的，依照刑法有关规定追究刑事责任：

（一）生产、经营、运输、储存、使用危险物品或者处置废弃危险物品，未建立专门安全管理制度、未采取可靠的安全措施的；

（二）对重大危险源未登记建档，未进行定期检测、评估、监控，未制定应急预案，或者未告知应急措施的；

（三）进行爆破、吊装、动火、临时用电以及国务院应急管理部门会同国务院有关部门规定的其他危险作业，未安排专门人员进行现场安全管理的；

（四）未建立安全风险分级管控制度或者未按照安全风险分级采取相应管控措施的；

（五）未建立事故隐患排查治理制度，或者重大事故隐患排查治理情况未按照规定报告的。

第一百零二条 生产经营单位未采取措施消除事故隐患的，责令立即消除或者限期消除，处五万元以下的罚款；生产经营单位拒不执行的，责令停产停业整顿，对其直接负责的主管人员和其他直接责任人员处五万元以上十万元以下的罚款；构成犯罪的，依照刑法有关规定追究刑事责任。

第一百零三条 生产经营单位将生产经营项目、场所、设备发包或者出租给不具备安全生产条件或者相应资质的单位或者个人的，责令限期改正，没收违法所得；违法所得十万元以上的，并处违法所得二倍以上五倍以下的罚款；没有违法所得或者违法所得不足十万元的，单处或者并处十万元以上二十万元以下的罚款；对其直接负责的主管人员和其他直接责任人员处一万元以上二万元以下的罚款；导致发生生产安全事故给他人造成损害的，与承包方、承租方承担连带赔偿责任。

生产经营单位未与承包单位、承租单位签订专门的安全生产管理协议或者未在承包合同、租赁合同中明确各自的安全生产管理职责，或者未对承包单位、承租单位的安全生产统一协调、管理的，责令限期改正，处五万元以下的罚款，对其直接负责的主管人员和其他直接责任人员处一万元以下的罚款；逾期未改正的，责令停产停业整顿。

矿山、金属冶炼建设项目和用于生产、储存、装卸危险物品的建设项目的施工单位未按照规定对施工项目进行安全管理的，责令限期改正，处十万元以下的罚款，对其直接负责的主管人员和其他直接责任人员处二万元以下的罚款；逾期未改正的，责令停产停业整顿。以上施工单位倒卖、出租、出借、挂靠或者以其他形式非法转让施工资质的，责令停产停业整顿，吊销资质证书，没收违法所得；违法所得十万元以上的，并处违法所得二倍以上五倍以下的罚款，没有违法所得或者违法所得不足十万元的，单处或者并处十万元以上二十万元以下的罚款；对其直接负责的主管人员和其他直接责任人员处五万元以上十万元以下的罚款；构成犯罪的，依照刑法有关规定追究刑事责任。

第一百零四条 两个以上生产经营单位在同一作业区域内进行可能危及对方安全生产的生产经营活动，未签订安全生产管理协议或者未指定专职安全生产管理人员进行安全检查与协调的，责令限期改正，处五万元以下的罚款，对其直接负责的主管人员和其他直接责任人员处一万元以下的罚款；逾期未改正的，责令停产停业。

第一百零五条 生产经营单位有下列行为之一的，责令限期改正，处五万元以下的罚款，对其直接负责的主管人员和其他直接责任人员处一万元以下的罚款；逾期未改正的，责令停产停业整顿；构成犯罪的，依照刑法有关规定追究刑事责任：

（一）生产、经营、储存、使用危险物品的车间、商店、仓库与员工宿舍在同一座建筑内，或者与员工宿舍的距离不符合安全要求的；

（二）生产经营场所和员工宿舍未设有符合紧急疏散需要、标志明显、保持畅通的出口、疏散通道，或者占用、锁闭、封堵生产经营场所或者员工宿舍出口、疏散通道的。

第一百零六条 生产经营单位与从业人员订立协议，免除或者减轻其对从业人员因生产安全事故伤亡依法应承担的责任的，该协议无效；对生产经营单位的主要负责人、个人经营的投资人处二万元以上十万元以下的罚款。

第一百零七条 生产经营单位的从业人员不落实岗位安全责任，不服从管理，违反安全生产规章制度或者操作规程的，由生产经营单位给予批评教育，依照有关规章制度给予处分；构成犯罪的，依照刑法有关规定追究刑事责任。

第一百零八条 违反本法规定，生产经营单位拒绝、阻碍负有安全生产监督管理职责的部门依法实施监督检查的，责令改正；拒不改正的，处二万元以上二十万元以下的罚款；对其直接负责的主管人员和其他直接责任人员处一万元以上二万元以下的罚款；构成犯罪的，依照刑法有关规定追究刑事责任。

第一百零九条 高危行业、领域的生产经营单位未按照国家规定投保安全生产责任保险的，责令限期改正，处五万元以上十万元以下的罚款；逾期未改正的，处十万元以上二十万元以下的罚款。

第一百一十条 生产经营单位的主要负责人在本单位发生生产安全事故时，不立即组织抢救或者在事故调查处理期间擅离职守或者逃匿的，给予降级、撤职的处分，并由应急管理部门处上一年年收入百分之六十至百分之一百的罚款；对逃匿的处十五日以下拘留；构成犯罪的，依照刑法有关规定追究刑事责任。

生产经营单位的主要负责人对生产安全事故隐瞒不报、谎报或者迟报的，依照前款规定处罚。

第一百一十一条 有关地方人民政府、负有安全生产监督管理职责的部门，对生产安全事故隐瞒不报、谎报或者迟报的，对直接负责的主管人员和其他直接责任人员依法给予处分；构成犯罪的，依照刑法有关规定追究刑事责任。

第一百一十二条 生产经营单位违反本法规定，被责令改正且受到罚款处罚，拒不改正的，负有安全生产监督管理职责的部门可以自作出责令改正之日的次日起，按照原处罚数额按日连续处罚。

第一百一十三条 生产经营单位存在下列情形之一的，负有安全生产监督管理职责的部门应当提请地方人民政府予以关闭，有关部门应当依法吊销其有关证照。生产经营单位主要负责人五年内不得担任任何生产经营单位的主要负责人；情节严重的，终身不得担任本行业生产经营单位的主要负责人：

（一）存在重大事故隐患，一百八十日内三次或者一年内四次受到本法规定的行政处罚的；

（二）经停产停业整顿，仍不具备法律、行政法规和国家标准或者行业标准规定的安全生产条件的；

（三）不具备法律、行政法规和国家标准或者行业标准规定的安全生产条件，导致发生重大、特别重大生产安全事故的；

（四）拒不执行负有安全生产监督管理职责的部门作出的停产停业整顿决定的。

第一百一十四条 发生生产安全事故，对负有责任的生产经营单位除要求其依法承担相应的赔偿等责任外，由应急管理部门依照下列规定处以罚款：

（一）发生一般事故的，处三十万元以上一百万元以下的罚款；

（二）发生较大事故的，处一百万元以上二百万元以下的罚款；

（三）发生重大事故的，处二百万元以上一千万元以下的罚款；

（四）发生特别重大事故的，处一千万元以上二千万元以下的罚款。

发生生产安全事故，情节特别严重、影响特别恶劣的，应急管理部门可以按照前款罚款数额的二倍以上五倍以下对负有责任的生产经营单位处以罚款。

第一百一十五条 本法规定的行政处罚，由应急管理部门和其他负有安全生产监督管理职责的部门按照职责分工决定；其中，根据本法第九十五条、第一百一十条、第一百一十四条的规定应当给予民航、铁路、电力行业的生产经营单位及其主要负责人行政处罚的，也可以由主管的负有安全生产监督管理职责的部门进行处罚。予以关闭的行政处罚，由负有安全生产监督管理职责的部门报请县级以上人民政府按照国务院规定的权限决定；给予拘留的行政处罚，由公安机关依照治安管理处罚的规定决定。

第一百一十六条 生产经营单位发生生产安全事故造成人员伤亡、他人财产损失的，应当依法承担赔偿责任；拒不承担或者其负责人逃匿的，由人民法院依法强制执行。

生产安全事故的责任人未依法承担赔偿责任，经人民法院依法采取执行措施后，仍不能对受害人给予足额赔偿的，应当继续履行赔偿义务；受害人发现责任人有其他财产的，可以随时请求人民法院执行。

6.3.2 《中华人民共和国突发事件应对法》(部分)

第六十三条 地方各级人民政府和县级以上各级人民政府有关部门违反本法规定，不履行法定职责的，由其上级行政机关或者监察机关责令改正；有下列情形之一的，根据情节对直接负责的主管人员和其他直接责任人员依法给予处分：

（一）未按规定采取预防措施，导致发生突发事件，或者未采取必要的防范措施，导致发生次生、衍生事件的；

（二）迟报、谎报、瞒报、漏报有关突发事件的信息，或者通报、报送、公布虚假信息，造成后果的；

（三）未按规定及时发布突发事件警报、采取预警期的措施，导致损害发生的；

（四）未按规定及时采取措施处置突发事件或者处置不当，造成后果的；

（五）不服从上级人民政府对突发事件应急处置工作的统一领导、指挥和协调的；

（六）未及时组织开展生产自救、恢复重建等善后工作的；

（七）截留、挪用、私分或者变相私分应急救援资金、物资的；

（八）不及时归还征用的单位和个人的财产，或者对被征用财产的单位和个人不按规定给予补偿的。

第六十四条 有关单位有下列情形之一的，由所在地履行统一领导职责的人民政府责令停产停业，暂扣或者吊销许可证或者营业执照，并处五万元以上二十万元以下的罚款；构成违反治安管理行为的，由公安机关依法给予处罚：

（一）未按规定采取预防措施，导致发生严重突发事件的；

（二）未及时消除已发现的可能引发突发事件的隐患，导致发生严重突发事件的；

（三）未做好应急设备、设施日常维护、检测工作，导致发生严重突发事件或者突发事件危害扩大的；

（四）突发事件发生后，不及时组织开展应急救援工作，造成严重后果的。

前款规定的行为，其他法律、行政法规规定由人民政府有关部门依法决定处罚的，从其规定。

第六十五条 违反本法规定，编造并传播有关突发事件事态发展或者应急处置工作的虚假信息，或者明知是有关突发事件事态发展或者应急处置工作的虚假信息而进行传播的，责令改正，给予警告；造成严重后果的，依法暂停其业务活动或者吊销其执业许可证；负有直接责任的人员是国家工作人员的，还应当对其依法给予处分；构成违反治安管理行为的，由公安机关依法给予处罚。

第六十六条 单位或者个人违反本法规定，不服从所在地人民政府及其有关部门发布的决定、命令或者不配合其依法采取的措施，构成违反治安管理行为的，由公安机关依法给予处罚。

第六十七条 单位或者个人违反本法规定，导致突发事件发生或者危害扩大，给他人人身、财产造成损害的，应当依法承担民事责任。

第六十八条 违反本法规定，构成犯罪的，依法追究刑事责任。

6.3.3 《中华人民共和国刑法》(部分)

第一百三十一条 航空人员违反规章制度，致使发生重大飞行事故，造成严重后果的，处三年以下有期徒刑或者拘役；造成飞机坠毁或者人员死亡的，处三年以上七年以下有期徒刑。

第一百三十二条 铁路职工违反规章制度，致使发生铁路运营安全事故，造成严重后果的，处三年以下有期徒刑或者拘役；造成特别严重后果的，处三年以上七年以下有期徒刑。

第一百三十三条 违反交通运输管理法规，因而发生重大事故，致人重伤、死亡或者使公私财产遭受重大损失的，处三年以下有期徒刑或者拘役；交通运输肇事后逃逸或者有其他特别恶劣情节的，处三年以上七年以下有期徒刑；因逃逸致人死亡的，处七年以上有期徒刑。

第一百三十三条之一 在道路上驾驶机动车，有下列情形之一的，处拘役，并处罚金：

（一）追逐竞驶，情节恶劣的；

（二）醉酒驾驶机动车的；

（三）从事校车业务或者旅客运输，严重超过额定乘员载客，或者严重超过规定时速行驶的；

（四）违反危险化学品安全管理规定运输危险化学品，危及公共安全的。

机动车所有人、管理人对前款第三项、第四项行为负有直接责任的，依照前款的规定处罚。

有前两款行为，同时构成其他犯罪的，依照处罚较重的规定定罪处罚。

第一百三十三条之二 对行驶中的公共交通工具的驾驶人员使用暴力或者抢控驾驶操纵装置，干扰公共交通工具正常行驶，危及公共安全的，处一年以下有期徒刑、拘役或者管制，并处或者单处罚金。

前款规定的驾驶人员在行驶的公共交通工具上擅离职守，与他人互殴或者殴打他人，危及公共安全的，依照前款的规定处罚。

有前两款行为，同时构成其他犯罪的，依照处罚较重的规定定罪处罚。

第一百三十四条 在生产、作业中违反有关安全管理的规定，因而发生重大伤亡事故或者造成其他严重后果的，处三年以下有期徒刑或者拘役；情节特别恶劣的，处三年以上七年以下有期徒刑。

强令他人违章冒险作业，或者明知存在重大事故隐患而不排除，仍冒险组织作业，因而发生重大伤亡事故或者造成其他严重后果的，处五年以下有期徒刑或者拘役；情节特别恶劣的，处五年以上有期徒刑。

第一百三十四条之一 在生产、作业中违反有关安全管理的规定，有下列情形之一，具有发生重大伤亡事故或者其他严重后果的现实危险的，处一年以下有期徒刑、拘役或者管制：

（一）关闭、破坏直接关系生产安全的监控、报警、防护、救生设备、设施，或者篡改、隐瞒、销毁其相关数据、信息的；

（二）因存在重大事故隐患被依法责令停产停业、停止施工、停止使用有关设备、设施、场所或者立即采取排除危险的整改措施，而拒不执行的；

（三）涉及安全生产的事项未经依法批准或者许可，擅自从事矿山开采、金属冶炼、建筑施工，以及危险物品生产、经营、储存等高度危险的生产作业活动的。

第一百三十五条 安全生产设施或者安全生产条件不符合国家规定，因而发生重大伤亡事故或者造成其他严重后果的，对直接负责的主管人员和其他直接责任人员，处三年以下有期徒刑或者拘役；情节特别恶劣的，处三年以上七年以下有期徒刑。

第一百三十五条之一 举办大型群众性活动违反安全管理规定，因而发生重大伤亡事故或者造成其他严重后果的，对直接负责的主管人员和其他直接责任人员，处三年以下有期徒刑或者拘役；情节特别恶劣的，处三年以上七年以下有期徒刑。

第一百三十六条 违反爆炸性、易燃性、放射性、毒害性、腐蚀性物品的管理规定，在生产、储存、运输、使用中发生重大事故，造成严重后果的，处三年以下有期徒刑或者拘役；后果特别严重的，处三年以上七年以下有期徒刑。

第一百三十七条 建设单位、设计单位、施工单位、工程监理单位违反国家规定，降低工程质量标准，造成重大安全事故的，对直接责任人员，处五年以下有期徒刑或者拘役，并处罚金；后果特别严重的，处五年以上十年以下有期徒刑，并处罚金。

第一百三十八条 明知校舍或者教育教学设施有危险，而不采取措施或者不及时报告，致使发生重大伤亡事故的，对直接责任人员，处三年以下有期徒刑或者拘役；后果特别严重的，处三年以上七年以下有期徒刑。

第一百三十九条 违反消防管理法规，经消防监督机构通知采取改正措施而拒绝执行，造成严重后果的，对直接责任人员，处三年以下有期徒刑或者拘役；后果特别严重的，处三年以上七年以下有期徒刑。

第一百三十九条之一 在安全事故发生后，负有报告职责的人员不报或者谎报事故情况，贻误事故抢救，情节严重的，处三年以下有期徒刑或者拘役；情节特别严重的，处三年以上七年以下有期徒刑。

6.3.4 《中华人民共和国劳动法》(部分)

第八十九条［对劳动规章违法的处罚］ 用人单位制定的劳动规章制度违反法律、法规规定的，由劳动行政部门给予警告，责令改正；对劳动者造成损害的，应当承担赔偿责任。

第九十二条［用人单位违反劳保规定的处罚］ 用人单位的劳动安全设施和劳动卫生条件不符合国家规定或者未向劳动者提供必要的劳动防护用品和劳动保护设施的，由劳动行政部门或者有关部门责令改正，可以处以罚款；情节严重的，提请县级以上人民政府决定责令停产整顿；对事故隐患不采取措施，致使发生重大事故，造成劳动者生命和财产损失的，对责任人员依照刑法有关规定追究刑事责任。

第九十三条［违章事故处罚］ 用人单位强令劳动者违章冒险作业，发生重大伤亡事故，造成严重后果的，对责任人员依法追究刑事责任。

6.3.5 《中华人民共和国民法通则》（部分）

第一百二十三条［高度危险作业致人损害的民事责任］ 从事高空、高压、易燃、易爆、剧毒、放射性、高速运输工具等对周围环境有高度危险的作业造成他人损害的，应当承担民事责任；如果能够证明损害是由受害人故意造成的，不承担民事责任。

第一百二十四条［环境污染致人损害的民事责任］ 违反国家保护环境防止污染的规定，污染环境造成他人损害的，应当依法承担民事责任。

第一百二十五条［地面施工致人损害的民事责任］ 在公共场所、道旁或者通道上挖坑、修缮安装地下设施等，没有设置明显标志和采取安全措施造成他人损害的，施工人应当承担民事责任。

第一百二十六条［物件致人损害的民事责任］ 建筑物或者其他设施以及建筑物上的搁置物、悬挂物发生倒塌、脱落、坠落造成他人损害的，它的所有人或者管理人应当承担民事责任，但能够证明自己没有过错的除外。

6.3.6 《中华人民共和国建筑法》（部分）

第六十四条 违反本法规定，未取得施工许可证或者开工报告未经批准擅自施工的，责令改正，对不符合开工条件的责令停止施工，可以处以罚款。

第六十五条 发包单位将工程发包给不具有相应资质条件的承包单位的，或者违反本法规定将建筑工程肢解发包的，责令改正，处以罚款。超越本单位资质等级承揽工程的，责令停止违法行为，处以罚款，可以责令停业整顿，降低资质等级；情节严重的，吊销资质证书；有违法所得的，予以没收。未取得资质证书承揽工程的，予以取缔，并处罚款；有违法所得的，予以没收。以欺骗手段取得资质证书的，吊销资质证书，处以罚款；构成犯罪的，依法追究刑事责任。

第六十六条 建筑施工企业转让、出借资质证书或者以其他方式允许他人以本企业的名义承揽工程的，责令改正，没收违法所得，并处罚款，可以责令停业整顿，降低资质等级；情节严重的，吊销资质证书。对因该项承揽工程不符合规定的质量标准造成的损失，建筑施工企业与使用本企业名义的单位或者个人承担连带赔偿责任。

第六十七条 承包单位将承包的工程转包的，或者违反本法规定进行分包的，责令改正，没收违法所得，并处罚款，可以责令停业整顿，降低资质等级；情节严重的，吊销资质证书。承包单位有前款规定的违法行为的，对因转包工程或者违法分包的工程不符合规定的质量标准造成的损失，与接受转包或者分包的单位承担连带赔偿责任。

第六十八条 在工程发包与承包中索贿、受贿、行贿，构成犯罪的，依法追究刑事责任；不构成犯罪的，分别处以罚款，没收贿赂的财物，对直接负责的主管人员和其他直接责任人员给予处分。对在工程承包中行贿的承包单位，除依照前款规定处罚外，可以责令停业整顿，降低资质等级或者吊销资质证书。

第六十九条 工程监理单位与建设单位或者建筑施工企业串通，弄虚作假、降低工程质量的，责令改正，处以罚款，降低资质等级或者吊销资质证书；有违法所得的，予以没收；造成损失的，承担连带赔偿责任；构成犯罪的，依法追究刑事责任。工程监理单位转让监理业务的，责令改正，没收违法所得，可以责令停业整顿，降低资质等级；情节严重的，吊销资质证书。

第七十条 违反本法规定，涉及建筑主体或者承重结构变动的装修工程擅自施工的，责令改正，处以罚款；造成损失的，承担赔偿责任；构成犯罪的，依法追究刑事责任。

第七十一条 建筑施工企业违反本法规定，对建筑安全事故隐患不采取措施予以消除的，责令改正，可以处以罚款；情节严重的，责令停业整顿，降低资质等级或者吊销资质证书；构成犯罪的，依法追究刑事责任。建筑施工企业的管理人员违章指挥、强令职工冒险作业，因而发生重大伤亡事故或者造成其他严重后果的，依法追究刑事责任。

第七十二条 建设单位违反本法规定，要求建筑设计单位或者建筑施工企业违反建筑工程质量、安全标准，降低工程质量的，责令改正，可以处以罚款；构成犯罪的，依法追究刑事责任。

第七十三条 建筑设计单位不按照建筑工程质量、安全标准进行设计的，责令改正，处以罚款；造成工程质量事故的，责令停业整顿，降低资质等级或者吊销资质证书，没收违法所得，并处罚款；造成损失的，承担赔偿责任；构成犯罪的，依法追究刑事责任。

第七十四条 建筑施工企业在施工中偷工减料的，使用不合格的建筑材料、建筑构配件和设备的，或者有其他不按照工程设计图纸或者施工技术标准施工的行为的，责令改正，处以罚款；情节严重的，责令停业整顿，降低资质等级或者吊销资质证书；造成建筑工程质量不符合规定的质量标准的，负责返工、修理，并赔偿因此造成的损失；构成犯罪的，依法追究刑事责任。

第七十五条 建筑施工企业违反本法规定，不履行保修义务或者拖延履行保修义务的，责令改正，可以处以罚款，并对在保修期内因屋顶、墙面渗漏、开裂等质量缺陷造成的损失，承担赔偿责任。

第七十六条 本法规定的责令停业整顿、降低资质等级和吊销资质证书的行政处罚，由颁发资质证书的机关决定；其他行政处罚，由建设行政主管部门或者有关部门依照法律和国务院规定的职权范围决定。依照本法规定被吊销资质证书的，由工商行政管理部门吊销其营业执照。

第七十七条 违反本法规定，对不具备相应资质等级条件的单位颁发该等级资质证书的，由其上级机关责令收回所发的资质证书，对直接负责的主管人员和其他直接责任人员给予行政处分；构成犯罪的，依法追究刑事责任。

第七十八条 政府及其所属部门的工作人员违反本法规定，限定发包单位将招标发包的工程发包给指定的承包单位的，由上级机关责令改正；构成犯罪的，依法追究刑事责任。

第七十九条 负责颁发建筑工程施工许可证的部门及其工作人员对不符合施工条件的建筑工程颁发施工许可证的，负责工程质量监督检查或者竣工验收的部门及其工作人员对不合格的建筑工程出具质量合格文件或者按合格工程验收的，由上级机关责令改正，对责任人员给予行政处分；构成犯罪的，依法追究刑事责任；造成损失的，由该部门承担相应的赔偿责任。

第八十条 在建筑物的合理使用寿命内，因建筑工程质量不合格受到损害的，有权向责任者要求赔偿。

6.3.7 《中华人民共和国消防法》(部分)

第五十八条 违反本法规定，有下列行为之一的，由住房和城乡建设主管部门、消防救援机构按照各自职权责令停止施工、停止使用或者停产停业，并处三万元以上三十万元以下罚款：

（一）依法应当进行消防设计审核的建设工程，未经依法审核或者审核不合格，擅自施工的；

（二）依法应当进行消防验收的建设工程，未经消防验收或者消防验收不合格，擅自投入使用的；

（三）本法第十三条规定的其他人建设工程验收后经依法抽查不合格，不停止使用的；

（四）公众聚集场所未经消防安全检查或者经检查不符合消防安全要求，擅自投入使用、营业的。

建设单位未依照本法规定在验收后报住房和城乡建设主管部门备案的，由住房和城乡建设主管部门责令改正，处五千元以下罚款。

第五十九条 违反本法规定，有下列行为之一的，由住房和城乡建设主管部门责令改正或者停止施工，并处一万元以上十万元以下罚款：

（一）建设单位要求建筑设计单位或者建筑施工企业降低消防技术标准设计、施工的；

（二）建筑设计单位不按照消防技术标准强制性要求进行消防设计的；

（三）建筑施工企业不按照消防设计文件和消防技术标准施工，降低消防施工质量的；

（四）工程监理单位与建设单位或者建筑施工企业串通，弄虚作假，降低消防施工质量的。

第六十条 单位违反本法规定，有下列行为之一的，责令改正，处五千元以上五万元以下罚款：

（一）消防设施、器材或者消防安全标志的配置、设置不符合国家标准、行业标准，或者未保持完好有效的；

（二）损坏、挪用或者擅自拆除、停用消防设施、器材的；

（三）占用、堵塞、封闭疏散通道、安全出口或者有其他妨碍安全疏散行为的；

（四）埋压、圈占、遮挡消火栓或者占用防火间距的；

（五）占用、堵塞、封闭消防车通道，妨碍消防车通行的；

（六）人员密集场所在门窗上设置影响逃生和灭火救援的障碍物的；

（七）对火灾隐患经公安机关消防机构通知后不及时采取措施消除的。

个人有前款第二项、第三项、第四项、第五项行为之一的，处警告或者五百元以下罚款。

有本条第一款第三项、第四项、第五项、第六项行为，经责令改正拒不改正的，强制执行，所需费用由违法行为人承担。

第六十一条 生产、储存、经营易燃易爆危险品的场所与居住场所设置在同一建筑物内，或者未与居住场所保持安全距离的，责令停产停业，并处五千元以上五万元以下罚款。

生产、储存、经营其他物品的场所与居住场所设置在同一建筑物内，不符合消防技术标准的，依照前款规定处罚。

第六十二条 有下列行为之一的，依照《中华人民共和国治安管理处罚法》的规定处罚：

（一）违反有关消防技术标准和管理规定生产、储存、运输、销售、使用、销毁易燃易爆危险品的；

（二）非法携带易燃易爆危险品进入公共场所或者乘坐公共交通工具的；

（三）谎报火警的；

（四）阻碍消防车、消防艇执行任务的；

（五）阻碍公安机关消防机构的工作人员依法执行职务的。

第六十三条 违反本法规定，有下列行为之一的，处警告或者五百元以下罚款；情节严重的，处五日以下拘留：

（一）违反消防安全规定进入生产、储存易燃易爆危险品场所的；

（二）违反规定使用明火作业或者在具有火灾、爆炸危险的场所吸烟、使用明火的。

第六十四条 违反本法规定，有下列行为之一，尚不构成犯罪的，处十日以上十五日以下拘留，可以并处五百元以下罚款；情节较轻的，处警告或者五百元以下罚款：

（一）指使或者强令他人违反消防安全规定，冒险作业的；

（二）过失引起火灾的；

（三）在火灾发生后阻拦报警，或者负有报告职责的人员不及时报警的；

（四）扰乱火灾现场秩序，或者拒不执行火灾现场指挥员指挥，影响灭火救援的；

（五）故意破坏或者伪造火灾现场的；

（六）擅自拆封或者使用被公安机关消防机构查封的场所、部位的。

第六十五条 违反本法规定，生产、销售不合格的消防产品或者国家明令淘汰的消防产品的，由产品质量监督部门或者工商行政管理部门依照《中华人民共和国产品质量法》的规定从重处罚。

人员密集场所使用不合格的消防产品或者国家明令淘汰的消防产品的，责令限期改正；逾期不改正的，处五千元以上五万元以下罚款，并对其直接负责的主管人员和其他直接责任人员处五百元以上二千元以下罚款；情节严重的，责令停产停业。

消防救援机构对于本条第二款规定的情形，除依法对使用者予以处罚外，应当将发现不合格的消防产品和国家明令淘汰的消防产品的情况通报产品质量监督部门、工商行政管理部门。产品质量监督部门、工商行政管理部门应当对生产者、销售者依法及时查处。

第六十六条 电器产品、燃气用具的安装、使用及其线路、管路的设计、敷设、维护保养、检测不符合消防技术标准和管理规定的，责令限期改正；逾期不改正的，责令停止使用，可以并处一千元以上五千元以下罚款。

第六十七条 机关、团体、企业、事业等单位违反本法第十六条、第十七条、第十八条、第二十一条第二款规定的，责令限期改正；逾期不改正的，对其直接负责的主管人员和其他直接责任人员依法给予处分或者给予警告处罚。

第六十八条 人员密集场所发生火灾，该场所的现场工作人员不履行组织、引导在场人员疏散的义务，情节严重，尚不构成犯罪的，处五日以上十日以下拘留。

第六十九条 消防产品质量认证、消防设施检测等消防技术服务机构出具虚假文件的，责令改正，处五万元以上十万元以下罚款，并对直接负责的主管人员和其他直接责任人员处一万元以上五万元以下罚款；有违法所得的，并处没收违法所得；给他人造成损失的，依法承担赔偿责任；情节严重的，由原许可机关依法责令停止执业或者吊销相应资质、资格。

前款规定的机构出具失实文件，给他人造成损失的，依法承担赔偿责任；造成重大损失的，由原许可机关依法责令停止执业或者吊销相应资质、资格。

第七十条 本法规定的行政处罚，除应当由公安机关依照《中华人民共和国治安管理处罚法》的有关规定决定的外，由住房和城乡建设主管部门、消防救援机构按照各自职权决定。

被责令停止施工、停止使用、停产停业的，应当在整改后向作出决定的部门或者机构报告，经检查合格，方可恢复施工、使用、生产、经营。

当事人逾期不执行停产停业、停止使用、停止施工决定的，由作出决定的部门或者机构强制执行。

责令停产停业，对经济和社会生活影响较大的，由住房和城乡建设主管部门或者应急管理部门报请本级人民政府依法决定。

第七十一条 住房和城乡建设主管部门、消防救援机构的工作人员滥用职权、玩忽职守、徇私舞弊，有下列行为之一，尚不构成犯罪的，依法给予处分：

（一）对不符合消防安全要求的消防设计文件、建设工程、场所准予审核合格、消防验收合格、消防安全检查合格的；

（二）无故拖延消防设计审核、消防验收、消防安全检查，不在法定期限内履行职责的；

（三）发现火灾隐患不及时通知有关单位或者个人整改的；

（四）利用职务为用户、建设单位指定或者变相指定消防产品的品牌、销售单位或者消防技术服务机构、消防设施施工单位的；

（五）将消防车、消防艇以及消防器材、装备和设施用于与消防和应急救援无关的事项的；

（六）其他滥用职权、玩忽职守、徇私舞弊的行为。

产品质量监督、工商行政管理等其他有关行政主管部门的工作人员在消防工作中滥用职权、玩忽职守、徇私舞弊，尚不构成犯罪的，依法给予处分。

第七十二条 违反本法规定，构成犯罪的，依法追究刑事责任。

6.3.8 《中华人民共和国职业病防治法》（部分）

第六十九条 建设单位违反本法规定，有下列行为之一的，由卫生行政部门给予警告，责令限期改正；逾期不改正的，处十万元以上五十万元以下的罚款；情节严重的，责令停止产生职业病危害的作业，或者提请有关人民政府按照国务院规定的权限责令停建、关闭：

（一）未按照规定进行职业病危害预评价的；

（二）医疗机构可能产生放射性职业病危害的建设项目未按照规定提交放射性职业病危害预评价报告，或者放射性职业病危害预评价报告未经卫生行政部门审核同意，开工建设的；

（三）建设项目的职业病防护设施未按照规定与主体工程同时设计、同时施工、同时投入生产和使用的；

（四）建设项目的职业病防护设施设计不符合国家职业卫生标准和卫生要求，或者医疗机构放射性职业病危害严重的建设项目的防护设施设计未经卫生行政部门审查同意擅自施工的；

（五）未按照规定对职业病防护设施进行职业病危害控制效果评价的；

（六）建设项目竣工投入生产和使用前，职业病防护设施未按照规定验收合格的。

第七十条 违反本法规定，有下列行为之一的，由卫生行政部门给予警告，责令限期改正；逾期不改正的，处十万元以下的罚款：

（一）工作场所职业病危害因素检测、评价结果没有存档、上报、公布的；

（二）未采取本法第二十条规定的职业病防治管理措施的；

（三）未按照规定公布有关职业病防治的规章制度、操作规程、职业病危害事故应急救援措施的；

（四）未按照规定组织劳动者进行职业卫生培训，或者未对劳动者个人职业病防护采取指导、督促措施的；

（五）国内首次使用或者首次进口与职业病危害有关的化学材料，未按照规定报送毒性鉴定资料以及经有关部门登记注册或者批准进口的文件的。

第七十一条 用人单位违反本法规定，有下列行为之一的，由卫生行政部门责令限期改正，给予警告，可以并处五万元以上十万元以下的罚款：

（一）未按照规定及时、如实向安全生产监督管理部门申报产生职业病危害的项目的；

（二）未实施由专人负责的职业病危害因素日常监测，或者监测系统不能正常监测的；

（三）订立或者变更劳动合同时，未告知劳动者职业病危害真实情况的；

（四）未按照规定组织职业健康检查、建立职业健康监护档案或者未将检查结果书面告知劳动者的；

（五）未依照本法规定在劳动者离开用人单位时提供职业健康监护档案复印件的。

第七十二条 用人单位违反本法规定，有下列行为之一的，由卫生行政部门给予警告，责令限期改正，逾期不改正的，处五万元以上二十万元以下的罚款；情节严重的，责令停止产生职业病危害的作业，或者提请有关人民政府按照国务院规定的权限责令关闭：

（一）工作场所职业病危害因素的强度或者浓度超过国家职业卫生标准的；

（二）未提供职业病防护设施和个人使用的职业病防护用品，或者提供的职业病防护设施和个人使用的职业病防护用品不符合国家职业卫生标准和卫生要求的；

（三）对职业病防护设备、应急救援设施和个人使用的职业病防护用品未按照规定进行维护、检修、检测，或者不能保持正常运行、使用状态的；

（四）未按照规定对工作场所职业病危害因素进行检测、评价的；

（五）工作场所职业病危害因素经治理仍然达不到国家职业卫生标准和卫生要求时，未停止存在职业病危害因素的作业的；

（六）未按照规定安排职业病病人、疑似职业病病人进行诊治的；

（七）发生或者可能发生急性职业病危害事故时，未立即采取应急救援和控制措施或者未按照规定及时报告的；

（八）未按照规定在产生严重职业病危害的作业岗位醒目位置设置警示标识和中文警示说明的；

（九）拒绝职业卫生监督管理部门监督检查的；

（十）隐瞒、伪造、篡改、毁损职业健康监护档案、工作场所职业病危害因素检测评价结果等相关资料，或者拒不提供职业病诊断、鉴定所需资料的；

（十一）未按照规定承担职业病诊断、鉴定费用和职业病病人的医疗、生活保障费用的。

第七十三条 向用人单位提供可能产生职业病危害的设备、材料，未按照规定提供中文说明书或者设置警示标识和中文警示说明的，由卫生行政部门责令限期改正，给予警告，并处五万元以上二十万元以下的罚款。

第七十四条 用人单位和医疗卫生机构未按照规定报告职业病、疑似职业病的，由有关主管部门依据职责分工责令限期改正，给予警告，可以并处一万元以下的罚款；弄虚作假的，并处二万元以上五万元以下的罚款；对直接负责的主管人员和其他直接责任人员，可以依法给予降级或者撤职的处分。

第七十五条 违反本法规定，有下列情形之一的，由卫生行政部门责令限期治理，并处五万元以上三十万元以下的罚款；情节严重的，责令停止产生职业病危害的作业，或者提请有关人民政府按照国务院规定的权限责令关闭：

（一）隐瞒技术、工艺、设备、材料所产生的职业病危害而采用的；

（二）隐瞒本单位职业卫生真实情况的；

（三）可能发生急性职业损伤的有毒、有害工作场所、放射工作场所或者放射性同位素的运输、贮存不符合本法第二十五条规定的；

（四）使用国家明令禁止使用的可能产生职业病危害的设备或者材料的；

（五）将产生职业病危害的作业转移给没有职业病防护条件的单位和个人，或者没有职业病防护条件的单位和个人接受产生职业病危害的作业的；

（六）擅自拆除、停止使用职业病防护设备或者应急救援设施的；

（七）安排未经职业健康检查的劳动者、有职业禁忌的劳动者、未成年工或者孕期、哺乳期女职工从事接触职业病危害的作业或者禁忌作业的；

（八）违章指挥和强令劳动者进行没有职业病防护措施的作业的。

第七十六条 生产、经营或者进口国家明令禁止使用的可能产生职业病危害的设备或者材料的，依照有关法律、行政法规的规定给予处罚。

第七十七条 用人单位违反本法规定，已经对劳动者生命健康造成严重损害的，由卫生行政部门责令停止产生职业病危害的作业，或者提请有关人民政府按照国务院规定的权限责令关闭，并处十万元以上五十万元以下的罚款。

第七十八条 用人单位违反本法规定，造成重大职业病危害事故或者其他严重后果，构成犯罪的，对直接负责的主管人员和其他直接责任人员，依法追究刑事责任。

第七十九条 未取得职业卫生技术服务资质认可擅自从事职业卫生技术服务的，由卫生行政部门责令立即停止违法行为，没收违法所得；违法所得五千元以上的，并处违法所得二倍以上十倍以下的罚款；没有违法所得或者违法所得不足五千元的，并处五千元以上五万元以下的罚款；情节严重的，对直接负责的主管人员和其他直接责任人员，依法给予降级、撤职或者开除的处分。

第八十条 从事职业卫生技术服务的机构和承担职业病诊断的医疗卫生机构违反本法规定，有下列行为之一的，由卫生行政部门责令立即停止违法行为，给予警告，没收违法所得；违法所得五千元以上的，并处违法所得二倍以上五倍以下的罚款；没有违法所得或者违法所得不足五千元的，并处五千元以上二万元以下的罚款；情节严重的，由原认可或者登记机关取消其相应的资格；对直接负责的主管人员和其他直接责任人员，依法给予降级、撤职或者开除的处分；构成犯罪的，依法追究刑事责任：

（一）超出资质认可或者批准范围从事职业卫生技术服务或者职业病诊断的；

（二）不按照本法规定履行法定职责的；

（三）出具虚假证明文件的。

第八十一条 职业病诊断鉴定委员会组成人员收受职业病诊断争议当事人的财物或者其他好处的，给予警告，没收收受的财物，可以并处三千元以上五万元以下的罚款，取消其担任职业病诊断鉴定委员会组成人员的资格，并从省、自治区、直辖市人民政府卫生行政部门设立的专家库中予以除名。

第八十二条 卫生行政部门不按照规定报告职业病和职业病危害事故的，由上一级行政部门责令改正，通报批评，给予警告；虚报、瞒报的，对单位负责人、直接负责的主管人员和其他直接责任人员依法给予降级、撤职或者开除的处分。

第八十三条 县级以上地方人民政府在职业病防治工作中未依照本法履行职责，本行政区域出现重大职业病危害事故、造成严重社会影响的，依法对直接负责的主管人员和其他直接责任人员给予记大过直至开除的处分。

县级以上人民政府职业卫生监督管理部门不履行本法规定的职责，滥用职权、玩忽职守、徇私舞弊，依法对直接负责的主管人员和其他直接责任人员给予记大过或者降级的处分；造成职业病危害事故或者其他严重后果的，依法给予撤职或者开除的处分。

第八十四条 违反本法规定，构成犯罪的，依法追究刑事责任。

6.3.9 《中华人民共和国特种设备安全法》(部分)

第七十四条 违反本法规定，未经许可从事特种设备生产活动的，责令停止生产，没收违法制造的特种设备，处十万元以上五十万元以下罚款；有违法所得的，没收违法所得；已经实施安装、改造、修理的，责令恢复原状或者责令限期由取得许可的单位重新安装、改造、修理。

第七十五条 违反本法规定，特种设备的设计文件未经鉴定，擅自用于制造的，责令改正，没收违法制造的特种设备，处五万元以上五十万元以下罚款。

第七十六条 违反本法规定，未进行型式试验的，责令限期改正；逾期未改正的，处三万元以上三十万元以下罚款。

第七十七条 违反本法规定，特种设备出厂时，未按照安全技术规范的要求随附相关技术资料和文件的，责令限期改正；逾期未改正的，责令停止制造、销售，处二万元以上二十万元以下罚款；有违法所得的，没收违法所得。

第七十八条 违反本法规定，特种设备安装、改造、修理的施工单位在施工前未书面告知负责特种设备安全监督管理的部门即行施工的，或者在验收后三十日内未将相关技术资料和文件移交特种设备使用单位的，责令限期改正；逾期未改正的，处一万元以上十万元以下罚款。

第七十九条 违反本法规定，特种设备的制造、安装、改造、重大修理以及锅炉清洗过程，未经监督检验的，责令限期改正；逾期未改正的，处五万元以上二十万元以下罚款；有违法所得的，没收违法所得；情节严重的，吊销生产许可证。

第八十条 违反本法规定，电梯制造单位有下列情形之一的，责令限期改正；逾期未改正的，处一万元以上十万元以下罚款：

（一）未按照安全技术规范的要求对电梯进行校验、调试的；

（二）对电梯的安全运行情况进行跟踪调查和了解时，发现存在严重事故隐患，未及时告知电梯使用单位并向负责特种设备安全监督管理的部门报告的。

第八十一条 违反本法规定，特种设备生产单位有下列行为之一的，责令限期改正；逾期未改正的，责令停止生产，处五万元以上五十万元以下罚款；情节严重的，吊销生产许可证：

（一）不再具备生产条件、生产许可证已经过期或者超出许可范围生产的；

（二）明知特种设备存在同一性缺陷，未立即停止生产并召回的。

违反本法规定，特种设备生产单位生产、销售、交付国家明令淘汰的特种设备的，责令停止生产、销售，没收违法生产、销售、交付的特种设备，处三万元以上三十万元以下罚款；有违法所得的，没收违法所得。

特种设备生产单位涂改、倒卖、出租、出借生产许可证的，责令停止生产，处五万元以上五十万元以下罚款；情节严重的，吊销生产许可证。

第八十二条 违反本法规定，特种设备经营单位有下列行为之一的，责令停止经营，没收违法经营的特种设备，处三万元以上三十万元以下罚款；有违法所得的，没收违法所得：

（一）销售、出租未取得许可生产，未经检验或者检验不合格的特种设备的；

（二）销售、出租国家明令淘汰、已经报废的特种设备，或者未按照安全技术规范的要求进行维护保养的特种设备的。

违反本法规定，特种设备销售单位未建立检查验收和销售记录制度，或者进口特种设备未履行提前告知义务的，责令改正，处一万元以上十万元以下罚款。

特种设备生产单位销售、交付未经检验或者检验不合格的特种设备的，依照本条第一款规定处罚；情节严重的，吊销生产许可证。

第八十三条 违反本法规定，特种设备使用单位有下列行为之一的，责令限期改正；逾期未改正的，责令停止使用有关特种设备，处一万元以上十万元以下罚款：

（一）使用特种设备未按照规定办理使用登记的；

（二）未建立特种设备安全技术档案或者安全技术档案不符合规定要求，或者未依法设置使用登记标志、定期检验标志的；

（三）未对其使用的特种设备进行经常性维护保养和定期自行检查，或者未对其使用的特种设备的安全附件、安全保护装置进行定期校验、检修，并作出记录的；

（四）未按照安全技术规范的要求及时申报并接受检验的；

（五）未按照安全技术规范的要求进行锅炉水（介）质处理的；

（六）未制定特种设备事故应急专项预案的。

第八十四条 违反本法规定，特种设备使用单位有下列行为之一的，责令停止使用有关特种设备，处三万元以上三十万元以下罚款：

（一）使用未取得许可生产，未经检验或者检验不合格的特种设备，或者国家明令淘汰、已经报废的特种设备的；

（二）特种设备出现故障或者发生异常情况，未对其进行全面检查、消除事故隐患，继续使用的；

（三）特种设备存在严重事故隐患，无改造、修理价值，或者达到安全技术规范规定的其他报废条件，未依法履行报废义务，并办理使用登记证书注销手续的。

第八十五条 违反本法规定，移动式压力容器、气瓶充装单位有下列行为之一的，责令改正，处二万元以上二十万元以下罚款；情节严重的，吊销充装许可证：

（一）未按照规定实施充装前后的检查、记录制度的；

（二）对不符合安全技术规范要求的移动式压力容器和气瓶进行充装的。

违反本法规定，未经许可，擅自从事移动式压力容器或者气瓶充装活动的，予以取缔，没收违法充装的气瓶，处十万元以上五十万元以下罚款；有违法所得的，没收违法所得。

第八十六条 违反本法规定，特种设备生产、经营、使用单位有下列情形之一的，责令限期改正；逾期未改正的，责令停止使用有关特种设备或者停产停业整顿，处一万元以上五万元以下罚款：

（一）未配备具有相应资格的特种设备安全管理人员、检测人员和作业人员的；

（二）使用未取得相应资格的人员从事特种设备安全管理、检测和作业的；

（三）未对特种设备安全管理人员、检测人员和作业人员进行安全教育和技能培训的。

第八十七条 违反本法规定，电梯、客运索道、大型游乐设施的运营使用单位有下列情形之一的，责令限期改正；逾期未改正的，责令停止使用有关特种设备或者停产停业整顿，处二万元以上十万元以下罚款：

（一）未设置特种设备安全管理机构或者配备专职的特种设备安全管理人员的；

（二）客运索道、大型游乐设施每日投入使用前，未进行试运行和例行安全检查，未对安全附件和安全保护装置进行检查确认的；

（三）未将电梯、客运索道、大型游乐设施的安全使用说明、安全注意事项和警示标志置于易于为乘客注意的显著位置的。

第八十八条 违反本法规定，未经许可，擅自从事电梯维护保养的，责令停止违法行为，处一万元以上十万元以下罚款；有违法所得的，没收违法所得。

电梯的维护保养单位未按照本法规定以及安全技术规范的要求，进行电梯维护保养的，依照前款规定处罚。

第八十九条 发生特种设备事故，有下列情形之一的，对单位处五万元以上二十万元以下罚款；对主要负责人处一万元以上五万元以下罚款；主要负责人属于国家工作人员的，并依法给予处分：

（一）发生特种设备事故时，不立即组织抢救或者在事故调查处理期间擅离职守或者逃匿的；

（二）对特种设备事故迟报、谎报或者瞒报的。

第九十条 发生事故，对负有责任的单位除要求其依法承担相应的赔偿等责任外，依照下列规定处以罚款：

（一）发生一般事故，处十万元以上二十万元以下罚款；

（二）发生较大事故，处二十万元以上五十万元以下罚款；

（三）发生重大事故，处五十万元以上二百万元以下罚款。

第九十一条 对事故发生负有责任的单位的主要负责人未依法履行职责或者负有领导责任的，依照下列规定处以罚款；属于国家工作人员的，并依法给予处分：

（一）发生一般事故，处上一年年收入百分之三十的罚款；

（二）发生较大事故，处上一年年收入百分之四十的罚款；

（三）发生重大事故，处上一年年收入百分之六十的罚款。

第九十二条 违反本法规定，特种设备安全管理人员、检测人员和作业人员不履行岗位职责，违反操作规程和有关安全规章制度，造成事故的，吊销相关人员的资格。

第九十三条 违反本法规定，特种设备检验、检测机构及其检验、检测人员有下列行为之一的，责令改正，对机构处五万元以上二十万元以下罚款，对直接负责的主管人员和其他直接责任人员处五千元以上五万元以下罚款；情节严重的，吊销机构资质和有关人员的资格：

（一）未经核准或者超出核准范围、使用未取得相应资格的人员从事检验、检测的；

（二）未按照安全技术规范的要求进行检验、检测的；

（三）出具虚假的检验、检测结果和鉴定结论或者检验、检测结果和鉴定结论严重失实的；

（四）发现特种设备存在严重事故隐患，未及时告知相关单位，并立即向负责特种设备安全监督管理的部门报告的；

（五）泄露检验、检测过程中知悉的商业秘密的；

（六）从事有关特种设备的生产、经营活动的；

（七）推荐或者监制、监销特种设备的；

（八）利用检验工作故意刁难相关单位的。

违反本法规定，特种设备检验、检测机构的检验、检测人员同时在两个以上检验、检测机构中执业的，处五千元以上五万元以下罚款；情节严重的，吊销其资格。

第九十四条 违反本法规定，负责特种设备安全监督管理的部门及其工作人员有下列行为之一的，由上级机关责令改正；对直接负责的主管人员和其他直接责任人员，依法给予处分：

（一）未依照法律、行政法规规定的条件、程序实施许可的；

（二）发现未经许可擅自从事特种设备的生产、使用或者检验、检测活动不予取缔或者不依法予以处理的；

（三）发现特种设备生产单位不再具备本法规定的条件而不吊销其许可证，或者发现特种设备生产、经营、使用违法行为不予查处的；

（四）发现特种设备检验、检测机构不再具备本法规定的条件而不撤销其核准，或者对其出具虚假的检验、检测结果和鉴定结论或者检验、检测结果和鉴定结论严重失实的行为不予查处的；

（五）发现违反本法规定和安全技术规范要求的行为或者特种设备存在事故隐患，不立即处理的；

（六）发现重大违法行为或者特种设备存在严重事故隐患，未及时向上级负责特种设备安全监督管理的部门报告，或者接到报告的负责特种设备安全监督管理的部门不立即处理的；

（七）要求已经依照本法规定在其他地方取得许可的特种设备生产单位重复取得许可，或者要求对已经依照本法规定在其他地方检验合格的特种设备重复进行检验的；

（八）推荐或者监制、监销特种设备的；

（九）泄露履行职责过程中知悉的商业秘密的；

（十）接到特种设备事故报告未立即向本级人民政府报告，并按照规定上报的；

（十一）迟报、漏报、谎报或者瞒报事故的；

（十二）妨碍事故救援或者事故调查处理的；

（十三）其他滥用职权、玩忽职守、徇私舞弊的行为。

第九十五条 违反本法规定，特种设备生产、经营、使用单位或者检验、检测机构拒不接受负责特种设备安全监督管理的部门依法实施的监督检查的，责令限期改正；逾期未改正的，责令停产停业整顿，处二万元以上二十万元以下罚款。

特种设备生产、经营、使用单位擅自动用、调换、转移、损毁被查封、扣押的特种设备或者其主要部件的，责令改正，处五万元以上二十万元以下罚款；情节严重的，吊销生产许可证，注销特种设备使用登记证书。

第九十六条 违反本法规定，被依法吊销许可证的，自吊销许可证之日起三年内，负责特种设备安全监督管理的部门不予受理其新的许可申请。

第九十七条 违反本法规定，造成人身、财产损害的，依法承担民事责任。

违反本法规定，应当承担民事赔偿责任和缴纳罚款、罚金，其财产不足以同时支付时，先承担民事赔偿责任。

第九十八条 违反本法规定，构成违反治安管理行为的，依法给予治安管理处罚；构成犯罪的，依法追究刑事责任。

6.3.10 《中华人民共和国道路交通安全法》(部分)

《中华人民共和国道路交通安全法》于2003年10月28日第十届全国人民代表大会常务委员会第五次会议通过。根据2007年12月29日第十届全国人民代表大会常务委员会第三十一次会议《关于修改〈中华人民共和国道路交通安全法〉的决定》第一次修正。根据2011年4月22日第十一届全国人民代表大会常务委员会第二十次会议《关于修改〈中华人民共和国道路交通安全法〉的决定》第二次修正。

第七章 法律责任

第八十七条 公安机关交通管理部门及其交通警察对道路交通安全违法行为，应当及时纠正。

公安机关交通管理部门及其交通警察应当依据事实和本法的有关规定对道路交通安全违法行为予以处罚。对于情节轻微，未影响道路通行的，指出违法行为，给予口头警告后放行。

第八十八条 对道路交通安全违法行为的处罚种类包括：警告、罚款、暂扣或者吊销机动车驾驶证、拘留。

第八十九条 行人、乘车人、非机动车驾驶人违反道路交通安全法律、法规关于道路通行规定的，处警告或者五元以上五十元以下罚款；非机动车驾驶人拒绝接受罚款处罚的，可以扣留其非机动车。

第九十条 机动车驾驶人违反道路交通安全法律、法规关于道路通行规定的，处警告或者二十元以上二百元以下罚款。本法另有规定的，依照规定处罚。

第九十一条 饮酒后驾驶机动车的，处暂扣六个月机动车驾驶证，并处一千元以上二千元以下罚款。因饮酒后驾驶机动车被处罚，再次饮酒后驾驶机动车的，处十日以下拘留，并处一千元以上二千元以下罚款，吊销机动车驾驶证。

醉酒驾驶机动车的，由公安机关交通管理部门约束至酒醒，吊销机动车驾驶证，依法追究刑事责任；五年内不得重新取得机动车驾驶证。

饮酒后驾驶营运机动车的，处十五日拘留，并处五千元罚款，吊销机动车驾驶证，五年内不得重新取得机动车驾驶证。

醉酒驾驶营运机动车的，由公安机关交通管理部门约束至酒醒，吊销机动车驾驶证，依法追究刑事责任；十年内不得重新取得机动车驾驶证，重新取得机动车驾驶证后，不得驾驶营运机动车。

饮酒后或者醉酒驾驶机动车发生重大交通事故，终生不得重新取得机动车驾驶证。

第九十二条 公路客运车辆载客超过额定乘员的，处二百元以上五百元以下罚款；超过额定乘员百分之二十或者违反规定载货的，处五百元以上二千元以下罚款。

货运机动车超过核定载质量的，处二百元以上五百元以下罚款；超过核定载质量百分之三十或者违反规定载客的，处五百元以上二千元以下罚款。

有前两款行为的，由公安机关交通管理部门扣留机动车至违法状态消除。

运输单位的车辆有本条第一款、第二款规定的情形，经处罚不改的，对直接负责的主管人员处二千元以上五千元以下罚款。

第九十三条 对违反道路交通安全法律、法规关于机动车停放、临时停车规定的，可以指出违法行为，并予以口头警告，令其立即驶离。

机动车驾驶人不在现场或者虽在现场但拒绝立即驶离，妨碍其他车辆、行人通行的，处二十元以上二百元以下罚款，并可以将该机动车拖移至不妨碍交通的地点或者公安机关交通管理部门指定的地点停放。公安机关交通管理部门拖车不得向当事人收取费用，并应当及时告知当事人停放地点。

因采取不正确的方法拖车造成机动车损坏的，应当依法承担补偿责任。

第九十四条 机动车安全技术检验机构实施机动车安全技术检验超过国务院价格主管部门核定的收费标准收取费用的，退还多收取的费用，并由价格主管部门依照《中华人民共和国价格法》的有关规定给予处罚。

机动车安全技术检验机构不按照机动车国家安全技术标准进行检验，出具虚假检验结果的，由公安机关交通管理部门处所收检验费用五倍以上十倍以下罚款，并依法撤销其检验资格；构成犯罪的，依法追究刑事责任。

第九十五条 上道路行驶的机动车未悬挂机动车号牌，未放置检验合格标志、保险标志，或者未随车携带行驶证、驾驶证的，公安机关交通管理部门应当扣留机动车，通知当事人提供相应的牌证、标志或者补办相应手续，并可以依照本法第九十条的规定予以处罚。当事人提供相应的牌证、标志或者补办相应手续的，应当及时退还机动车。

故意遮挡、污损或者不按规定安装机动车号牌的，依照本法第九十条的规定予以处罚。

第九十六条 伪造、变造或者使用伪造、变造的机动车登记证书、号牌、行驶证、驾驶证的，由公安机关交通管理部门予以收缴，扣留该机动车，处十五日以下拘留，并处二千元以上五千元以下罚款；构成犯罪的，依法追究刑事责任。

伪造、变造或者使用伪造、变造的检验合格标志、保险标志的，由公安机关交通管理部门予以收缴，扣留该机动车，处十日以下拘留，并处一千元以上三千元以下罚款；构成犯罪的，依法追究刑事责任。

使用其他车辆的机动车登记证书、号牌、行驶证、检验合格标志、保险标志的，由公安机关交通管理部门予以收缴，扣留该机动车，处二千元以上五千元以下罚款。

当事人提供相应的合法证明或者补办相应手续的，应当及时退还机动车。

第九十七条 非法安装警报器、标志灯具的，由公安机关交通管理部门强制拆除，予以收缴，并处二百元以上二千元以下罚款。

第九十八条 机动车所有人、管理人未按照国家规定投保机动车第三者责任强制保险的，由公安机关交通管理部门扣留车辆至依照规定投保后，并处依照规定投保最低责任限额应缴纳的保险费的二倍罚款。

依照前款缴纳的罚款全部纳入道路交通事故社会救助基金。具体办法由国务院规定。

第九十九条 有下列行为之一的，由公安机关交通管理部门处二百元以上二千元以下罚款：

（一）未取得机动车驾驶证、机动车驾驶证被吊销或者机动车驾驶证被暂扣期间驾驶机动车的；

（二）将机动车交由未取得机动车驾驶证或者机动车驾驶证被吊销、暂扣的人驾驶的；

（三）造成交通事故后逃逸，尚不构成犯罪的；

（四）机动车行驶超过规定时速百分之五十的；

（五）强迫机动车驾驶人违反道路交通安全法律、法规和机动车安全驾驶要求驾驶机动车，造成交通事故，尚不构成犯罪的；

（六）违反交通管制的规定强行通行，不听劝阻的；

（七）故意损毁、移动、涂改交通设施，造成危害后果，尚不构成犯罪的；

（八）非法拦截、扣留机动车辆，不听劝阻，造成交通严重阻塞或者较大财产损失的。

行为人有前款第二项、第四项情形之一的，可以并处吊销机动车驾驶证；有第一项、第三项、第五项至第八项情形之一的，可以并处十五日以下拘留。

第一百条 驾驶拼装的机动车或者已达到报废标准的机动车上道路行驶的，公安机关交通管理部门应当予以收缴，强制报废。

对驾驶前款所列机动车上道路行驶的驾驶人，处二百元以上二千元以下罚款，并吊销机动车驾驶证。

出售已达到报废标准的机动车的，没收违法所得，处销售金额等额的罚款，对该机动车依照本条第一款的规定处理。

第一百零一条 违反道路交通安全法律、法规的规定，发生重大交通事故，构成犯罪的，依法追究刑事责任，并由公安机关交通管理部门吊销机动车驾驶证。

造成交通事故后逃逸的，由公安机关交通管理部门吊销机动车驾驶证，且终生不得重新取得机动车驾驶证。

第一百零二条 对六个月内发生二次以上特大交通事故负有主要责任或者全部责任的专业运输单位，由公安机关交通管理部门责令消除安全隐患，未消除安全隐患的机动车，禁止上道路行驶。

第一百零三条 国家机动车产品主管部门未按照机动车国家安全技术标准严格审查，许可不合格机动车型投入生产的，对负有责任的主管人员和其他直接责任人员给予降级或者撤职的行政处分。

机动车生产企业经国家机动车产品主管部门许可生产的机动车型，不执行机动车国家安全技术标准或者不严格进行机动车成品质量检验，致使质量不合格的机动车出厂销售的，由质量技术监督部门依照《中华人民共和国产品质量法》的有关规定给予处罚。

擅自生产、销售未经国家机动车产品主管部门许可生产的机动车型的，没收非法生产、销售的机动车成品及配件，可以并处非法产品价值三倍以上五倍以下罚款；有营业执照的，由工商行政管理部门吊销营业执照，没有营业执照的，予以查封。

生产、销售拼装的机动车或者生产、销售擅自改装的机动车的，依照本条第三款的规定处罚。

有本条第二款、第三款、第四款所列违法行为，生产或者销售不符合机动车国家安全技术标准的机动车，构成犯罪的，依法追究刑事责任。

第一百零四条 未经批准，擅自挖掘道路、占用道路施工或者从事其他影响道路交通安全活动的，由道路主管部门责令停止违法行为，并恢复原状，可以依法给予罚款；致使通行的人员、车辆及其他财产遭受损失的，依法承担赔偿责任。

有前款行为，影响道路交通安全活动的，公安机关交通管理部门可以责令停止违法行为，迅速恢复交通。

第一百零五条 道路施工作业或者道路出现损毁，未及时设置警示标志、未采取防护措施，或者应当设置交通信号灯、交通标志、交通标线而没有设置或者应当及时变更交通信号灯、交通标志、交通标线而没有及时变更，致使通行的人员、车辆及其他财产遭受损失的，负有相关职责的单位应当依法承担赔偿责任。

第一百零六条 在道路两侧及隔离带上种植树木、其他植物或者设置广告牌、管线等，遮挡路灯、交通信号灯、交通标志，妨碍安全视距的，由公安机关交通管理部门责令行为人排除妨碍；拒不执行的，处二百元以上二千元以下罚款，并强制排除妨碍，所需费用由行为人负担。

第一百零七条 对道路交通违法行为人予以警告、二百元以下罚款，交通警察可以当场作出行政处罚决定，并出具行政处罚决定书。

行政处罚决定书应当载明当事人的违法事实、行政处罚的依据、处罚内容、时间、地点以及处罚机关名称，并由执法人员签名或者盖章。

第一百零八条 当事人应当自收到罚款的行政处罚决定书之日起十五日内，到指定的银行缴纳罚款。

对行人、乘车人和非机动车驾驶人的罚款，当事人无异议的，可以当场予以收缴罚款。

罚款应当开具省、自治区、直辖市财政部门统一制发的罚款收据；不出具财政部门统一制发的罚款收据的，当事人有权拒绝缴纳罚款。

第一百零九条 当事人逾期不履行行政处罚决定的，作出行政处罚决定的行政机关可以采取下列措施：

（一）到期不缴纳罚款的，每日按罚款数额的百分之三加处罚款；

（二）申请人民法院强制执行。

第一百一十条 执行职务的交通警察认为应当对道路交通违法行为人给予暂扣或者吊销机动车驾驶证处罚的，可以先予扣留机动车驾驶证，并在二十四小时内将案件移交公安机关交通管理部门处理。

道路交通违法行为人应当在十五日内到公安机关交通管理部门接受处理。无正当理由逾期未接受处理的，吊销机动车驾驶证。

公安机关交通管理部门暂扣或者吊销机动车驾驶证的，应当出具行政处罚决定书。

第一百一十一条 对违反本法规定予以拘留的行政处罚，由县、市公安局、公安分局或者相当于县一级的公安机关裁决。

第一百一十二条 公安机关交通管理部门扣留机动车、非机动车，应当当场出具凭证，并告知当事人在规定期限内到公安机关交通管理部门接受处理。

公安机关交通管理部门对被扣留的车辆应当妥善保管，不得使用。

逾期不来接受处理，并且经公告三个月仍不来接受处理的，对扣留的车辆依法处理。

第一百一十三条 暂扣机动车驾驶证的期限从处罚决定生效之日起计算；处罚决定生效前先予扣留机动车驾驶证的，扣留一日折抵暂扣期限一日。

吊销机动车驾驶证后重新申请领取机动车驾驶证的期限，按照机动车驾驶证管理规定办理。

第一百一十四条 公安机关交通管理部门根据交通技术监控记录资料，可以对违法的机动车所有人或者管理人依法予以处罚。对能够确定驾驶人的，可以依照本法的规定依法予以处罚。

第一百一十五条 交通警察有下列行为之一的，依法给予行政处分：

（一）为不符合法定条件的机动车发放机动车登记证书、号牌、行驶证、检验合格标志的；

（二）批准不符合法定条件的机动车安装、使用警车、消防车、救护车、工程救险车的警报器、标志灯具，喷涂标志图案的；

（三）为不符合驾驶许可条件、未经考试或者考试不合格人员发放机动车驾驶证的；

（四）不执行罚款决定与罚款收缴分离制度或者不按规定将依法收取的费用、收缴的罚款及没收的违法所得全部上缴国库的；

（五）举办或者参与举办驾驶学校或者驾驶培训班、机动车修理厂或者收费停车场等经营活动的；

（六）利用职务上的便利收受他人财物或者谋取其他利益的；

（七）违法扣留车辆、机动车行驶证、驾驶证、车辆号牌的；

（八）使用依法扣留的车辆的；

（九）当场收取罚款不开具罚款收据或者不如实填写罚款额的；

（十）徇私舞弊，不公正处理交通事故的；

（十一）故意刁难，拖延办理机动车牌证的；

（十二）非执行紧急任务时使用警报器、标志灯具的；

（十三）违反规定拦截、检查正常行驶的车辆的；

（十四）非执行紧急公务时拦截搭乘机动车的；

（十五）不履行法定职责的。

公安机关交通管理部门有前款所列行为之一的，对直接负责的主管人员和其他直接责任人员给予相应的行政处分。

第一百一十六条 依照本法第一百一十五条的规定，给予交通警察行政处分的，在作出行政处分决定前，可以停止其执行职务；必要时，可以予以禁闭。

依照本法第一百一十五条的规定，交通警察受到降级或者撤职行政处分的，可以予以辞退。

交通警察受到开除处分或者被辞退的，应当取消警衔；受到撤职以下行政处分的交通警察，应当降低警衔。

第一百一十七条 交通警察利用职权非法占有公共财物，索取、收受贿赂，或者滥用职权、玩忽职守，构成犯罪的，依法追究刑事责任。

第一百一十八条 公安机关交通管理部门及其交通警察有本法第一百一十五条所列行为之一，给当事人造成损失的，应当依法承担赔偿责任。

6.3.11 《中华人民共和国矿山安全法》(部分)

第四十条 违反本法规定，有下列行为之一的，由劳动行政主管部门责令改正，可以并处罚款；情节严重的，提请县级以上人民政府决定责令停产整顿；对主管人员和直接责任人员由其所在单位或者上级主管机关给予行政处分：

（一）未对职工进行安全教育、培训，分配职工上岗作业的；

（二）使用不符合国家安全标准或者行业安全标准的设备、器材、防护用品、安全检测仪器的；

（三）未按照规定提取或者使用安全技术措施专项费用的；

（四）拒绝矿山安全监督人员现场检查或者在被检查时隐瞒事故隐患、不如实反映情况的；

（五）未按照规定及时、如实报告矿山事故的。

第四十一条 矿长不具备安全专业知识的，安全生产的特种作业人员未取得操作资格证书上岗作业的，由劳动行政主管部门责令限期改正；逾期不改正的，提请县级以上人民政府决定责令停产，调整配备合格人员后，方可恢复生产。

第四十二条 矿山建设工程安全设施的设计未经批准擅自施工的，由管理矿山企业的主管部门责令停止施工；拒不执行的，由管理矿山企业的主管部门提请县级以上人民政府决定由有关主管部门吊销其采矿许可证和营业执照。

第四十三条 矿山建设工程的安全设施未经验收或者验收不合格擅自投入

生产的，由劳动行政主管部门会同管理矿山企业的主管部门责令停止生产，并由劳动行政主管部门处以罚款；拒不停止生产的，由劳动行政主管部门提请县级以上人民政府决定由有关主管部门吊销其采矿许可证和营业执照。

第四十四条 已经投入生产的矿山企业，不具备安全生产条件而强行开采的，由劳动行政主管部门会同管理矿山企业的主管部门责令限期改进；逾期仍不具备安全生产条件的，由劳动行政主管部门提请县级以上人民政府决定责令停产整顿或者由有关主管部门吊销其采矿许可证和营业执照。

第四十五条 当事人对行政处罚决定不服的，可以在接到处罚决定通知之日起十五日内向作出处罚决定的机关的上一级机关申请复议；当事人也可以在接到处罚决定通知之日起十五日内直接向人民法院起诉。

复议机关应当在接到复议申请之日起六十日内作出复议决定。当事人对复议决定不服的，可以在接到复议决定之日起十五日内向人民法院起诉。复议机关逾期不作出复议决定的，当事人可以在复议期满之日起十五日内向人民法院起诉。

当事人逾期不申请复议也不向人民法院起诉、又不履行处罚决定的，作出处罚决定的机关可以申请人民法院强制执行。

第四十六条 矿山企业主管人员违章指挥、强令工人冒险作业，因而发生重大伤亡事故的，依照刑法有关规定追究刑事责任。

第四十七条 矿山企业主管人员对矿山事故隐患不采取措施，因而发生重大伤亡事故的，依照刑法有关规定追究刑事责任。

第四十八条 矿山安全监督人员和安全管理人员滥用职权，玩忽职守、徇私舞弊，构成犯罪的，依法追究刑事责任；不构成犯罪的，给予行政处分。

6.3.12 《中华人民共和国煤炭法》(部分)

第二十二条 开采煤炭资源必须符合煤矿开采规程，遵守合理的开采顺序，达到规定的煤炭资源回采率。

煤炭资源回采率由国务院煤炭管理部门根据不同的资源和开采条件确定。

国家鼓励煤矿企业进行复采或者开采边角残煤和极薄煤。

第二十四条 煤炭生产应当依法在批准的开采范围内进行，不得超越批准的开采范围越界、越层开采。

采矿作业不得擅自开采保安煤柱，不得采用可能危及相邻煤矿生产安全的决水、爆破、贯通巷道等危险方法。

第五十一条 任何单位或者个人需要在煤矿采区范围内进行可能危及煤矿安全的作业时，应当经煤矿企业同意，报煤炭管理部门批准，并采取安全措施后，方可进行作业。

在煤矿矿区范围内需要建设公用工程或者其他工程的，有关单位应当事先与煤矿企业协商并达成协议后，方可施工。

第五十七条 违反本法第二十二条的规定，开采煤炭资源未达到国务院煤炭管理部门规定的煤炭资源回采率的，由煤炭管理部门责令限期改正；逾期仍达不到规定的回采率的，责令停止生产。

第五十八条 违反本法第二十四条的规定，擅自开采保安煤柱或者采用危及相邻煤矿生产安全的危险方法进行采矿作业的，由劳动行政主管部门会同煤炭管理部门责令停止作业；由煤炭管理部门没收违法所得，并处违法所得一倍以上五倍以下的罚款；构成犯罪的，由司法机关依法追究刑事责任；造成损失的，依法承担赔偿责任。

第六十二条 违反本法第五十二条的规定，未经批准或者未采取安全措施，在煤矿采区范围内进行危及煤矿安全作业的，由煤炭管理部门责令停止作业，可以并处五万元以下的罚款；造成损失的，依法承担赔偿责任。

第六十三条 有下列行为之一的，由公安机关依照治安管理处罚法的有关规定处罚；构成犯罪的，由司法机关依法追究刑事责任：

（一）阻碍煤矿建设，致使煤矿建设不能正常进行的；

（二）故意损坏煤矿矿区的电力、通讯、水源、交通及其他生产设施的；

（三）扰乱煤矿矿区秩序，致使生产、工作不能正常进行的；

（四）拒绝、阻碍监督检查人员依法执行职务的。

第六十四条 煤矿企业的管理人员违章指挥、强令职工冒险作业，发生重大伤亡事故的，依照刑法有关规定追究刑事责任。

第六十五条 煤矿企业的管理人员对煤矿事故隐患不采取措施予以消除，发生重大伤亡事故的，依照刑法有关规定追究刑事责任。

第六十六条 煤炭管理部门和有关部门的工作人员玩忽职守、徇私舞弊、滥用职权的，依法给予行政处分；构成犯罪的，由司法机关依法追究刑事责任。

6.4 行政法规中有关违法的法律责任条款

6.4.1 《地方党政领导干部安全生产责任制规定》（部分）

第二章 职责

第五条 地方各级党委主要负责人安全生产职责主要包括：

（一）认真贯彻执行党中央以及上级党委关于安全生产的决策部署和指示精神，安全生产方针政策、法律法规；

（二）把安全生产纳入党委议事日程和向全会报告工作的内容，及时组织研究解决安全生产重大问题；

（三）把安全生产纳入党委常委会及其成员职责清单，督促落实安全生产“一岗双责”制度；

（四）加强安全生产监管部门领导班子建设、干部队伍建设和机构建设，支持人大、政协监督安全生产工作，统筹协调各方面重视支持安全生产工作；

（五）推动将安全生产纳入经济社会发展全局，纳入国民经济和社会发展考核评价体系，作为衡量经济发展、社会治安综合治理、精神文明建设成效的重要指标和领导干部政绩考核的重要内容；

（六）大力弘扬生命至上、安全第一的思想，强化安全生产宣传教育和舆论引导，将安全生产方针政策和法律法规纳入党委理论学习中心组学习内容和干部培训内容。

第六条 县级以上地方各级政府主要负责人安全生产职责主要包括：

（一）认真贯彻落实党中央、国务院以及上级党委和政府、本级党委关于安全生产的决策部署和指示精神，安全生产方针政策、法律法规；

（二）把安全生产纳入政府重点工作和政府工作报告的重要内容，组织制定安全生产规划并纳入国民经济和社会发展规划，及时组织研究解决安全生产突出问题；

（三）组织制定政府领导干部年度安全生产重点工作责任清单并定期检查考核，在政府有关工作部门“三定”规定中明确安全生产职责；

（四）组织设立安全生产专项资金并列入本级财政预算、与财政收入保持同步增长，加强安全生产基础建设和监管能力建设，保障监管执法必需的人员、经费和车辆等装备；

（五）严格安全准入标准，推动构建安全风险分级管控和隐患排查治理预防工作机制，按照分级属地管理原则明确本地区各类生产经营单位的安全生产监管部门，依法领导和组织生产安全事故应急救援、调查处理及信息公开工作；

（六）领导本地区安全生产委员会工作，统筹协调安全生产工作，推动构建安全生产责任体系，组织开展安全生产巡查、考核等工作，推动加强高素质专业化安全监管执法队伍建设。

第七条 地方各级党委常委会其他成员按照职责分工，协调纪检监察机关和组织、宣传、政法、机构编制等单位支持保障安全生产工作，动员社会各界力量积极参与、支持、监督安全生产工作，抓好分管行业（领域）、部门（单位）的安全生产工作。

第八条 县级以上地方各级政府原则上由担任本级党委常委的政府领导干部分管安全生产工作，其安全生产职责主要包括：

（一）组织制定贯彻落实党中央、国务院以及上级及本级党委和政府关于安全生产决策部署，安全生产方针政策、法律法规的具体措施；

（二）协助党委主要负责人落实党委对安全生产的领导职责，督促落实本级党委关于安全生产的决策部署；

（三）协助政府主要负责人统筹推进本地区安全生产工作，负责领导安全生产委员会日常工作，组织实施安全生产监督检查、巡查、考核等工作，协调解决重点难点问题；

（四）组织实施安全风险分级管控和隐患排查治理预防工作机制建设，指导安全生产专项整治和联合执法行动，组织查处各类违法违规行为；

（五）加强安全生产应急救援体系建设，依法组织或者参与生产安全事故抢险救援和调查处理，组织开展生产安全事故责任追究和整改措施落实情况评估；

（六）统筹推进安全生产社会化服务体系建设、信息化建设、诚信体系建设和教育培训、科技支撑等工作。

第九条 县级以上地方各级政府其他领导干部安全生产职责主要包括：

（一）组织分管行业（领域）、部门（单位）贯彻执行党中央、国务院以及上级及本级党委和政府关于安全生产的决策部署，安全生产方针政策、法律法规；

（二）组织分管行业（领域）、部门（单位）健全和落实安全生产责任制，将安全生产工作与业务工作同时安排部署、同时组织实施、同时监督检查；

（三）指导分管行业（领域）、部门（单位）把安全生产工作纳入相关发展规划和年度工作计划，从行业规划、科技创新、产业政策、法规标准、行政许可、资产管理等方面加强和支持安全生产工作；

（四）统筹推进分管行业（领域）、部门（单位）安全生产工作，每年定期组织分析安全生产形势，及时研究解决安全生产问题，支持有关部门依法履行安全生产工作职责；

（五）组织开展分管行业（领域）、部门（单位）安全生产专项整治、目标管理、应急管理、查处违法违规生产经营行为等工作，推动构建安全风险分级管控和隐患排查治理预防工作机制。

第五章　责任追究

第十八条 地方党政领导干部在落实安全生产工作责任中存在下列情形之一的，应当按照有关规定进行问责：

（一）履行本规定第二章所规定职责不到位的；

（二）阻挠、干涉安全生产监管执法或者生产安全事故调查处理工作的；

（三）对迟报、漏报、谎报或者瞒报生产安全事故负有领导责任的；

（四）对发生生产安全事故负有领导责任的；

（五）有其他应当问责情形的。

第十九条 对存在本规定第十八条情形的责任人员，应当根据情况采取通报、诫勉、停职检查、调整职务、责令辞职、降职、免职或者处分等方式问责；涉嫌职务违法犯罪的，由监察机关依法调查处置。

第二十条 严格落实安全生产“一票否决”制度，对因发生生产安全事故被追究领导责任的地方党政领导干部，在相关规定时限内，取消考核评优和评选各类先进资格，不得晋升职务、级别或者重用任职。

第二十一条 对工作不力导致生产安全事故人员伤亡和经济损失扩大，或者造成严重社会影响负有主要领导责任的地方党政领导干部，应当从重追究责任。

第二十二条 对主动采取补救措施，减少生产安全事故损失或者挽回社会不良影响的地方党政领导干部，可以从轻、减轻追究责任。

第二十三条 对职责范围内发生生产安全事故，经查实已经全面履行了本规定第二章所规定职责、法律法规规定有关职责，并全面落实了党委和政府有关工作部署的，不予追究地方有关党政领导干部的领导责任。

第二十四条 地方党政领导干部对发生生产安全事故负有领导责任且失职失责性质恶劣、后果严重的，不论是否已调离转岗、提拔或者退休，都应当严格追究其责任。

第二十五条 实施安全生产责任追究，应当依法依规、实事求是、客观公正，根据岗位职责、履职情况、履职条件等因素合理确定相应责任。

第二十六条 存在本规定第十八条情形应当问责的，由纪检监察机关、组织人事部门和安全生产监管部门按照权限和职责分别负责。

6.4.2 《安全生产许可证条例》(部分)

第十八条 安全生产许可证颁发管理机关工作人员有下列行为之一的，给予降级或者撤职的行政处分；构成犯罪的，依法追究刑事责任：

（一）向不符合本条例规定的安全生产条件的企业颁发安全生产许可证的；

（二）发现企业未依法取得安全生产许可证擅自从事生产活动，不依法处理的；

（三）发现取得安全生产许可证的企业不再具备本条例规定的安全生产条件，不依法处理的；

（四）接到对违反本条例规定行为的举报后，不及时处理的；

（五）在安全生产许可证颁发、管理和监督检查工作中，索取或者接受企业的财物，或者谋取其他利益的。

第十九条 违反本条例规定，未取得安全生产许可证擅自进行生产的，责令停止生产，没收违法所得，并处10万元以上50万元以下的罚款；造成重大事故或者其他严重后果，构成犯罪的，依法追究刑事责任。

第二十条 违反本条例规定，安全生产许可证有效期满未办理延期手续，继续进行生产的，责令停止生产，限期补办延期手续，没收违法所得，并处5万元以上10万元以下的罚款；逾期仍不办理延期手续，继续进行生产的，依照本条例第十九条的规定处罚。

第二十一条 违反本条例规定，转让安全生产许可证的，没收违法所得，处10万元以上50万元以下的罚款，并吊销其安全生产许可证；构成犯罪的，依法追究刑事责任；接受转让的，依照本条例第十九条的规定处罚。

冒用安全生产许可证或者使用伪造的安全生产许可证的，依照本条例第十九条的规定处罚。

第二十二条 本条例施行前已经进行生产的企业，应当自本条例施行之日起1年内，依照本条例的规定向安全生产许可证颁发管理机关申请办理安全生产许可证；逾期不办理安全生产许可证，或者经审查不符合本条例规定的安全生产条件，未取得安全生产许可证，继续进行生产的，依照本条例第十九条的规定处罚。

第二十三条 本条例规定的行政处罚，由安全生产许可证颁发管理机关决定。

6.4.3 《劳动保障监察条例》(部分)

第二十三条 用人单位有下列行为之一的，由劳动保障行政部门责令改正，按照受侵害的劳动者每人1000元以上5000元以下的标准计算，处以罚款：

（一）安排女职工从事矿山井下劳动、国家规定的第四级体力劳动强度的劳动或者其他禁忌从事的劳动的；

（二）安排女职工在经期从事高处、低温、冷水作业或者国家规定的第三级体力劳动强度的劳动的；

（三）安排女职工在怀孕期间从事国家规定的第三级体力劳动强度的劳动或者孕期禁忌从事的劳动的；

（四）安排怀孕7个月以上的女职工夜班劳动或者延长其工作时间的；

（五）女职工生育享受产假少于90天的；

（六）安排女职工在哺乳未满1周岁的婴儿期间从事国家规定的第三级体力劳动强度的劳动或者哺乳期禁忌从事的其他劳动，以及延长其工作时间或者安排其夜班劳动的；

（七）安排未成年工从事矿山井下、有毒有害、国家规定的第四级体力劳动强度的劳动或者其他禁忌从事的劳动的；

（八）未对未成年工定期进行健康检查的。

第二十四条 用人单位与劳动者建立劳动关系不依法订立劳动合同的，由劳动保障行政部门责令改正。

第二十五条 用人单位违反劳动保障法律、法规或者规章延长劳动者工作时间的，由劳动保障行政部门给予警告，责令限期改正，并可以按照受侵害的劳动者每人100元以上500元以下的标准计算，处以罚款。

第二十六条 用人单位有下列行为之一的，由劳动保障行政部门分别责令限期支付劳动者的工资报酬、劳动者工资低于当地最低工资标准的差额或者解除劳动合同的经济补偿；逾期不支付的，责令用人单位按照应付金额50%以上1倍以下的标准计算，向劳动者加付赔偿金：

（一）克扣或者无故拖欠劳动者工资报酬的；

（二）支付劳动者的工资低于当地最低工资标准的；

（三）解除劳动合同未依法给予劳动者经济补偿的。

第二十七条 用人单位向社会保险经办机构申报应缴纳的社会保险费数额时，瞒报工资总额或者职工人数的，由劳动保障行政部门责令改正，并处瞒报工资数额1倍以上3倍以下的罚款。

骗取社会保险待遇或者骗取社会保险基金支出的，由劳动保障行政部门责令退还，并处骗取金额1倍以上3倍以下的罚款；构成犯罪的，依法追究刑事责任。

第二十八条 职业介绍机构、职业技能培训机构或者职业技能考核鉴定机构违反国家有关职业介绍、职业技能培训或者职业技能考核鉴定的规定的，由劳动保障行政部门责令改正，没收违法所得，并处1万元以上5万元以下的罚款；情节严重的，吊销许可证。

未经劳动保障行政部门许可，从事职业介绍、职业技能培训或者职业技能考核鉴定的组织或者个人，由劳动保障行政部门、工商行政管理部门依照国家有关无照经营查处取缔的规定查处取缔。

第二十九条 用人单位违反《中华人民共和国工会法》，有下列行为之一的，由劳动保障行政部门责令改正：

（一）阻挠劳动者依法参加和组织工会，或者阻挠上级工会帮助、指导劳动者筹建工会的；

（二）无正当理由调动依法履行职责的工会工作人员的工作岗位，进行打击报复的；

（三）劳动者因参加工会活动而被解除劳动合同的；

（四）工会工作人员因依法履行职责被解除劳动合同的。

第三十条 有下列行为之一的，由劳动保障行政部门责令改正；对有第（一）项、第（二）项或者第（三）项规定的行为的，处2000元以上2万元以下的罚款：

（一）无理抗拒、阻挠劳动保障行政部门依照本条例的规定实施劳动保障监察的；

（二）不按照劳动保障行政部门的要求报送书面材料，隐瞒事实真相，出具伪证或者隐匿、毁灭证据的；

（三）经劳动保障行政部门责令改正拒不改正，或者拒不履行劳动保障行政部门的行政处理决定的；

（四）打击报复举报人、投诉人的。

违反前款规定，构成违反治安管理行为的，由公安机关依法给予治安管理处罚；构成犯罪的，依法追究刑事责任。

第三十一条 劳动保障监察员滥用职权、玩忽职守、徇私舞弊或者泄露在履行职责过程中知悉的商业秘密的，依法给予行政处分；构成犯罪的，依法追究刑事责任。

劳动保障行政部门和劳动保障监察员违法行使职权，侵犯用人单位或者劳动者的合法权益的，依法承担赔偿责任。

第三十二条 属于本条例规定的劳动保障监察事项，法律、其他行政法规对处罚另有规定的，从其规定。

6.4.4 《特种设备安全监察条例》(部分)

第七十二条 未经许可，擅自从事压力容器设计活动的，由特种设备安全监督管理部门予以取缔，处5万元以上20万元以下罚款；有违法所得的，没收违法所得；触犯刑律的，对负有责任的主管人员和其他直接责任人员依照刑法关于非法经营罪或者其他罪的规定，依法追究刑事责任。

第七十三条 锅炉、气瓶、氧舱和客运索道、大型游乐设施以及高耗能特种设备的设计文件，未经国务院特种设备安全监督管理部门核准的检验检测机构鉴定，擅自用于制造的，由特种设备安全监督管理部门责令改正，没收非法制造的产品，处5万元以上20万元以下罚款；触犯刑律的，对负有责任的主管人员和其他直接责任人员依照刑法关于生产、销售伪劣产品罪、非法经营罪或者其他罪的规定，依法追究刑事责任。

第七十四条 按照安全技术规范的要求应当进行型式试验的特种设备产品、部件或者试制特种设备新产品、新部件，未进行整机或者部件型式试验的，由特种设备安全监督管理部门责令限期改正；逾期未改正的，处2万元以上10万元以下罚款。

第七十五条 未经许可，擅自从事锅炉、压力容器、电梯、起重机械、客运索道、大型游乐设施、场（厂）内专用机动车辆及其安全附件、安全保护装置的制造、安装、改造以及压力管道元件的制造活动的，由特种设备安全监督管理部门予以取缔，没收非法制造的产品，已经实施安装、改造的，责令恢复原状或者责令限期由取得许可的单位重新安装、改造，处10万元以上50万元以下罚款；触犯刑律的，对负有责任的主管人员和其他直接责任人员依照刑法关于生产、销售伪劣产品罪、非法经营罪、重大责任事故罪或者其他罪的规定，依法追究刑事责任。

第七十六条 特种设备出厂时，未按照安全技术规范的要求附有设计文件、产品质量合格证明、安装及使用维修说明、监督检验证明等文件的，由特种设备安全监督管理部门责令改正；情节严重的，责令停止生产、销售，处违法生产、销售货值金额30%以下罚款；有违法所得的，没收违法所得。

第七十七条 未经许可，擅自从事锅炉、压力容器、电梯、起重机械、客运索道、大型游乐设施、场（厂）内专用机动车辆的维修或者日常维护保养的，由特种设备安全监督管理部门予以取缔，处1万元以上5万元以下罚款；有违法所得的，没收违法所得；触犯刑律的，对负有责任的主管人员和其他直接责任人员依照刑法关于非法经营罪、重大责任事故罪或者其他罪的规定，依法追究刑事责任。

第七十八条 锅炉、压力容器、电梯、起重机械、客运索道、大型游乐设施的安装、改造、维修的施工单位以及场（厂）内专用机动车辆的改造、维修单位，在施工前未将拟进行的特种设备安装、改造、维修情况书面告知直辖市或者设区的市的特种设备安全监督管理部门即行施工的，或者在验收后30日内未将有关技术资料移交锅炉、压力容器、电梯、起重机械、客运索道、大型游乐设施的使用单位的，由特种设备安全监督管理部门责令限期改正；逾期未改正的，处2000元以上1万元以下罚款。

第七十九条 锅炉、压力容器、压力管道元件、起重机械、大型游乐设施的制造过程和锅炉、压力容器、电梯、起重机械、客运索道、大型游乐设施的安装、改造、重大维修过程，以及锅炉清洗过程，未经国务院特种设备安全监督管理部门核准的检验检测机构按照安全技术规范的要求进行监督检验的，由特种设备安全监督管理部门责令改正，已经出厂的，没收违法生产、销售的产品，已经实施安装、改造、重大维修或者清洗的，责令限期进行监督检验，处5万元以上20万元以下罚款；有违法所得的，没收违法所得；情节严重的，撤销制造、安装、改造或者维修单位已经取得的许可，并由工商行政管理部门吊销其营业执照；触犯刑律的，对负有责任的主管人员和其他直接责任人员依照刑法关于生产、销售伪劣产品罪或者其他罪的规定，依法追究刑事责任。

第八十条 未经许可，擅自从事移动式压力容器或者气瓶充装活动的，由特种设备安全监督管理部门予以取缔，没收违法充装的气瓶，处10万元以上50万元以下罚款；有违法所得的，没收违法所得；触犯刑律的，对负有责任的主管人员和其他直接责任人员依照刑法关于非法经营罪或者其他罪的规定，依法追究刑事责任。

移动式压力容器、气瓶充装单位未按照安全技术规范的要求进行充装活动的，由特种设备安全监督管理部门责令改正，处2万元以上10万元以下罚款；情节严重的，撤销其充装资格。

第八十一条 电梯制造单位有下列情形之一的，由特种设备安全监督管理部门责令限期改正；逾期未改正的，予以通报批评：

（一）未依照本条例第十九条的规定对电梯进行校验、调试的；

（二）对电梯的安全运行情况进行跟踪调查和了解时，发现存在严重事故隐患，未及时向特种设备安全监督管理部门报告的。

第八十二条 已经取得许可、核准的特种设备生产单位、检验检测机构有下列行为之一的，由特种设备安全监督管理部门责令改正，处2万元以上10万元以下罚款；情节严重的，撤销其相应资格：

（一）未按照安全技术规范的要求办理许可证变更手续的；

（二）不再符合本条例规定或者安全技术规范要求的条件，继续从事特种设备生产、检验检测的；

（三）未依照本条例规定或者安全技术规范要求进行特种设备生产、检验检测的；

（四）伪造、变造、出租、出借、转让许可证书或者监督检验报告的。

第八十三条 特种设备使用单位有下列情形之一的，由特种设备安全监督管理部门责令限期改正；逾期未改正的，处2000元以上2万元以下罚款；情节严重的，责令停止使用或者停产停业整顿：

（一）特种设备投入使用前或者投入使用后30日内，未向特种设备安全监督管理部门登记，擅自将其投入使用的；

（二）未依照本条例第二十六条的规定，建立特种设备安全技术档案的；

（三）未依照本条例第二十七条的规定，对在用特种设备进行经常性日常维护保养和定期自行检查的，或者对在用特种设备的安全附件、安全保护装置、测量调控装置及有关附属仪器仪表进行定期校验、检修，并作出记录的；

（四）未按照安全技术规范的定期检验要求，在安全检验合格有效期届满前1个月向特种设备检验检测机构提出定期检验要求的；

（五）使用未经定期检验或者检验不合格的特种设备的；

（六）特种设备出现故障或者发生异常情况，未对其进行全面检查、消除事故隐患，继续投入使用的；

（七）未制定特种设备事故应急专项预案的；

（八）未依照本条例第三十一条第二款的规定，对电梯进行清洁、润滑、调整和检查的；

（九）未按照安全技术规范要求进行锅炉水（介）质处理的；

（十）特种设备不符合能效指标，未及时采取相应措施进行整改的。

特种设备使用单位使用未取得生产许可的单位生产的特种设备或者将非承压锅炉、非压力容器作为承压锅炉、压力容器使用的，由特种设备安全监督管理部门责令停止使用，予以没收，处2万元以上10万元以下罚款。

第八十四条 特种设备存在严重事故隐患，无改造、维修价值，或者超过安全技术规范规定的使用年限，特种设备使用单位未予以报废，并向原登记的特种设备安全监督管理部门办理注销的，由特种设备安全监督管理部门责令限期改正；逾期未改正的，处5万元以上20万元以下罚款。

第八十五条 电梯、客运索道、大型游乐设施的运营使用单位有下列情形之一的，由特种设备安全监督管理部门责令限期改正；逾期未改正的，责令停止使用或者停产停业整顿，处1万元以上5万元以下罚款：

（一）客运索道、大型游乐设施每日投入使用前，未进行试运行和例行安全检查，并对安全装置进行检查确认的；

（二）未将电梯、客运索道、大型游乐设施的安全注意事项和警示标志置于易于为乘客注意的显著位置的。

第八十六条 特种设备使用单位有下列情形之一的，由特种设备安全监督管理部门责令限期改正；逾期未改正的，责令停止使用或者停产停业整顿，处2000元以上2万元以下罚款：

（一）未依照本条例规定设置特种设备安全管理机构或者配备专职、兼职的安全管理人员的；

（二）从事特种设备作业的人员，未取得相应特种作业人员证书，上岗作业的；

（三）未对特种设备作业人员进行特种设备安全教育和培训的。

第八十七条 发生特种设备事故，有下列情形之一的，对单位，由特种设备安全监督管理部门处5万元以上20万元以下罚款；对主要负责人，由特种设备安全监督管理部门处4000元以上2万元以下罚款；属于国家工作人员的，依法给予处分；触犯刑律的，依照刑法关于重大责任事故罪或者其他罪的规定，依法追究刑事责任：

（一）特种设备使用单位的主要负责人在本单位发生特种设备事故时，不立即组织抢救或者在事故调查处理期间擅离职守或者逃匿的；

（二）特种设备使用单位的主要负责人对特种设备事故隐瞒不报、谎报或者拖延不报的。

第八十八条 对事故发生负有责任的单位，由特种设备安全监督管理部门依照下列规定处以罚款：

（一）发生一般事故的，处10万元以上20万元以下罚款；

（二）发生较大事故的，处20万元以上50万元以下罚款；

（三）发生重大事故的，处50万元以上200万元以下罚款。

第八十九条 对事故发生负有责任的单位的主要负责人未依法履行职责，导致事故发生的，由特种设备安全监督管理部门依照下列规定处以罚款；属于国家工作人员的，并依法给予处分；触犯刑律的，依照刑法关于重大责任事故罪或者其他罪的规定，依法追究刑事责任：

（一）发生一般事故的，处上一年年收入30%的罚款；

（二）发生较大事故的，处上一年年收入40%的罚款；

（三）发生重大事故的，处上一年年收入60%的罚款。

第九十条 特种设备作业人员违反特种设备的操作规程和有关的安全规章制度操作，或者在作业过程中发现事故隐患或者其他不安全因素，未立即向现场安全管理人员和单位有关负责人报告的，由特种设备使用单位给予批评教育、处分；情节严重的，撤销特种设备作业人员资格；触犯刑律的，依照刑法关于重大责任事故罪或者其他罪的规定，依法追究刑事责任。

第九十一条 未经核准，擅自从事本条例所规定的监督检验、定期检验、型式试验以及无损检测等检验检测活动的，由特种设备安全监督管理部门予以取缔，处5万元以上20万元以下罚款；有违法所得的，没收违法所得；触犯刑律的，对负有责任的主管人员和其他直接责任人员依照刑法关于非法经营罪或者其他罪的规定，依法追究刑事责任。

第九十二条 特种设备检验检测机构，有下列情形之一的，由特种设备安全监督管理部门处2万元以上10万元以下罚款；情节严重的，撤销其检验检测资格：

（一）聘用未经特种设备安全监督管理部门组织考核合格并取得检验检测人员证书的人员，从事相关检验检测工作的；

（二）在进行特种设备检验检测中，发现严重事故隐患或者能耗严重超标，未及时告知特种设备使用单位，并立即向特种设备安全监督管理部门报告的。

第九十三条 特种设备检验检测机构和检验检测人员，出具虚假的检验检测结果、鉴定结论或者检验检测结果、鉴定结论严重失实的，由特种设备安全监督管理部门对检验检测机构没收违法所得，处5万元以上20万元以下罚款，情节严重的，撤销其检验检测资格；对检验检测人员处5000元以上5万元以下罚款，情节严重的，撤销其检验检测资格，触犯刑律的，依照刑法关于中介组织人员提供虚假证明文件罪、中介组织人员出具证明文件重大失实罪或者其他罪的规定，依法追究刑事责任。

特种设备检验检测机构和检验检测人员，出具虚假的检验检测结果、鉴定结论或者检验检测结果、鉴定结论严重失实，造成损害的，应当承担赔偿责任。

第九十四条 特种设备检验检测机构或者检验检测人员从事特种设备的生产、销售，或者以其名义推荐或者监制、监销特种设备的，由特种设备安全监督管理部门撤销特种设备检验检测机构和检验检测人员的资格，处5万元以上20万元以下罚款；有违法所得的，没收违法所得。

第九十五条 特种设备检验检测机构和检验检测人员利用检验检测工作故意刁难特种设备生产、使用单位，由特种设备安全监督管理部门责令改正；拒不改正的，撤销其检验检测资格。

第九十六条 检验检测人员，从事检验检测工作，不在特种设备检验检测机构执业或者同时在两个以上检验检测机构中执业的，由特种设备安全监督管理部门责令改正，情节严重的，给予停止执业6个月以上2年以下的处罚；有违法所得的，没收违法所得。

第九十七条 特种设备安全监督管理部门及其特种设备安全监察人员，有下列违法行为之一的，对直接负责的主管人员和其他直接责任人员，依法给予降级或者撤职的处分；触犯刑律的，依照刑法关于受贿罪、滥用职权罪、玩忽职守罪或者其他罪的规定，依法追究刑事责任：

（一）不按照本条例规定的条件和安全技术规范要求，实施许可、核准、登记的；

（二）发现未经许可、核准、登记擅自从事特种设备的生产、使用或者检验检测活动不予取缔或者不依法予以处理的；

（三）发现特种设备生产、使用单位不再具备本条例规定的条件而不撤销其原许可，或者发现特种设备生产、使用违法行为不予查处的；

（四）发现特种设备检验检测机构不再具备本条例规定的条件而不撤销其原核准，或者对其出具虚假的检验检测结果、鉴定结论或者检验检测结果、鉴定结论严重失实的行为不予查处的；

（五）对依照本条例规定在其他地方取得许可的特种设备生产单位重复进行许可，或者对依照本条例规定在其他地方检验检测合格的特种设备，重复进行检验检测的；

（六）发现有违反本条例和安全技术规范的行为或者在用的特种设备存在严重事故隐患，不立即处理的；

（七）发现重大的违法行为或者严重事故隐患，未及时向上级特种设备安全监督管理部门报告，或者接到报告的特种设备安全监督管理部门不立即处理的；

（八）迟报、漏报、瞒报或者谎报事故的；

（九）妨碍事故救援或者事故调查处理的。

第九十八条 特种设备的生产、使用单位或者检验检测机构，拒不接受特种设备安全监督管理部门依法实施的安全监察的，由特种设备安全监督管理部门责令限期改正；逾期未改正的，责令停产停业整顿，处2万元以上10万元以下罚款；触犯刑律的，依照刑法关于妨害公务罪或者其他罪的规定，依法追究刑事责任。

特种设备生产、使用单位擅自动用、调换、转移、损毁被查封、扣押的特种设备或者其主要部件的，由特种设备安全监督管理部门责令改正，处5万元以上20万元以下罚款；情节严重的，撤销其相应资格。

6.4.5 《工伤保险条例》(部分)

第五十六条 单位或者个人违反本条例第十二条规定挪用工伤保险基金，构成犯罪的，依法追究刑事责任；尚不构成犯罪的，依法给予处分或者纪律处分。被挪用的基金由社会保险行政部门追回，并入工伤保险基金；没收的违法所得依法上缴国库。

第五十七条 社会保险行政部门工作人员有下列情形之一的，依法给予处分；情节严重，构成犯罪的，依法追究刑事责任：

（一）无正当理由不受理工伤认定申请，或者弄虚作假将不符合工伤条件的人员认定为工伤职工的；

（二）未妥善保管申请工伤认定的证据材料，致使有关证据灭失的；

（三）收受当事人财物的。

第五十八条 经办机构有下列行为之一的，由社会保险行政部门责令改正，对直接负责的主管人员和其他责任人员依法给予纪律处分；情节严重，构成犯罪的，依法追究刑事责任；造成当事人经济损失的，由经办机构依法承担赔偿责任：

（一）未按规定保存用人单位缴费和职工享受工伤保险待遇情况记录的；

（二）不按规定核定工伤保险待遇的；

（三）收受当事人财物的。

第五十九条 医疗机构、辅助器具配置机构不按服务协议提供服务的，经办机构可以解除服务协议。

经办机构不按时足额结算费用的，由社会保险行政部门责令改正；医疗机构、辅助器具配置机构可以解除服务协议。

第六十条 用人单位、工伤职工或者其近亲属骗取工伤保险待遇，医疗机构、辅助器具配置机构骗取工伤保险基金支出的，由社会保险行政部门责令退还，处骗取金额2倍以上5倍以下的罚款；情节严重，构成犯罪的，依法追究刑事责任。

第六十一条 从事劳动能力鉴定的组织或者个人有下列情形之一的，由社会保险行政部门责令改正，处2000元以上1万元以下的罚款；情节严重，构成犯罪的，依法追究刑事责任：

（一）提供虚假鉴定意见的；

（二）提供虚假诊断证明的；

（三）收受当事人财物的。

第六十二条 用人单位依照本条例规定应当参加工伤保险而未参加的，由社会保险行政部门责令限期参加，补缴应当缴纳的工伤保险费，并自欠缴之日起，按日加收万分之五的滞纳金；逾期仍不缴纳的，处欠缴数额1倍以上3倍以下的罚款。

依照本条例规定应当参加工伤保险而未参加工伤保险的用人单位职工发生工伤的，由该用人单位按照本条例规定的工伤保险待遇项目和标准支付费用。

用人单位参加工伤保险并补缴应当缴纳的工伤保险费、滞纳金后，由工伤保险基金和用人单位依照本条例的规定支付新发生的费用。

第六十三条 用人单位违反本条例第十九条的规定，拒不协助社会保险行政部门对事故进行调查核实的，由社会保险行政部门责令改正，处2000元以上2万元以下的罚款。

6.4.6 《煤矿安全监察条例》（部分）

第三十五条 煤矿建设工程安全设施设计未经煤矿安全监察机构审查同意，擅自施工的，由煤矿安全监察机构责令停止施工；拒不执行的，由煤矿安全监察机构移送地质矿产主管部门依法吊销采矿许可证。

第三十六条 煤矿建设工程安全设施和条件未经验收或者验收不合格，擅自投入生产的，由煤矿安全监察机构责令停止生产，处5万元以上10万元以下的罚款；拒不停止生产的，由煤矿安全监察机构移送地质矿产主管部门依法吊销采矿许可证。

第三十七条 煤矿矿井通风、防火、防水、防瓦斯、防毒、防尘等安全设施和条件不符合国家安全标准、行业安全标准、煤矿安全规程和行业技术规范的要求，经煤矿安全监察机构责令限期达到要求，逾期仍达不到要求的，由煤矿安全监察机构责令停产整顿；经停产整顿仍不具备安全生产条件的，由煤矿安全监察机构决定吊销安全生产许可证，并移送地质矿产主管部门依法吊销采矿许可证。

第三十八条 煤矿作业场所未使用专用防爆电器设备、专用放炮器、人员专用升降容器或者使用明火明电照明，经煤矿安全监察机构责令限期改正，逾期不改正的，由煤矿安全监察机构责令停产整顿，可以处3万元以下的罚款。

第三十九条 未依法提取或者使用煤矿安全技术措施专项费用，或者使用不符合国家安全标准或者行业安全标准的设备、器材、仪器、仪表、防护用品，经煤矿安全监察机构责令限期改正或者责令立即停止使用，逾期不改正或者不立即停止使用的，由煤矿安全监察机构处5万元以下的罚款；情节严重的，由煤矿安全监察机构责令停产整顿；对直接负责的主管人员和其他直接责任人员，依法给予纪律处分。

第四十条 煤矿矿长不具备安全专业知识，或者特种作业人员未取得操作资格证书上岗作业，经煤矿安全监察机构责令限期改正，逾期不改正的，责令停产整顿；调整配备合格人员并经复查合格后，方可恢复生产。

第四十一条 分配职工上岗作业前未进行安全教育、培训，经煤矿安全监察机构责令限期改正，逾期不改正的，由煤矿安全监察机构处4万元以下的罚款；情节严重的，由煤矿安全监察机构责令停产整顿；对直接负责的主管人员和其他直接责任人员，依法给予纪律处分。

第四十二条 煤矿作业场所的瓦斯、粉尘或者其他有毒有害气体的浓度超过国家安全标准或者行业安全标准，经煤矿安全监察人员责令立即停止作业，拒不停止作业的，由煤矿安全监察机构责令停产整顿，可以处10万元以下的罚款。

第四十三条 擅自开采保安煤柱，或者采用危及相邻煤矿生产安全的决水、爆破、贯通巷道等危险方法进行采矿作业，经煤矿安全监察人员责令立即停止作业，拒不停止作业的，由煤矿安全监察机构决定吊销安全生产许可证，并移送地质矿产主管部门依法吊销采矿许可证；构成犯罪的，依法追究刑事责任；造成损失的，依法承担赔偿责任。

第四十四条 煤矿矿长或者其他主管人员有下列行为之一的，由煤矿安全监察机构给予警告；造成严重后果，构成犯罪的，依法追究刑事责任：

（一）违章指挥工人或者强令工人违章、冒险作业的；

（二）对工人屡次违章作业熟视无睹，不加制止的；

（三）对重大事故预兆或者已发现的事故隐患不及时采取措施的；

（四）拒不执行煤矿安全监察机构及其煤矿安全监察人员的安全监察指令的。

第四十五条 煤矿有关人员拒绝、阻碍煤矿安全监察机构及其煤矿安全监察人员现场检查，或者提供虚假情况，或者隐瞒存在的事故隐患以及其他安全问题的，由煤矿安全监察机构给予警告，可以并处5万元以上10万元以下的罚款；情节严重的，由煤矿安全监察机构责令停产整顿；对直接负责的主管人员和其他直接责任人员，依法给予撤职直至开除的纪律处分。

第四十六条 煤矿发生事故，有下列情形之一的，由煤矿安全监察机构给予警告，可以并处3万元以上15万元以下的罚款；情节严重的，由煤矿安全监察机构责令停产整顿；对直接负责的主管人员和其他直接责任人员，依法给予降级直至开除的纪律处分；构成犯罪的，依法追究刑事责任：

（一）不按照规定及时、如实报告煤矿事故的；

（二）伪造、故意破坏煤矿事故现场的；

（三）阻碍、干涉煤矿事故调查工作，拒绝接受调查取证、提供有关情况和资料的。

第四十七条 依照本条例规定被吊销采矿许可证的，由工商行政管理部门依法相应吊销营业执照。

第四十八条 煤矿安全监察人员滥用职权、玩忽职守、徇私舞弊，应当发现而没有发现煤矿事故隐患或者影响煤矿安全的违法行为，或者发现事故隐患或者影响煤矿安全的违法行为不及时处理或者报告，或者有违反本条例第十九条规定行为之一，构成犯罪的，依法追究刑事责任；尚不构成犯罪的，依法给予行政处分。

6.4.7 《危险化学品安全管理条例》(部分)

第七十五条 生产、经营、使用国家禁止生产、经营、使用的危险化学品的，由安全生产监督管理部门责令停止生产、经营、使用活动，处20万元以上50万元以下的罚款，有违法所得的，没收违法所得；构成犯罪的，依法追究刑事责任。

有前款规定行为的，安监部门还应当责令其对所生产、经营、使用的危险化学品进行无害化处理。

违反国家关于危险化学品使用的限制性规定使用危险化学品的，依照本条第一款的规定处理。

第七十六条 未经安全条件审查，新建、改建、扩建生产、储存危险化学品的建设项目的，由安监部门责令停止建设，限期改正；逾期不改正的，处50万元以上100万元以下的罚款；构成犯罪的，依法追究刑事责任。

未经安全条件审查，新建、改建、扩建储存、装卸危险化学品的港口建设项目的，由港口行政管理部门依照前款规定予以处罚。

第七十七条 未依法取得危险化学品安全生产许可证从事危险化学品生产，或者未依法取得工业产品生产许可证从事危险化学品及其包装物、容器生产的，分别依照《安全生产许可证条例》《中华人民共和国工业产品生产许可证管理条例》的规定处罚。

违反本条例规定，化工企业未取得危险化学品安全使用许可证，使用危险化学品从事生产的，由安监部门责令限期改正，处10万元以上20万元以下的罚款；逾期不改正的，责令停产整顿。

违反本条例规定，未取得危险化学品经营许可证从事危险化学品经营的，由安监部门责令停止经营活动，没收违法经营的危险化学品以及违法所得，并处10万元以上20万元以下的罚款；构成犯罪的，依法追究刑事责任。

第七十八条 有下列情形之一的，由安监部门责令改正，可以处5万元以下的罚款；拒不改正的，处5万元以上10万元以下的罚款；情节严重的，责令停产停业整顿：

（一）生产、储存危险化学品的单位未对其铺设的危险化学品管道设置明显的标志，或者未对危险化学品管道定期检查、检测的；

（二）进行可能危及危险化学品管道安全的施工作业，施工单位未按照规定书面通知管道所属单位，或者未与管道所属单位共同制定应急预案、采取相应的安全防护措施，或者管道所属单位未指派专门人员到现场进行管道安全保护指导的；

（三）危险化学品生产企业未提供化学品安全技术说明书，或者未在包装（包括外包装件）上粘贴、拴挂化学品安全标签的；

（四）危险化学品生产企业提供的化学品安全技术说明书与其生产的危险化学品不相符，或者在包装（包括外包装件）粘贴、拴挂的化学品安全标签与包装内危险化学品不相符，或者化学品安全技术说明书、化学品安全标签所载明的内容不符合国家标准要求的；

（五）危险化学品生产企业发现其生产的危险化学品有新的危险特性不立即公告，或者不及时修订其化学品安全技术说明书和化学品安全标签的；

（六）危险化学品经营企业经营没有化学品安全技术说明书和化学品安全标签的危险化学品的；

（七）危险化学品包装物、容器的材质以及包装的型式、规格、方法和单件质量（重量）与所包装的危险化学品的性质和用途不相适应的；

（八）生产、储存危险化学品的单位未在作业场所和安全设施、设备上设置明显的安全警示标志，或者未在作业场所设置通信、报警装置的；

（九）危险化学品专用仓库未设专人负责管理，或者对储存的剧毒化学品以及储存数量构成重大危险源的其他危险化学品未实行双人收发、双人保管制度的；

（十）储存危险化学品的单位未建立危险化学品出入库核查、登记制度的；

（十一）危险化学品专用仓库未设置明显标志的；

（十二）危险化学品生产企业、进口企业不办理危险化学品登记，或者发现其生产、进口的危险化学品有新的危险特性不办理危险化学品登记内容变更手续的。

从事危险化学品仓储经营的港口经营人有前款规定情形的，由港口部门依照前款规定予以处罚。储存剧毒化学品、易制爆危险化学品的专用仓库未按照国家有关规定设置相应的技术防范设施的，由公安机关依照前款规定予以处罚。

生产、储存剧毒化学品、易制爆危险化学品的单位未设置治安保卫机构、配备专职治安保卫人员的，依照《企业事业单位内部治安保卫条例》的规定处罚。

第七十九条 危险化学品包装物、容器生产企业销售未经检验或者经检验不合格的危险化学品包装物、容器的，由质检部门责令改正，处10万元以上20万元以下的罚款，有违法所得的，没收违法所得；拒不改正的，责令停产停业整顿；构成犯罪的，依法追究刑事责任。

将未经检验合格的运输危险化学品的船舶及其配载的容器投入使用的，由海事机构依照前款规定予以处罚。

第八十条 生产、储存、使用危险化学品的单位有下列情形之一的，由安监部门责令改正，处5万元以上10万元以下的罚款；拒不改正的，责令停产停业整顿直至由原发证机关吊销其相关许可证件，并由工商行政部门责令其办理经营范围变更登记或者吊销其营业执照；有关责任人员构成犯罪的，依法追究刑事责任：

（一）对重复使用的危险化学品包装物、容器，在重复使用前不进行检查的；

（二）未根据其生产、储存的危险化学品的种类和危险特性，在作业场所设置相关安全设施、设备，或者未按照国家标准、行业标准或者国家有关规定对安全设施、设备进行经常性维护、保养的；

（三）未依照本条例规定对其安全生产条件定期进行安全评价的；

（四）未将危险化学品储存在专用仓库内，或者未将剧毒化学品以及储存数量构成重大危险源的其他危险化学品在专用仓库内单独存放的；

（五）危险化学品的储存方式、方法或者储存数量不符合国家标准或者国家有关规定的；

（六）危险化学品专用仓库不符合国家标准、行业标准的要求的；

（七）未对危险化学品专用仓库的安全设施、设备定期进行检测、检验的。

从事危险化学品仓储经营的港口经营人有前款规定情形的，由港口部门依照前款规定予以处罚。

第八十一条 有下列情形之一的，由公安机关责令改正，可以处1万元以下的罚款；拒不改正的，处1万元以上5万元以下的罚款：

（一）生产、储存、使用剧毒化学品、易制爆危险化学品的单位不如实记录生产、储存、使用的剧毒化学品、易制爆危险化学品的数量、流向的；

（二）生产、储存、使用剧毒化学品、易制爆危险化学品的单位发现剧毒化学品、易制爆危险化学品丢失或者被盗，不立即向公安机关报告的；

（三）储存剧毒化学品的单位未将剧毒化学品的储存数量、储存地点以及管理人员的情况报所在地县级人民政府公安机关备案的；

（四）危险化学品生产企业、经营企业不如实记录剧毒化学品、易制爆危险化学品购买单位的名称、地址、经办人的姓名、身份证号码以及所购买的剧毒化学品、易制爆危险化学品的品种、数量、用途，或者保存销售记录和相关材料的时间少于1年的；

（五）剧毒化学品、易制爆危险化学品的销售企业、购买单位未在规定的时限内将所销售、购买的剧毒化学品、易制爆危险化学品的品种、数量以及流向信息报所在地县级人民政府公安机关备案的；

（六）使用剧毒化学品、易制爆危险化学品的单位依照本条例规定转让其购买的剧毒化学品、易制爆危险化学品，未将有关情况向所在地县级人民政府公安机关报告的。

生产、储存危险化学品的企业或者使用危险化学品从事生产的企业未按照本条例规定将安全评价报告以及整改方案的落实情况报安监部门或者港口部门备案，或者储存危险化学品的单位未将其剧毒化学品以及储存数量构成重大危险源的其他危险化学品的储存数量、储存地点以及管理人员的情况报安监部门或者港口部门备案的，分别由安监部门或者港口部门依照前款规定予以处罚。

生产实施重点环境管理的危险化学品的企业或者使用实施重点环境管理的危险化学品从事生产的企业未按照规定将相关信息向环保部门报告的，由环保部门依照本条第一款的规定予以处罚。

第八十二条 生产、储存、使用危险化学品的单位转产、停产、停业或者解散，未采取有效措施及时、妥善处置其危险化学品生产装置、储存设施以及库存的危险化学品，或者丢弃危险化学品的，由安监部门责令改正，处5万元以上10万元以下的罚款；构成犯罪的，依法追究刑事责任。

生产、储存、使用危险化学品的单位转产、停产、停业或者解散，未依照本条例规定将其危险化学品生产装置、储存设施以及库存危险化学品的处置方案报有关部门备案的，分别由有关部门责令改正，可以处1万元以下的罚款；拒不改正的，处1万元以上5万元以下的罚款。

第八十三条 危险化学品经营企业向未经许可违法从事危险化学品生产、

经营活动的企业采购危险化学品的，由工商行政部门责令改正，处10万元以上20万元以下的罚款；拒不改正的，责令停业整顿直至由原发证机关吊销其危险化学品经营许可证，并由工商行政部门责令其办理经营范围变更登记或者吊销其营业执照。

第八十四条 危险化学品生产企业、经营企业有下列情形之一的，由安监部门责令改正，没收违法所得，并处10万元以上20万元以下的罚款；拒不改正的，责令停产停业整顿直至吊销其危险化学品安全生产许可证、危险化学品经营许可证，并由工商行政部门责令其办理经营范围变更登记或者吊销其营业执照：

（一）向不具有本条例第三十八条第一款、第二款规定的相关许可证件或者证明文件的单位销售剧毒化学品、易制爆危险化学品的；

（二）不按照剧毒化学品购买许可证载明的品种、数量销售剧毒化学品的；

（三）向个人销售剧毒化学品（属于剧毒化学品的农药除外）、易制爆危险化学品的。

不具有本条例第三十八条第一款、第二款规定的相关许可证件或者证明文件的单位购买剧毒化学品、易制爆危险化学品，或者个人购买剧毒化学品（属于剧毒化学品的农药除外）、易制爆危险化学品的，由公安机关没收所购买的剧毒化学品、易制爆危险化学品，可以并处5000元以下的罚款。

使用剧毒化学品、易制爆危险化学品的单位出借或者向不具有本条例第三十八条第一款、第二款规定的相关许可证件的单位转让其购买的剧毒化学品、易制爆危险化学品，或者向个人转让其购买的剧毒化学品（属于剧毒化学品的农药除外）、易制爆危险化学品的，由公安机关责令改正，处10万元以上20万元以下的罚款；拒不改正的，责令停产停业整顿。

第八十五条 未依法取得危险货物道路运输许可、危险货物水路运输许可，从事危险化学品道路运输、水路运输的，分别依照有关道路运输、水路运输的法律、行政法规的规定处罚。

第八十六条 有下列情形之一的，由交通部门责令改正，处5万元以上10万元以下的罚款；拒不改正的，责令停产停业整顿；构成犯罪的，依法追究刑事责任：

（一）危险化学品道路运输企业、水路运输企业的驾驶人员、船员、装卸管理人员、押运人员、申报人员、集装箱装箱现场检查员未取得从业资格上岗作业的；

（二）运输危险化学品，未根据危险化学品的危险特性采取相应的安全防护措施，或者未配备必要的防护用品和应急救援器材的；

（三）使用未依法取得危险货物适装证书的船舶，通过内河运输危险化学品的；

（四）通过内河运输危险化学品的承运人违反国务院交通运输主管部门对单船运输的危险化学品数量的限制性规定运输危险化学品的；

（五）用于危险化学品运输作业的内河码头、泊位不符合国家有关安全规范，或者未与饮用水取水口保持国家规定的安全距离，或者未经交通运输主管部门验收合格投入使用的；

（六）托运人不向承运人说明所托运的危险化学品的种类、数量、危险特性以及发生危险情况的应急处置措施，或者未按照国家有关规定对所托运的危险化学品妥善包装并在外包装上设置相应标志的；

（七）运输危险化学品需要添加抑制剂或者稳定剂，托运人未添加或者未将有关情况告知承运人的。

第八十七条 有下列情形之一的，由交通部门责令改正，处10万元以上20万元以下的罚款，有违法所得的，没收违法所得；拒不改正的，责令停产停业整顿；构成犯罪的，依法追究刑事责任：

（一）委托未依法取得危险货物道路运输许可、危险货物水路运输许可的企业承运危险化学品的；

（二）通过内河封闭水域运输剧毒化学品以及国家规定禁止通过内河运输的其他危险化学品的；

（三）通过内河运输国家规定禁止通过内河运输的剧毒化学品以及其他危险化学品的；

（四）在托运的普通货物中夹带危险化学品，或者将危险化学品谎报或者匿报为普通货物托运的。

在邮件、快件内夹带危险化学品，或者将危险化学品谎报为普通物品交寄的，依法给予治安管理处罚；构成犯罪的，依法追究刑事责任。

邮政企业、快递企业收寄危险化学品的，依照《中华人民共和国邮政法》的规定处罚。

第八十八条 有下列情形之一的，由公安机关责令改正，处5万元以上10万元以下的罚款；构成违反治安管理行为的，依法给予治安管理处罚；构成犯罪的，依法追究刑事责任：

（一）超过运输车辆的核定载质量装载危险化学品的；

（二）使用安全技术条件不符合国家标准要求的车辆运输危险化学品的；

（三）运输危险化学品的车辆未经公安机关批准进入危险化学品运输车辆限制通行的区域的；

（四）未取得剧毒化学品道路运输通行证，通过道路运输剧毒化学品的。

第八十九条 有下列情形之一的，由公安机关责令改正，处1万元以上5万元以下的罚款；构成违反治安管理行为的，依法给予治安管理处罚：

（一）危险化学品运输车辆未悬挂或者喷涂警示标志，或者悬挂或者喷涂的警示标志不符合国家标准要求的；

（二）通过道路运输危险化学品，不配备押运人员的；

（三）运输剧毒化学品或者易制爆危险化学品途中需要较长时间停车，驾驶人员、押运人员不向当地公安机关报告的；

（四）剧毒化学品、易制爆危险化学品在道路运输途中丢失、被盗、被抢或者发生流散、泄漏等情况，驾驶人员、押运人员不采取必要的警示措施和安全措施，或者不向当地公安机关报告的。

第九十条 对发生交通事故负有全部责任或者主要责任的危险化学品道路运输企业，由公安机关责令消除安全隐患，未消除安全隐患的危险化学品运输车辆，禁止上道路行驶。

第九十一条 有下列情形之一的，由交通部门责令改正，可以处1万元以下的罚款；拒不改正的，处1万元以上5万元以下的罚款：

（一）危险化学品道路运输企业、水路运输企业未配备专职安全管理人员的；

（二）用于危险化学品运输作业的内河码头、泊位的管理单位未制定码头、泊位危险化学品事故应急救援预案，或者未为码头、泊位配备充足、有效的应急救援器材和设备的。

第九十二条 有下列情形之一的，依照《中华人民共和国内河交通安全管理条例》的规定处罚：

（一）通过内河运输危险化学品的水路运输企业未制定运输船舶危险化学品事故应急救援预案，或者未为运输船舶配备充足、有效的应急救援器材和设备的；

（二）通过内河运输危险化学品的船舶的所有人或者经营人未取得船舶污染损害责任保险证书或者财务担保证明的；

（三）船舶载运危险化学品进出内河港口，未将有关事项事先报告海事管理机构并经其同意的；

（四）载运危险化学品的船舶在内河航行、装卸或者停泊，未悬挂专用的警示标志，或者未按照规定显示专用信号，或者未按照规定申请引航的。

未向港口部门报告并经其同意，在港口内进行危险化学品的装卸、过驳作业的，依照《中华人民共和国港口法》的规定处罚。

第九十三条 伪造、变造或者出租、出借、转让危险化学品安全生产许可证、工业产品生产许可证，或者使用伪造、变造的危险化学品安全生产许可证、工业产品生产许可证的，分别依照《安全生产许可证条例》《中华人民共和国工业产品生产许可证管理条例》的规定处罚。

伪造、变造或者出租、出借、转让本条例规定的其他许可证，或者使用伪造、变造的本条例规定的其他许可证的，分别由相关许可证的颁发管理机关处10万元以上20万元以下的罚款，有违法所得的，没收违法所得；构成违反治安管理行为的，依法给予治安管理处罚；构成犯罪的，依法追究刑事责任。

第九十四条 危险化学品单位发生危险化学品事故，其主要负责人不立即组织救援或者不立即向有关部门报告的，依照《生产安全事故报告和调查处理条例》的规定处罚。

危险化学品单位发生危险化学品事故，造成他人人身伤害或者财产损失的，依法承担赔偿责任。

第九十五条 发生危险化学品事故，有关地方人民政府及其有关部门不立即组织实施救援，或者不采取必要的应急处置措施减少事故损失，防止事故蔓延、扩大的，对直接负责的主管人员和其他直接责任人员依法给予处分；构成犯罪的，依法追究刑事责任。

第九十六条 负有危险化学品安全监督管理职责的部门的工作人员，在危险化学品安全监督管理工作中滥用职权、玩忽职守、徇私舞弊，构成犯罪的，依法追究刑事责任；尚不构成犯罪的，依法给予处分。

6.4.8 《建设工程安全生产管理条例》(部分)

第五十三条 违反本条例的规定，县级以上人民政府建设行政主管部门或者其他有关行政管理部门的工作人员，有下列行为之一的，给予降级或者撤职的行政处分；构成犯罪的，依照刑法有关规定追究刑事责任：

(一) 对不具备安全生产条件的施工单位颁发资质证书的；

(二) 对没有安全施工措施的建设工程颁发施工许可证的；

(三) 发现违法行为不予查处的；

(四) 不依法履行监督管理职责的其他行为。

第五十四条 违反本条例的规定，建设单位未提供建设工程安全生产作业环境及安全施工措施所需费用的，责令限期改正；逾期未改正的，责令该建设工程停止施工。

建设单位未将保证安全施工的措施或者拆除工程的有关资料报送有关部门备案的，责令限期改正，给予警告。

第五十五条 违反本条例的规定，建设单位有下列行为之一的，责令限期改正，处20万元以上50万元以下的罚款；造成重大安全事故，构成犯罪的，对直接责任人员，依照刑法有关规定追究刑事责任；造成损失的，依法承担赔偿责任：

（一）对勘察、设计、施工、工程监理等单位提出不符合安全生产法律、法规和强制性标准规定的要求的；

（二）要求施工单位压缩合同约定的工期的；

（三）将拆除工程发包给不具有相应资质等级的施工单位的。

第五十六条 违反本条例的规定，勘察单位、设计单位有下列行为之一的，责令限期改正，处10万元以上30万元以下的罚款；情节严重的，责令停业整顿，降低资质等级，直至吊销资质证书；造成重大安全事故，构成犯罪的，对直接责任人员，依照刑法有关规定追究刑事责任；造成损失的，依法承担赔偿责任：

（一）未按照法律、法规和工程建设强制性标准进行勘察、设计的；

（二）采用新结构、新材料、新工艺的建设工程和特殊结构的建设工程，设计单位未在设计中提出保障施工作业人员安全和预防生产安全事故的措施建议的。

第五十七条 违反本条例的规定，工程监理单位有下列行为之一的，责令限期改正；逾期未改正的，责令停业整顿，并处10万元以上30万元以下的罚款；情节严重的，降低资质等级，直至吊销资质证书；造成重大安全事故，构成犯罪的，对直接责任人员，依照刑法有关规定追究刑事责任；造成损失的，依法承担赔偿责任：

（一）未对施工组织设计中的安全技术措施或者专项施工方案进行审查的；

（二）发现安全事故隐患未及时要求施工单位整改或者暂时停止施工的；

（三）施工单位拒不整改或者不停止施工，未及时向有关主管部门报告的；

（四）未依照法律、法规和工程建设强制性标准实施监理的。

第五十八条 注册执业人员未执行法律、法规和工程建设强制性标准的，责令停止执业3个月以上1年以下；情节严重的，吊销执业资格证书，5年内不予注册；造成重大安全事故的，终身不予注册；构成犯罪的，依照刑法有关规定追究刑事责任。

第五十九条 违反本条例的规定，为建设工程提供机械设备和配件的单位，未按照安全施工的要求配备齐全有效的保险、限位等安全设施和装置的，责令限期改正，处合同价款1倍以上3倍以下的罚款；造成损失的，依法承担赔偿责任。

第六十条 违反本条例的规定，出租单位出租未经安全性能检测或者经检测不合格的机械设备和施工机具及配件的，责令停业整顿，并处5万元以上10万元以下的罚款；造成损失的，依法承担赔偿责任。

第六十一条 违反本条例的规定，施工起重机械和整体提升脚手架、模板等自升式架设设施安装、拆卸单位有下列行为之一的，责令限期改正，处5万元以上10万元以下的罚款；情节严重的，责令停业整顿，降低资质等级，直至吊销资质证书；造成损失的，依法承担赔偿责任：

（一）未编制拆装方案、制定安全施工措施的；

（二）未由专业技术人员现场监督的；

（三）未出具自检合格证明或者出具虚假证明的；

（四）未向施工单位进行安全使用说明，办理移交手续的。

施工起重机械和整体提升脚手架、模板等自升式架设设施安装、拆卸单位有前款规定的第（一）项、第（三）项行为，经有关部门或者单位职工提出后，对事故隐患仍不采取措施，因而发生重大伤亡事故或者造成其他严重后果，构成犯罪的，对直接责任人员，依照刑法有关规定追究刑事责任。

第六十二条 违反本条例的规定，施工单位有下列行为之一的，责令限期改正；逾期未改正的，责令停业整顿，依照《中华人民共和国安全生产法》的有关规定处以罚款；造成重大安全事故，构成犯罪的，对直接责任人员，依照刑法有关规定追究刑事责任：

（一）未设立安全生产管理机构、配备专职安全生产管理人员或者分部分项工程施工时无专职安全生产管理人员现场监督的；

（二）施工单位的主要负责人、项目负责人、专职安全生产管理人员、作业人员或者特种作业人员，未经安全教育培训或者经考核不合格即从事相关工作的；

（三）未在施工现场的危险部位设置明显的安全警示标志，或者未按照国家有关规定在施工现场设置消防通道、消防水源、配备消防设施和灭火器材的；

（四）未向作业人员提供安全防护用具和安全防护服装的；

（五）未按照规定在施工起重机械和整体提升脚手架、模板等自升式架设设施验收合格后登记的；

（六）使用国家明令淘汰、禁止使用的危及施工安全的工艺、设备、材料的。

第六十三条 违反本条例的规定，施工单位挪用列入建设工程概算的安全生产作业环境及安全施工措施所需费用的，责令限期改正，处挪用费用20%以上50%以下的罚款；造成损失的，依法承担赔偿责任。

第六十四条 违反本条例的规定，施工单位有下列行为之一的，责令限期改正；逾期未改正的，责令停业整顿，并处5万元以上10万元以下的罚款；造成重大安全事故，构成犯罪的，对直接责任人员，依照刑法有关规定追究刑事责任：

（一）施工前未对有关安全施工的技术要求作出详细说明的；

（二）未根据不同施工阶段和周围环境及季节、气候的变化，在施工现场采取相应的安全施工措施，或者在城市市区内的建设工程的施工现场未实行封闭围挡的；

（三）在尚未竣工的建筑物内设置员工集体宿舍的；

（四）施工现场临时搭建的建筑物不符合安全使用要求的；

（五）未对因建设工程施工可能造成损害的毗邻建筑物、构筑物和地下管线等采取专项防护措施的。

施工单位有前款规定第（四）项、第（五）项行为，造成损失的，依法承担赔偿责任。

第六十五条 违反本条例的规定，施工单位有下列行为之一的，责令限期改正；逾期未改正的，责令停业整顿，并处10万元以上30万元以下的罚款；情节严重的，降低资质等级，直至吊销资质证书；造成重大安全事故，构成犯罪的，对直接责任人员，依照刑法有关规定追究刑事责任；造成损失的，依法承担赔偿责任：

（一）安全防护用具、机械设备、施工机具及配件在进入施工现场前未经查验或者查验不合格即投入使用的；

（二）使用未经验收或者验收不合格的施工起重机械和整体提升脚手架、模板等自升式架设设施的；

（三）委托不具有相应资质的单位承担施工现场安装、拆卸施工起重机械和整体提升脚手架、模板等自升式架设设施的；

（四）在施工组织设计中未编制安全技术措施、施工现场临时用电方案或者专项施工方案的。

第六十六条 违反本条例的规定，施工单位的主要负责人、项目负责人未履行安全生产管理职责的，责令限期改正；逾期未改正的，责令施工单位停业整顿；造成重大安全事故、重大伤亡事故或者其他严重后果，构成犯罪的，依照刑法有关规定追究刑事责任。

作业人员不服管理、违反规章制度和操作规程冒险作业造成重大伤亡事故或者其他严重后果，构成犯罪的，依照刑法有关规定追究刑事责任。

施工单位的主要负责人、项目负责人有前款违法行为，尚不够刑事处罚的，处2万元以上20万元以下的罚款或者按照管理权限给予撤职处分；自刑罚执行完毕或者受处分之日起，5年内不得担任任何施工单位的主要负责人、项目负责人。

第六十七条 施工单位取得资质证书后，降低安全生产条件的，责令限期改正；经整改仍未达到与其资质等级相适应的安全生产条件的，责令停业整顿，降低其资质等级直至吊销资质证书。

第六十八条 本条例规定的行政处罚，由建设行政主管部门或者其他有关部门依照法定职权决定。

违反消防安全管理规定的行为，由公安消防机构依法处罚。

有关法律、行政法规对建设工程安全生产违法行为的行政处罚决定机关另有规定的，从其规定。

6.4.9 《使用有毒物品作业场所劳动保护条例》（部分）

第五十七条 卫生行政部门的工作人员有下列行为之一，导致职业中毒事故发生的，依照刑法关于滥用职权罪、玩忽职守罪或者其他罪的规定，依法追究刑事责任；造成职业中毒危害但尚未导致职业中毒事故发生，不够刑事处罚的，根据不同情节，依法给予降级、撤职或者开除的行政处分：

（一）对不符合本条例规定条件的涉及使用有毒物品作业事项，予以批准的；

（二）发现用人单位擅自从事使用有毒物品作业，不予取缔的；

（三）对依法取得批准的用人单位不履行监督检查职责，发现其不再具备本条例规定的条件而不撤销原批准或者发现违反本条例的其他行为不予查处的；

（四）发现用人单位存在职业中毒危害，可能造成职业中毒事故，不及时依法采取控制措施的。

第五十八条 用人单位违反本条例的规定，有下列情形之一的，由卫生行政部门给予警告，责令限期改正，处10万元以上50万元以下的罚款；逾期不改正的，提请有关人民政府按照国务院规定的权限责令停建、予以关闭；造成严重职业中毒危害或者导致职业中毒事故发生的，对负有责任的主管人员和其他直接责任人员依照刑法关于重大劳动安全事故罪或者其他罪的规定，依法追究刑事责任：

（一）可能产生职业中毒危害的建设项目，未依照职业病防治法的规定进行职业中毒危害预评价，或者预评价未经卫生行政部门审核同意，擅自开工的；

（二）职业卫生防护设施未与主体工程同时设计，同时施工，同时投入生产和使用的；

（三）建设项目竣工，未进行职业中毒危害控制效果评价，或者未经卫生行政部门验收或者验收不合格，擅自投入使用的；

（四）存在高毒作业的建设项目的防护设施设计未经卫生行政部门审查同意，擅自施工的。

第五十九条 用人单位违反本条例的规定，有下列情形之一的，由卫生行政部门给予警告，责令限期改正，处5万元以上20万元以下的罚款；逾期不改正的，提请有关人民政府按照国务院规定的权限予以关闭；造成严重职业中毒危害或者导致职业中毒事故发生的，对负有责任的主管人员和其他直接责任人员依照刑法关于重大劳动安全事故罪或者其他罪的规定，依法追究刑事责任：

（一）使用有毒物品作业场所未按照规定设置警示标识和中文警示说明的；

（二）未对职业卫生防护设备、应急救援设施、通讯报警装置进行维护、检修和定期检测，导致上述设施处于不正常状态的；

（三）未依照本条例的规定进行职业中毒危害因素检测和职业中毒危害控制效果评价的；

（四）高毒作业场所未按照规定设置撤离通道和泄险区的；

（五）高毒作业场所未按照规定设置警示线的；

（六）未向从事使用有毒物品作业的劳动者提供符合国家职业卫生标准的防护用品，或者未保证劳动者正确使用的。

第六十条 用人单位违反本条例的规定，有下列情形之一的，由卫生行政部门给予警告，责令限期改正，处5万元以上30万元以下的罚款；逾期不改正的，提请有关人民政府按照国务院规定的权限予以关闭；造成严重职业中毒危害或者导致职业中毒事故发生的，对负有责任的主管人员和其他直接责任人员依照刑法关于重大责任事故罪、重大劳动安全事故罪或者其他罪的规定，依法追究刑事责任：

（一）使用有毒物品作业场所未设置有效通风装置的，或者可能突然泄漏大量有毒物品或者易造成急性中毒的作业场所未设置自动报警装置或者事故通风设施的；

（二）职业卫生防护设备、应急救援设施、通讯报警装置处于不正常状态而不停止作业，或者擅自拆除或者停止运行职业卫生防护设备、应急救援设施、通讯报警装置的。

第六十一条 从事使用高毒物品作业的用人单位违反本条例的规定，有下列行为之一的，由卫生行政部门给予警告，责令限期改正，处5万元以上20万元以下的罚款；逾期不改正的，提请有关人民政府按照国务院规定的权限予以关闭；造成严重职业中毒危害或者导致职业中毒事故发生的，对负有责任的主管人员和其他直接责任人员依照刑法关于重大责任事故罪或者其他罪的规定，依法追究刑事责任：

（一）作业场所职业中毒危害因素不符合国家职业卫生标准和卫生要求而不立即停止高毒作业并采取相应的治理措施的，或者职业中毒危害因素治理不符合国家职业卫生标准和卫生要求重新作业的；

（二）未依照本条例的规定维护、检修存在高毒物品的生产装置的；

（三）未采取本条例规定的措施，安排劳动者进入存在高毒物品的设备、容器或者狭窄封闭场所作业的。

第六十二条 在作业场所使用国家明令禁止使用的有毒物品或者使用不符

合国家标准的有毒物品的，由卫生行政部门责令立即停止使用，处5万元以上30万元以下的罚款；情节严重的，责令停止使用有毒物品作业，或者提请有关人民政府按照国务院规定的权限予以关闭；造成严重职业中毒危害或者导致职业中毒事故发生的，对负有责任的主管人员和其他直接责任人员依照刑法关于危险物品肇事罪、重大责任事故罪或者其他罪的规定，依法追究刑事责任。

第六十三条 用人单位违反本条例的规定，有下列行为之一的，由卫生行政部门给予警告，责令限期改正；逾期不改正的，处5万元以上30万元以下的罚款；造成严重职业中毒危害或者导致职业中毒事故发生的，对负有责任的主管人员和其他直接责任人员依照刑法关于重大责任事故罪或者其他罪的规定，依法追究刑事责任：

（一）使用未经培训考核合格的劳动者从事高毒作业的；

（二）安排有职业禁忌的劳动者从事所禁忌的作业的；

（三）发现有职业禁忌或者有与所从事职业相关的健康损害的劳动者，未及时调离原工作岗位，并妥善安置的；

（四）安排未成年人或者孕期、哺乳期的女职工从事使用有毒物品作业的；

（五）使用童工的。

第六十四条 违反本条例的规定，未经许可，擅自从事使用有毒物品作业的，由工商行政管理部门、卫生行政部门依据各自职权予以取缔；造成职业中毒事故的，依照刑法关于危险物品肇事罪或者其他罪的规定，依法追究刑事责任；尚不够刑事处罚的，由卫生行政部门没收经营所得，并处经营所得3倍以上5倍以下的罚款；对劳动者造成人身伤害的，依法承担赔偿责任。

第六十五条 从事使用有毒物品作业的用人单位违反本条例的规定，在转产、停产、停业或者解散、破产时未采取有效措施，妥善处理留存或者残留高毒物品的设备、包装物和容器的，由卫生行政部门责令改正，处2万元以上10万元以下的罚款；触犯刑律的，对负有责任的主管人员和其他直接责任人员依照刑法关于重大环境污染事故罪、危险物品肇事罪或者其他罪的规定，依法追究刑事责任。

第六十六条 用人单位违反本条例的规定，有下列情形之一的，由卫生行政部门给予警告，责令限期改正，处5000元以上2万元以下的罚款；逾期不改正的，责令停止使用有毒物品作业，或者提请有关人民政府按照国务院规定的权限予以关闭；造成严重职业中毒危害或者导致职业中毒事故发生的，对负有责任的主管人员和其他直接责任人员依照刑法关于重大劳动安全事故罪、危险物品肇事罪或者其他罪的规定，依法追究刑事责任：

（一）使用有毒物品作业场所未与生活场所分开或者在作业场所住人的；

（二）未将有害作业与无害作业分开的；

（三）高毒作业场所未与其他作业场所有效隔离的；

（四）从事高毒作业未按照规定配备应急救援设施或者制定事故应急救援预案的。

第六十七条 用人单位违反本条例的规定，有下列情形之一的，由卫生行政部门给予警告，责令限期改正，处2万元以上5万元以下的罚款；逾期不改正的，提请有关人民政府按照国务院规定的权限予以关闭：

（一）未按照规定向卫生行政部门申报高毒作业项目的；

（二）变更使用高毒物品品种，未按照规定向原受理申报的卫生行政部门重新申报，或者申报不及时、有虚假的。

第六十八条 用人单位违反本条例的规定，有下列行为之一的，由卫生行政部门给予警告，责令限期改正，处2万元以上5万元以下的罚款；逾期不改正的，责令停止使用有毒物品作业，或者提请有关人民政府按照国务院规定的权限予以关闭：

（一）未组织从事使用有毒物品作业的劳动者进行上岗前职业健康检查，安排未经上岗前职业健康检查的劳动者从事使用有毒物品作业的；

（二）未组织从事使用有毒物品作业的劳动者进行定期职业健康检查的；

（三）未组织从事使用有毒物品作业的劳动者进行离岗职业健康检查的；

（四）对未进行离岗职业健康检查的劳动者，解除或者终止与其订立的劳动合同的；

（五）发生分立、合并、解散、破产情形，未对从事使用有毒物品作业的劳动者进行健康检查，并按照国家有关规定妥善安置职业病病人的；

（六）对受到或者可能受到急性职业中毒危害的劳动者，未及时组织进行健康检查和医学观察的；

（七）未建立职业健康监护档案的；

（八）劳动者离开用人单位时，用人单位未如实、无偿提供职业健康监护档案的；

（九）未依照职业病防治法和本条例的规定将工作过程中可能产生的职业中毒危害及其后果、有关职业卫生防护措施和待遇等如实告知劳动者并在劳动合同中写明的；

（十）劳动者在存在威胁生命、健康危险的情况下，从危险现场中撤离，而被取消或者减少应当享有的待遇的。

第六十九条 用人单位违反本条例的规定，有下列行为之一的，由卫生行政部门给予警告，责令限期改正，处5000元以上2万元以下的罚款；逾期不改正的，责令停止使用有毒物品作业，或者提请有关人民政府按照国务院规定的权限予以关闭：

（一）未按照规定配备或者聘请职业卫生医师和护士的；

（二）未为从事使用高毒物品作业的劳动者设置淋浴间、更衣室或者未设置清洗、存放和处理工作服、工作鞋帽等物品的专用间，或者不能正常使用的；

（三）未安排从事使用高毒物品作业一定年限的劳动者进行岗位轮换的。

6.4.10 《易制毒化学品管理条例》(部分)

第三十八条 违反本条例规定，未经许可或者备案擅自生产、经营、购买、运输易制毒化学品，伪造申请材料骗取易制毒化学品生产、经营、购买或者运输许可证，使用他人的或者伪造、变造、失效的许可证生产、经营、购买、运输易制毒化学品的，由公安机关没收非法生产、经营、购买或者运输的易制毒化学品、用于非法生产易制毒化学品的原料以及非法生产、经营、购买或者运输易制毒化学品的设备、工具，处非法生产、经营、购买或者运输的易制毒化学品货值10倍以上20倍以下的罚款，货值的20倍不足1万元的，按1万元罚款；有违法所得的，没收违法所得；有营业执照的，由市场监督管理部门吊销营业执照；构成犯罪的，依法追究刑事责任。

对有前款规定违法行为的单位或者个人，有关行政主管部门可以自作出行政处罚决定之日起3年内，停止受理其易制毒化学品生产、经营、购买、运输或者进口、出口许可申请。

第三十九条 违反本条例规定，走私易制毒化学品的，由海关没收走私的易制毒化学品；有违法所得的，没收违法所得，并依照海关法律、行政法规给予行政处罚；构成犯罪的，依法追究刑事责任。

第四十条 违反本条例规定，有下列行为之一的，由负有监督管理职责的行政主管部门给予警告，责令限期改正，处1万元以上5万元以下的罚款；对违反规定生产、经营、购买的易制毒化学品可以予以没收；逾期不改正的，责令限期停产停业整顿；逾期整顿不合格的，吊销相应的许可证：

（一）易制毒化学品生产、经营、购买、运输或者进口、出口单位未按规定建立安全管理制度的；

（二）将许可证或者备案证明转借他人使用的；

（三）超出许可的品种、数量生产、经营、购买易制毒化学品的；

（四）生产、经营、购买单位不记录或者不如实记录交易情况、不按规定保存交易记录或者不如实、不及时向公安机关和有关行政主管部门备案销售情况的；

（五）易制毒化学品丢失、被盗、被抢后未及时报告，造成严重后果的；

（六）除个人合法购买第一类中的药品类易制毒化学品药品制剂以及第三类易制毒化学品外，使用现金或者实物进行易制毒化学品交易的；

（七）易制毒化学品的产品包装和使用说明书不符合本条例规定要求的；

（八）生产、经营易制毒化学品的单位不如实或者不按时向有关行政主管部门和公安机关报告年度生产、经销和库存等情况的。

企业的易制毒化学品生产经营许可被依法吊销后，未及时到市场监督管理部门办理经营范围变更或者企业注销登记的，依照前款规定，对易制毒化学品予以没收，并处罚款。

第四十一条 运输的易制毒化学品与易制毒化学品运输许可证或者备案证明载明的品种、数量、运入地、货主及收货人、承运人等情况不符，运输许可证种类不当，或者运输人员未全程携带运输许可证或者备案证明的，由公安机关责令停运整改，处5000元以上5万元以下的罚款；有危险物品运输资质的，运输主管部门可以依法吊销其运输资质。

个人携带易制毒化学品不符合品种、数量规定的，没收易制毒化学品，处1000元以上5000元以下的罚款。

第四十二条 生产、经营、购买、运输或者进口、出口易制毒化学品的单位或者个人拒不接受有关行政主管部门监督检查的，由负有监督管理职责的行政主管部门责令改正，对直接负责的主管人员以及其他直接责任人员给予警告；情节严重的，对单位处1万元以上5万元以下的罚款，对直接负责的主管人员以及其他直接责任人员处1000元以上5000元以下的罚款；有违反治安管理行为的，依法给予治安管理处罚；构成犯罪的，依法追究刑事责任。

第四十三条 易制毒化学品行政主管部门工作人员在管理工作中有应当许可而不许可、不应当许可而滥许可，不依法受理备案，以及其他滥用职权、玩忽职守、徇私舞弊行为的，依法给予行政处分；构成犯罪的，依法追究刑事责任。

6.4.11 《大型群众性活动安全管理条例》(部分)

第二十条 承办者擅自变更大型群众性活动的时间、地点、内容或者擅自扩大大型群众性活动的举办规模的，由公安机关处1万元以上5万元以下罚款；有违法所得的，没收违法所得。

未经公安机关安全许可的大型群众性活动由公安机关予以取缔，对承办者处10万元以上30万元以下罚款。

第二十一条 承办者或者大型群众性活动场所管理者违反本条例规定致使发生重大伤亡事故、治安案件或者造成其他严重后果构成犯罪的，依法追究刑事责任；尚不构成犯罪的，对安全责任人和其他直接责任人员依法给予处分、治安管理处罚，对单位处1万元以上5万元以下罚款。

第二十二条 在大型群众性活动举办过程中发生公共安全事故，安全责任人不立即启动应急救援预案或者不立即向公安机关报告的，由公安机关对安全责任人和其他直接责任人员处5000元以上5万元以下罚款。

第二十三条 参加大型群众性活动的人员有违反本条例第九条规定行为的，由公安机关给予批评教育；有危害社会治安秩序、威胁公共安全行为的，公安机关可以将其强行带离现场，依法给予治安管理处罚；构成犯罪的，依法追究刑事责任。

第二十四条 有关主管部门的工作人员和直接负责的主管人员在履行大型群众性活动安全管理职责中，有滥用职权、玩忽职守、徇私舞弊行为的，依法给予处分；构成犯罪的，依法追究刑事责任。

6.4.12 《中华人民共和国矿山安全法实施条例》(部分)

第五十二条 依照《矿山安全法》第四十条规定处以罚款的，分别按照下列规定执行：

(一) 未对职工进行安全教育、培训，分配职工上岗作业的，处4万元以下的罚款；

(二) 使用不符合国家安全标准或者行业安全标准的设备、器材、防护用品和安全检测仪器的，处5万元以下的罚款；

(三) 未按照规定提取或者使用安全技术措施专项费用的，处5万元以下的罚款；

(四) 拒绝矿山安全监督人员现场检查或者在被检查时隐瞒事故隐患，不如实反映情况的，处2万元以下的罚款；

(五) 未按照规定及时、如实报告矿山事故的，处3万元以下的罚款。

第五十三条 依照《矿山安全法》第四十三条规定处以罚款的，罚款幅度为5万元以上10万元以下。

第五十四条 违反本条例第十五条、第十六条、第十七条、第十八条、第十九条、第二十条、第二十一条、第二十二条、第二十三条、第二十五条规定的，由劳动行政主管部门责令改正，可以处2万元以下的罚款。

第五十五条 当事人收到罚款通知书后，应当在15日内到指定的金融机构缴纳罚款；逾期不缴纳的，自逾期之日起每日加收3‰的滞纳金。

第五十六条 矿山企业主管人员有下列行为之一，造成矿山事故的，按照规定给予纪律处分；构成犯罪的，由司法机关依法追究刑事责任：

(一) 违章指挥、强令工人违章、冒险作业的；

(二) 对工人屡次违章作业熟视无睹，不加制止的；

(三) 对重大事故预兆或者已发现的隐患不及时采取措施的；

(四) 不执行劳动行政主管部门的监督指令或者不采纳有关部门提出的整顿

意见，造成严重后果的。

6.4.13 《烟花爆竹安全管理条例》(部分)

第三十六条 对未经许可生产、经营烟花爆竹制品，或者向未取得烟花爆竹安全生产许可的单位或者个人销售黑火药、烟火药、引火线的，由安全生产监督管理部门责令停止非法生产、经营活动，处2万元以上10万元以下的罚款，并没收非法生产、经营的物品及违法所得。

对未经许可经由道路运输烟花爆竹的，由公安部门责令停止非法运输活动，处1万元以上5万元以下的罚款，并没收非法运输的物品及违法所得。

非法生产、经营、运输烟花爆竹，构成违反治安管理行为的，依法给予治安管理处罚；构成犯罪的，依法追究刑事责任。

第三十七条 生产烟花爆竹的企业有下列行为之一的，由安全生产监督管理部门责令限期改正，处1万元以上5万元以下的罚款；逾期不改正的，责令停产停业整顿，情节严重的，吊销安全生产许可证：

（一）未按照安全生产许可证核定的产品种类进行生产的；

（二）生产工序或者生产作业不符合有关国家标准、行业标准的；

（三）雇佣未经设区的市人民政府安全生产监督管理部门考核合格的人员从事危险工序作业的；

（四）生产烟花爆竹使用的原料不符合国家标准规定的，或者使用的原料超过国家标准规定的用量限制的；

（五）使用按照国家标准规定禁止使用或者禁忌配伍的物质生产烟花爆竹的；

（六）未按照国家标准的规定在烟花爆竹产品上标注燃放说明，或者未在烟花爆竹的包装物上印制易燃易爆危险物品警示标志的。

第三十八条 从事烟花爆竹批发的企业向从事烟花爆竹零售的经营者供应非法生产、经营的烟花爆竹，或者供应按照国家标准规定应由专业燃放人员燃放的烟花爆竹的，由安全生产监督管理部门责令停止违法行为，处2万元以上10万元以下的罚款，并没收非法经营的物品及违法所得；情节严重的，吊销烟花爆竹经营许可证。

从事烟花爆竹零售的经营者销售非法生产、经营的烟花爆竹，或者销售按照国家标准规定应由专业燃放人员燃放的烟花爆竹的，由安全生产监督管理部门责令停止违法行为，处1000元以上5000元以下的罚款，并没收非法经营的物品及违法所得；情节严重的，吊销烟花爆竹经营许可证。

第三十九条 生产、经营、使用黑火药、烟火药、引火线的企业，丢失黑火药、烟火药、引火线未及时向当地安全生产监督管理部门和公安部门报告的，由公安部门对企业主要负责人处5000元以上2万元以下的罚款，对丢失的物品予以追缴。

第四十条 经由道路运输烟花爆竹，有下列行为之一的，由公安部门责令改正，处200元以上2000元以下的罚款：

（一）违反运输许可事项的；

（二）未随车携带《烟花爆竹道路运输许可证》的；

（三）运输车辆没有悬挂或者安装符合国家标准的易燃易爆危险物品警示标志的；

（四）烟花爆竹的装载不符合国家有关标准和规范的；

（五）装载烟花爆竹的车厢载人的；

（六）超过危险物品运输车辆规定时速行驶的；

（七）运输车辆途中经停没有专人看守的；

（八）运达目的地后，未按规定时间将《烟花爆竹道路运输许可证》交回发证机关核销的。

第四十一条 对携带烟花爆竹搭乘公共交通工具，或者邮寄烟花爆竹以及在托运的行李、包裹、邮件中夹带烟花爆竹的，由公安部门没收非法携带、邮寄、夹带的烟花爆竹，可以并处200元以上1000元以下的罚款。

第四十二条 对未经许可举办焰火晚会以及其他大型焰火燃放活动，或者焰火晚会以及其他大型焰火燃放活动燃放作业单位和作业人员违反焰火燃放安全规程、燃放作业方案进行燃放作业的，由公安部门责令停止燃放，对责任单位处1万元以上5万元以下的罚款。

在禁止燃放烟花爆竹的时间、地点燃放烟花爆竹，或者以危害公共安全和人身、财产安全的方式燃放烟花爆竹的，由公安部门责令停止燃放，处100元以上500元以下的罚款；构成违反治安管理行为的，依法给予治安管理处罚。

第四十三条 对没收的非法烟花爆竹以及生产、经营企业弃置的废旧烟花爆竹，应当就地封存，并由公安部门组织销毁、处置。

第四十四条 安全生产监督管理部门、公安部门、质量监督检验部门、工商行政管理部门的工作人员，在烟花爆竹安全监管工作中滥用职权、玩忽职守、徇私舞弊，构成犯罪的，依法追究刑事责任；尚不构成犯罪的，依法给予行政处分。

6.4.14 《国务院关于预防煤矿生产安全事故的特别规定》（部分）

第四条 县级以上地方人民政府负责煤矿安全生产监督管理的部门、国家煤矿安全监察机构设在省、自治区、直辖市的煤矿安全监察机构（以下简称煤矿安全监察机构），对所辖区域的煤矿重大安全生产隐患和违法行为负有检查和依法查处的职责。

县级以上地方人民政府负责煤矿安全生产监督管理的部门、煤矿安全监察机构不依法履行职责，不及时查处所辖区域的煤矿重大安全生产隐患和违法行为的，对直接责任人和主要负责人，根据情节轻重，给予记过、记大过、降级、撤职或者开除的行政处分；构成犯罪的，依法追究刑事责任。

第五条 煤矿未依法取得采矿许可证、安全生产许可证、煤炭生产许可证、营业执照和矿长未依法取得矿长资格证、矿长安全资格证的，煤矿不得从事生产。擅自从事生产的，属非法煤矿。

负责颁发前款规定证照的部门，一经发现煤矿无证照或者证照不全从事生产的，应当责令该煤矿立即停止生产，没收违法所得和开采出的煤炭以及采掘设备，并处违法所得1倍以上5倍以下的罚款；构成犯罪的，依法追究刑事责任；同时于2日内提请当地县级以上地方人民政府予以关闭，并可以向上一级地方人民政府报告。

第六条 负责颁发采矿许可证、安全生产许可证、煤炭生产许可证、营业执照和矿长资格证、矿长安全资格证的部门，向不符合法定条件的煤矿或者矿长颁发有关证照的，对直接责任人，根据情节轻重，给予降级、撤职或者开除的行政处分；对主要负责人，根据情节轻重，给予记大过、降级、撤职或者开除的行政处分；构成犯罪的，依法追究刑事责任。

前款规定颁发证照的部门，应当加强对取得证照煤矿的日常监督管理，促使煤矿持续符合取得证照应当具备的条件。不依法履行日常监督管理职责的，对主要负责人，根据情节轻重，给予记过、记大过、降级、撤职或者开除的行政处分；构成犯罪的，依法追究刑事责任。

第七条 在乡、镇人民政府所辖区域内发现有非法煤矿并且没有采取有效制止措施的，对乡、镇人民政府的主要负责人以及负有责任的相关负责人，根据情节轻重，给予降级、撤职或者开除的行政处分；在县级人民政府所辖区域内1个月内发现有2处或者2处以上非法煤矿并且没有采取有效制止措施的，对县级人民政府的主要负责人以及负有责任的相关负责人，根据情节轻重，给予降级、撤职或者开除的行政处分；构成犯罪的，依法追究刑事责任。

其他有关机关和部门对存在非法煤矿负有责任的，对主要负责人，属于行政机关工作人员的，根据情节轻重，给予记过、记大过、降级或者撤职的行政处分；不属于行政机关工作人员的，建议有关机关和部门给予相应的处分。

第八条 煤矿的通风、防瓦斯、防水、防火、防煤尘、防冒顶等安全设备、设施和条件应当符合国家标准、行业标准，并有防范生产安全事故发生的措施和完善的应急处理预案。

煤矿有下列重大安全生产隐患和行为的，应当立即停止生产，排除隐患：

（一）超能力、超强度或者超定员组织生产的；

（二）瓦斯超限作业的；

（三）煤与瓦斯突出矿井，未依照规定实施防突出措施的；

（四）高瓦斯矿井未建立瓦斯抽放系统和监控系统，或者瓦斯监控系统不能正常运行的；

（五）通风系统不完善、不可靠的；

（六）有严重水患，未采取有效措施的；

（七）超层越界开采的；

（八）有冲击地压危险，未采取有效措施的；

（九）自然发火严重，未采取有效措施的；

（十）使用明令禁止使用或者淘汰的设备、工艺的；

（十一）年产 6 万吨以上的煤矿没有双回路供电系统的；

（十二）新建煤矿边建设边生产，煤矿改扩建期间，在改扩建的区域生产，或者在其他区域的生产超出安全设计规定的范围和规模的；

（十三）煤矿实行整体承包生产经营后，未重新取得安全生产许可证和煤炭生产许可证，从事生产的，或者承包方再次转包的，以及煤矿将井下采掘工作面和井巷维修作业进行劳务承包的；

（十四）煤矿改制期间，未明确安全生产责任人和安全管理机构的，或者在完成改制后，未重新取得或者变更采矿许可证、安全生产许可证、煤炭生产许可证和营业执照的；

（十五）有其他重大安全生产隐患的。

第九条 煤矿企业应当建立健全安全生产隐患排查、治理和报告制度。煤矿企业应当对本规定第八条第二款所列情形定期组织排查，并将排查情况每季度向县级以上地方人民政府负责煤矿安全生产监督管理的部门、煤矿安全监察机构写出书面报告。报告应当经煤矿企业负责人签字。

煤矿企业未依照前款规定排查和报告的，由县级以上地方人民政府负责煤矿安全生产监督管理的部门或者煤矿安全监察机构责令限期改正；逾期未改正的，责令停产整顿，并对煤矿企业负责人处 3 万元以上 15 万元以下的罚款。

第十条 煤矿有本规定第八条第二款所列情形之一，仍然进行生产的，由县级以上地方人民政府负责煤矿安全生产监督管理的部门或者煤矿安全监察机构责令停产整顿，提出整顿的内容、时间等具体要求，处 50 万元以上 200 万元以下的罚款；对煤矿企业负责人处 3 万元以上 15 万元以下的罚款。

对 3 个月内 2 次或者 2 次以上发现有重大安全生产隐患，仍然进行生产的煤矿，县级以上地方人民政府负责煤矿安全生产监督管理的部门、煤矿安全监察机构应当提请有关地方人民政府关闭该煤矿，并由颁发证照的部门立即吊销矿长资格证和矿长安全资格证，该煤矿的法定代表人和矿长5年内不得再担任任何煤矿的法定代表人或者矿长。

第十一条 对被责令停产整顿的煤矿，颁发证照的部门应当暂扣采矿许可证、安全生产许可证、煤炭生产许可证、营业执照和矿长资格证、矿长安全资格证。

被责令停产整顿的煤矿应当制定整改方案，落实整改措施和安全技术规定；整改结束后要求恢复生产的，应当由县级以上地方人民政府负责煤矿安全生产监督管理的部门自收到恢复生产申请之日起60日内组织验收完毕；验收合格的，经组织验收的地方人民政府负责煤矿安全生产监督管理的部门的主要负责人签字，并经有关煤矿安全监察机构审核同意，报请有关地方人民政府主要负责人签字批准，颁发证照的部门发还证照，煤矿方可恢复生产；验收不合格的，由有关地方人民政府予以关闭。

被责令停产整顿的煤矿擅自从事生产的，县级以上地方人民政府负责煤矿安全生产监督管理的部门、煤矿安全监察机构应当提请有关地方人民政府予以关闭，没收违法所得，并处违法所得1倍以上5倍以下的罚款；构成犯罪的，依法追究刑事责任。

第十二条 对被责令停产整顿的煤矿，在停产整顿期间，由有关地方人民政府采取有效措施进行监督检查。因监督检查不力，煤矿在停产整顿期间继续生产的，对直接责任人，根据情节轻重，给予降级、撤职或者开除的行政处分；对有关负责人，根据情节轻重，给予记大过、降级、撤职或者开除的行政处分；构成犯罪的，依法追究刑事责任。

第十三条 对提请关闭的煤矿，县级以上地方人民政府负责煤矿安全生产监督管理的部门或者煤矿安全监察机构应当责令立即停止生产；有关地方人民政府应当在7日内作出关闭或者不予关闭的决定，并由其主要负责人签字存档。对决定关闭的，有关地方人民政府应当立即组织实施。

关闭煤矿应当达到下列要求：

（一）吊销相关证照；

（二）停止供应并处理火工用品；

（三）停止供电，拆除矿井生产设备、供电、通信线路；

（四）封闭、填实矿井井筒，平整井口场地，恢复地貌；

（五）妥善遣散从业人员。

关闭煤矿未达到前款规定要求的，对组织实施关闭的地方人民政府及其有关部门的负责人和直接责任人给予记过、记大过、降级、撤职或者开除的行政处分；构成犯罪的，依法追究刑事责任。

依照本条第一款规定决定关闭的煤矿，仍有开采价值的，经依法批准可以进行拍卖。

关闭的煤矿擅自恢复生产的，依照本规定第五条第二款规定予以处罚；构成犯罪的，依法追究刑事责任。

第十四条 县级以上地方人民政府负责煤矿安全生产监督管理的部门或者煤矿安全监察机构，发现煤矿有本规定第八条第二款所列情形之一的，应当将情况报送有关地方人民政府。

第十五条 煤矿存在瓦斯突出、自然发火、冲击地压、水害威胁等重大安全生产隐患，该煤矿在现有技术条件下难以有效防治的，县级以上地方人民政府负责煤矿安全生产监督管理的部门、煤矿安全监察机构应当责令其立即停止生产，并提请有关地方人民政府组织专家进行论证。专家论证应当客观、公正、科学。有关地方人民政府应当根据论证结论，作出是否关闭煤矿的决定，并组织实施。

第十六条 煤矿企业应当依照国家有关规定对井下作业人员进行安全生产教育和培训，保证井下作业人员具有必要的安全生产知识，熟悉有关安全生产规章制度和安全操作规程，掌握本岗位的安全操作技能，并建立培训档案。未进行安全生产教育和培训或者经教育和培训不合格的人员不得下井作业。

县级以上地方人民政府负责煤矿安全生产监督管理的部门应当对煤矿井下作业人员的安全生产教育和培训情况进行监督检查；煤矿安全监察机构应当对煤矿特种作业人员持证上岗情况进行监督检查。发现煤矿企业未依照国家有关规定对井下作业人员进行安全生产教育和培训或者特种作业人员无证上岗的，应当责令限期改正，处10万元以上50万元以下的罚款；逾期未改正的，责令停产整顿。

县级以上地方人民政府负责煤矿安全生产监督管理的部门、煤矿安全监察机构未履行前款规定的监督检查职责的，对主要负责人，根据情节轻重，给予警告、记过或者记大过的行政处分。

第十七条 县级以上地方人民政府负责煤矿安全生产监督管理的部门、煤矿安全监察机构在监督检查中，1个月内3次或者3次以上发现煤矿企业未依照国家有关规定对井下作业人员进行安全生产教育和培训或者特种作业人员无证上岗的，应当提请有关地方人民政府对该煤矿予以关闭。

第十八条 煤矿拒不执行县级以上地方人民政府负责煤矿安全生产监督管理的部门或者煤矿安全监察机构依法下达的执法指令的，由颁发证照的部门吊销矿长资格证和矿长安全资格证；构成违反治安管理行为的，由公安机关依照治安管理的法律、行政法规的规定处罚；构成犯罪的，依法追究刑事责任。

第十九条 县级以上地方人民政府负责煤矿安全生产监督管理的部门、煤矿安全监察机构对被责令停产整顿或者关闭的煤矿，应当自煤矿被责令停产整顿或者关闭之日起3日内在当地主要媒体公告。

被责令停产整顿的煤矿经验收合格恢复生产的，县级以上地方人民政府负责煤矿安全生产监督管理的部门、煤矿安全监察机构应当自煤矿验收合格恢复生产之日起3日内在同一媒体公告。

县级以上地方人民政府负责煤矿安全生产监督管理的部门、煤矿安全监察机构未依照本条第一款、第二款规定进行公告的，对有关负责人，根据情节轻重，给予警告、记过、记大过或者降级的行政处分。

公告所需费用由同级财政列支。

第二十条 国家机关工作人员和国有企业负责人不得违反国家规定投资入股煤矿(依法取得上市公司股票的除外)，不得对煤矿的违法行为予以纵容、包庇。

国家行政机关工作人员和国有企业负责人违反前款规定的，根据情节轻重，给予降级、撤职或者开除的处分；构成犯罪的，依法追究刑事责任。

第二十一条 煤矿企业负责人和生产经营管理人员应当按照国家规定轮流带班下井，并建立下井登记档案。

县级以上地方人民政府负责煤矿安全生产监督管理的部门或者煤矿安全监察机构发现煤矿企业在生产过程中，1周内其负责人或者生产经营管理人员没有按照国家规定带班下井，或者下井登记档案虚假的，责令改正，并对该煤矿企业处3万元以上15万元以下的罚款。

第二十二条 煤矿企业应当免费为每位职工发放煤矿职工安全手册。

煤矿职工安全手册应当载明职工的权利、义务，煤矿重大安全生产隐患的情形和应急保护措施、方法以及安全生产隐患和违法行为的举报电话、受理部门。

煤矿企业没有为每位职工发放符合要求的职工安全手册的，由县级以上地方人民政府负责煤矿安全生产监督管理的部门或者煤矿安全监察机构责令限期改正；逾期未改正的，处5万元以下的罚款。

第二十三条 任何单位和个人发现煤矿有本规定第五条第一款和第八条第二款所列情形之一的，都有权向县级以上地方人民政府负责煤矿安全生产监督管理的部门或者煤矿安全监察机构举报。

受理的举报经调查属实的，受理举报的部门或者机构应当给予最先举报人1000元至1万元的奖励，所需费用由同级财政列支。

县级以上地方人民政府负责煤矿安全生产监督管理的部门或者煤矿安全监察机构接到举报后，应当及时调查处理；不及时调查处理的，对有关责任人，根据情节轻重，给予警告、记过、记大过或者降级的行政处分。

第二十四条 煤矿有违反本规定的违法行为，法律规定由有关部门查处的，有关部门应当依法进行查处。但是，对同一违法行为不得给予两次以上罚款的行政处罚。

第二十五条 国家行政机关工作人员、国有企业负责人有违反本规定的行为，依照本规定应当给予处分的，由监察机关或者任免机关依法作出处分决定。

国家行政机关工作人员、国有企业负责人对处分决定不服的，可以依法提出申诉。

第二十六条 当事人对行政处罚决定不服的，可以依法申请行政复议，或者依法直接向人民法院提起行政诉讼。

6.4.15 《铁路交通事故应急救援和调查处理条例》(部分)

第三十七条 铁路运输企业及其职工违反法律、行政法规的规定，造成事故的，由国务院铁路主管部门或者铁路管理机构依法追究行政责任。

第三十八条 违反本条例的规定，铁路运输企业及其职工不立即组织救援，或者迟报、漏报、瞒报、谎报事故的，对单位，由国务院铁路主管部门或者铁路管理机构处10万元以上50万元以下的罚款；对个人，由国务院铁路主管部门或者铁路管理机构处4000元以上2万元以下的罚款；属于国家工作人员的，依法给予处分；构成犯罪的，依法追究刑事责任。

第三十九条 违反本条例的规定，国务院铁路主管部门、铁路管理机构以及其他行政机关未立即启动应急预案，或者迟报、漏报、瞒报、谎报事故的，对直接负责的主管人员和其他直接责任人员依法给予处分；构成犯罪的，依法追究刑事责任。

第四十条 违反本条例的规定，干扰、阻碍事故救援、铁路线路开通、列车运行和事故调查处理的，对单位，由国务院铁路主管部门或者铁路管理机构处4万元以上20万元以下的罚款；对个人，由国务院铁路主管部门或者铁路管理机构处2000元以上1万元以下的罚款；情节严重的，对单位，由国务院铁路主管部门或者铁路管理机构处20万元以上100万元以下的罚款；对个人，由国务院铁路主管部门或者铁路管理机构处1万元以上5万元以下的罚款；属于国家工作人员的，依法给予处分；构成违反治安管理行为的，由公安机关依法给予治安管理处罚；构成犯罪的，依法追究刑事责任。

6.4.16 《生产安全事故应急条例》(部分)

第二十九条 地方各级人民政府和街道办事处等地方人民政府派出机关以及县级以上人民政府有关部门违反本条例规定的，由其上级行政机关责令改正；情节严重的，对直接负责的主管人员和其他直接责任人员依法给予处分。

第三十条 生产经营单位未制定生产安全事故应急救援预案、未定期组织应急救援预案演练、未对从业人员进行应急教育和培训，生产经营单位的主要负责人在本单位发生生产安全事故时不立即组织抢救的，由县级以上人民政府负有安全生产监督管理职责的部门依照《中华人民共和国安全生产法》有关规定追究法律责任。

第三十一条 生产经营单位未对应急救援器材、设备和物资进行经常性维护、保养，导致发生严重生产安全事故或者生产安全事故危害扩大，或者在本单位发生生产安全事故后未立即采取相应的应急救援措施，造成严重后果的，由县级以上人民政府负有安全生产监督管理职责的部门依照《中华人民共和国突发事件应对法》有关规定追究法律责任。

第三十二条 生产经营单位未将生产安全事故应急救援预案报送备案、未建立应急值班制度或者配备应急值班人员的，由县级以上人民政府负有安全生产监督管理职责的部门责令限期改正；逾期未改正的，处 3 万元以上 5 万元以下的罚款，对直接负责的主管人员和其他直接责任人员处 1 万元以上 2 万元以下的罚款。

第三十三条 违反本条例规定，构成违反治安管理行为的，由公安机关依法给予处罚；构成犯罪的，依法追究刑事责任。

6.5 部门规章中有关违法的法律责任条款

6.5.1 《最高人民法院、最高人民检察院关于办理危害生产安全刑事案件适用法律若干问题的解释》

第一条 刑法第一百三十四条第一款规定的犯罪主体，包括对生产、作业负有组织、指挥或者管理职责的负责人、管理人员、实际控制人、投资人等人员，以及直接从事生产、作业的人员。

第二条 刑法第一百三十四条第二款规定的犯罪主体，包括对生产、作业负有组织、指挥或者管理职责的负责人、管理人员、实际控制人、投资人等人员。

第三条 刑法第一百三十五条规定的“直接负责的主管人员和其他直接责任人员”，是指对安全生产设施或者安全生产条件不符合国家规定负有直接责任的生产经营单位负责人、管理人员、实际控制人、投资人，以及其他对安全生产设施或者安全生产条件负有管理、维护职责的人员。

第四条 刑法第一百三十九条之一规定的“负有报告职责的人员”，是指负有组织、指挥或者管理职责的负责人、管理人员、实际控制人、投资人，以及其他负有报告职责的人员。

第五条 明知存在事故隐患、继续作业存在危险，仍然违反有关安全管理的规定，实施下列行为之一的，应当认定为刑法第一百三十四条第二款规定的“强令他人违章冒险作业”：

（一）利用组织、指挥、管理职权，强制他人违章作业的；

（二）采取威逼、胁迫、恐吓等手段，强制他人违章作业的；

（三）故意掩盖事故隐患，组织他人违章作业的；

（四）其他强令他人违章作业的行为。

第六条 实施刑法第一百三十二条、第一百三十四条第一款、第一百三十五条、第一百三十五条之一、第一百三十六条、第一百三十九条规定的行为，因而发生安全事故，具有下列情形之一的，应当认定为“造成严重后果”或者“发生重大伤亡事故或者造成其他严重后果”，对相关责任人员，处三年以下有期徒刑或者拘役：

（一）造成死亡一人以上，或者重伤三人以上的；

（二）造成直接经济损失一百万元以上的；

（三）其他造成严重后果或者重大安全事故的情形。

实施刑法第一百三十四条第二款规定的行为，因而发生安全事故，具有本条第一款规定情形的，应当认定为“发生重大伤亡事故或者造成其他严重后果”，对相关责任人员，处五年以下有期徒刑或者拘役。

实施刑法第一百三十七条规定的行为，因而发生安全事故，具有本条第一款规定情形的，应当认定为“造成重大安全事故”，对直接责任人员，处五年以下有期徒刑或者拘役，并处罚金。

实施刑法第一百三十八条规定的行为，因而发生安全事故，具有本条第一款第一项规定情形的，应当认定为“发生重大伤亡事故”，对直接责任人员，处三年以下有期徒刑或者拘役。

第七条 实施刑法第一百三十二条、第一百三十四条第一款、第一百三十五条、第一百三十五条之一、第一百三十六条、第一百三十九条规定的行为，因而发生安全事故，具有下列情形之一的，对相关责任人员，处三年以上七年以下有期徒刑：

（一）造成死亡三人以上或者重伤十人以上，负事故主要责任的；

（二）造成直接经济损失五百万元以上，负事故主要责任的；

（三）其他造成特别严重后果、情节特别恶劣或者后果特别严重的情形。

实施刑法第一百三十四条第二款规定的行为，因而发生安全事故，具有本条第一款规定情形的，对相关责任人员，处五年以上有期徒刑。

实施刑法第一百三十七条规定的行为，因而发生安全事故，具有本条第一款规定情形的，对直接责任人员，处五年以上十年以下有期徒刑，并处罚金。

实施刑法第一百三十八条规定的行为，因而发生安全事故，具有下列情形之一的，对直接责任人员，处三年以上七年以下有期徒刑：

（一）造成死亡三人以上或者重伤十人以上，负事故主要责任的；

（二）具有本解释第六条第一款第一项规定情形，同时造成直接经济损失五百万元以上并负事故主要责任的，或者同时造成恶劣社会影响的。

第八条 在安全事故发生后，负有报告职责的人员不报或者谎报事故情况，贻误事故抢救，具有下列情形之一的，应当认定为刑法第一百三十九条之一规定的“情节严重”：

（一）导致事故后果扩大，增加死亡一人以上，或者增加重伤三人以上，或者增加直接经济损失一百万元以上的；

（二）实施下列行为之一，致使不能及时有效开展事故抢救的：

1.决定不报、迟报、谎报事故情况或者指使、串通有关人员不报、迟报、谎报事故情况的；

2.在事故抢救期间擅离职守或者逃匿的；

3.伪造、破坏事故现场，或者转移、藏匿、毁灭遇难人员尸体，或者转移、藏匿受伤人员的；

4.毁灭、伪造、隐匿与事故有关的图纸、记录、计算机数据等资料以及其他证据的；

（三）其他情节严重的情形。

具有下列情形之一的，应当认定为刑法第一百三十九条之一规定的“情节特别严重”：

（一）导致事故后果扩大，增加死亡三人以上，或者增加重伤十人以上，或者增加直接经济损失五百万元以上的；

（二）采用暴力、胁迫、命令等方式阻止他人报告事故情况，导致事故后果扩大的；

（三）其他情节特别严重的情形。

第九条 在安全事故发生后，与负有报告职责的人员串通，不报或者谎报事故情况，贻误事故抢救，情节严重的，依照刑法第一百三十九条之一的规定，以共犯论处。

第十条 在安全事故发生后，直接负责的主管人员和其他直接责任人员故意阻挠开展抢救，导致人员死亡或者重伤，或者为了逃避法律追究，对被害人进行隐藏、遗弃，致使被害人因无法得到救助而死亡或者重度残疾的，分别依照刑法第二百三十二条、第二百三十四条的规定，以故意杀人罪或者故意伤害罪定罪处罚。

第十一条 生产不符合保障人身、财产安全的国家标准、行业标准的安全设备，或者明知安全设备不符合保障人身、财产安全的国家标准、行业标准而进行销售，致使发生安全事故，造成严重后果的，依照刑法第一百四十六条的规定，以生产、销售不符合安全标准的产品罪定罪处罚。

第十二条 实施刑法第一百三十二条、第一百三十四条至第一百三十九条之一规定的犯罪行为，具有下列情形之一的，从重处罚：

（一）未依法取得安全许可证件或者安全许可证件过期、被暂扣、吊销、注销后从事生产经营活动的；

（二）关闭、破坏必要的安全监控和报警设备的；

（三）已经发现事故隐患，经有关部门或者个人提出后，仍不采取措施的；

（四）一年内曾因危害生产安全违法犯罪活动受过行政处罚或者刑事处罚的；

（五）采取弄虚作假、行贿等手段，故意逃避、阻挠负有安全监督管理职责的部门实施监督检查的；

（六）安全事故发生后转移财产意图逃避承担责任的；

（七）其他从重处罚的情形。

实施前款第五项规定的行为，同时构成刑法第三百八十九条规定的犯罪的，依照数罪并罚的规定处罚。

第十三条 实施刑法第一百三十二条、第一百三十四条至第一百三十九条之一规定的犯罪行为，在安全事故发生后积极组织、参与事故抢救，或者积极配合调查、主动赔偿损失的，可以酌情从轻处罚。

第十四条 国家工作人员违反规定投资入股生产经营，构成本解释规定的有关犯罪的，或者国家工作人员的贪污、受贿犯罪行为与安全事故发生存在关联性的，从重处罚；同时构成贪污、受贿犯罪和危害生产安全犯罪的，依照数罪并罚的规定处罚。

第十五条 国家机关工作人员在履行安全监督管理职责时滥用职权、玩忽职守，致使公共财产、国家和人民利益遭受重大损失的，或者徇私舞弊，对发现的刑事案件依法应当移交司法机关追究刑事责任而不移交，情节严重的，分别依照刑法第三百九十七条、第四百零二条的规定，以滥用职权罪、玩忽职守罪或者徇私舞弊不移交刑事案件罪定罪处罚。

公司、企业、事业单位的工作人员在依法或者受委托行使安全监督管理职责时滥用职权或者玩忽职守，构成犯罪的，应当依照《全国人民代表大会常务委员会关于〈中华人民共和国刑法〉第九章渎职罪主体适用问题的解释》的规定，适用渎职罪的规定追究刑事责任。

第十六条 对于实施危害生产安全犯罪适用缓刑的犯罪分子，可以根据犯罪情况，禁止其在缓刑考验期限内从事与安全生产相关联的特定活动；对于被判处刑罚的犯罪分子，可以根据犯罪情况和预防再犯罪的需要，禁止其自刑罚执行完毕之日或者假释之日起三年至五年内从事与安全生产相关的职业。

第十七条 本解释自2015年12月16日起施行。本解释施行后，《最高人民法院、最高人民检察院关于办理危害矿山生产安全刑事案件具体应用法律若干问题的解释》（法释〔2007〕5号）同时废止。最高人民法院、最高人民检察院此前发布的司法解释和规范性文件与本解释不一致的，以本解释为准。

6.5.2 《生产安全事故罚款处罚规定》(试行)

第一条 为防止和减少生产安全事故，严格追究生产安全事故发生单位及其有关责任人员的法律责任，正确适用事故罚款的行政处罚，依照《安全生产法》《生产安全事故报告和调查处理条例》（以下简称《条例》）的规定，制定本规定。

第二条 安全生产监督管理部门和煤矿安全监察机构对生产安全事故发生单位（以下简称事故发生单位）及其主要负责人、直接负责的主管人员和其他责任人员等有关责任人员依照《安全生产法》和《条例》实施罚款的行政处罚，适用本规定。

第三条 本规定所称事故发生单位是指对事故发生负有责任的生产经营单位。

本规定所称主要负责人是指有限责任公司、股份有限公司的董事长或者总经理或者个人经营的投资人，其他生产经营单位的厂长、经理、局长、矿长（含实际控制人）等人员。

第四条 本规定所称事故发生单位主要负责人、直接负责的主管人员和其他直接责任人员的上一年年收入，属于国有生产经营单位的，是指该单位上级主管部门所确定的上一年年收入总额；属于非国有生产经营单位的，是指经财务、税务部门核定的上一年年收入总额。

生产经营单位提供虚假资料或者由于财务、税务部门无法核定等原因致使有关人员的上一年年收入难以确定的，按照下列办法确定：

（一）主要负责人的上一年年收入，按照本省、自治区、直辖市上一年度职工平均工资的5倍以上10倍以下计算；

（二）直接负责的主管人员和其他直接责任人员的上一年年收入，按照本省、自治区、直辖市上一年度职工平均工资的1倍以上5倍以下计算。

第五条 《条例》所称的迟报、漏报、谎报和瞒报，依照下列情形认定：

（一）报告事故的时间超过规定时限的，属于迟报；

（二）因过失对应当上报的事故或者事故发生的时间、地点、类别、伤亡人数、直接经济损失等内容遗漏未报的，属于漏报；

（三）故意不如实报告事故发生的时间、地点、初步原因、性质、伤亡人数和涉险人数、直接经济损失等有关内容的，属于谎报；

（四）隐瞒已经发生的事故，超过规定时限未向安全监管监察部门和有关部门报告，经查证属实的，属于瞒报。

第六条 对事故发生单位及其有关责任人员处以罚款的行政处罚，依照下列规定决定：

（一）对发生特别重大事故的单位及其有关责任人员罚款的行政处罚，由国家安全生产监督管理总局决定；

（二）对发生重大事故的单位及其有关责任人员罚款的行政处罚，由省级人民政府安全生产监督管理部门决定；

（三）对发生较大事故的单位及其有关责任人员罚款的行政处罚，由设区的市级人民政府安全生产监督管理部门决定；

（四）对发生一般事故的单位及其有关责任人员罚款的行政处罚，由县级人民政府安全生产监督管理部门决定。

上级安全生产监督管理部门可以指定下一级安全生产监督管理部门对事故发生单位及其有关责任人员实施行政处罚。

第七条 对煤矿事故发生单位及其有关责任人员处以罚款的行政处罚，依照下列规定执行：

（一）对发生特别重大事故的煤矿及其有关责任人员罚款的行政处罚，由国家煤矿安全监察局决定；

（二）对发生重大事故和较大事故的煤矿及其有关责任人员罚款的行政处罚，由省级煤矿安全监察机构决定；

（三）对发生一般事故的煤矿及其有关责任人员罚款的行政处罚，由省级煤矿安全监察机构所属分局决定。

上级煤矿安全监察机构可以指定下一级煤矿安全监察机构对事故发生单位及其有关责任人员实施行政处罚。

第八条 特别重大事故以下等级事故，事故发生地与事故发生单位所在地不在同一个县级以上行政区域的，由事故发生地的安全生产监督管理部门或者煤矿安全监察机构依照本规定第六条或者第七条规定的权限实施行政处罚。

第九条 安全生产监督管理部门和煤矿安全监察机构对事故发生单位及其有关责任人员实施罚款的行政处罚，依照《安全生产违法行为行政处罚办法》规定的程序执行。

第十条 事故发生单位及其有关责任人员对安全生产监督管理部门和煤矿

安全监察机构给予的行政处罚，享有陈述、申辩的权利；对行政处罚不服的，有权依法申请行政复议或者提起行政诉讼。

第十一条 事故发生单位主要负责人有《安全生产法》第一百零六条、《条例》第三十五条规定的下列行为之一的，依照下列规定处以罚款：

（一）事故发生单位主要负责人在事故发生后不立即组织事故抢救的，处上一年年收入100%的罚款；

（二）事故发生单位主要负责人迟报事故的，处上一年年收入60%至80%的罚款；漏报事故的，处上一年年收入40%至60%的罚款；

（三）事故发生单位主要负责人在事故调查处理期间擅离职守的，处上一年年收入80%至100%的罚款。

第十二条 事故发生单位有《条例》第三十六条规定行为之一的，依照《国家安全监管总局关于印发〈安全生产行政处罚自由裁量标准〉的通知》（安监总政法〔2010〕137号）等规定给予罚款。

第十三条 事故发生单位的主要负责人、直接负责的主管人员和其他直接责任人员有《安全生产法》第一百零六条、《条例》第三十六条规定的下列行为之一的，依照下列规定处以罚款：

（一）伪造、故意破坏事故现场，或者转移、隐匿资金、财产、销毁有关证据、资料，或者拒绝接受调查，或者拒绝提供有关情况和资料，或者在事故调查中作伪证，或者指使他人作伪证的，处上一年年收入80%至90%的罚款；

（二）谎报、瞒报事故或者事故发生后逃匿的，处上一年年收入100%的罚款。

第十四条 事故发生单位对造成3人以下死亡，或者3人以上10人以下重伤（包括急性工业中毒，下同），或者300万元以上1000万元以下直接经济损失的一般事故负有责任的，处20万元以上50万元以下的罚款。

事故发生单位有本条第一款规定的行为且有谎报或者瞒报事故情节的，处50万元的罚款。

第十五条 事故发生单位对较大事故发生负有责任的，依照下列规定处以罚款：

（一）造成3人以上6人以下死亡，或者10人以上30人以下重伤，或者1000万元以上3000万元以下直接经济损失的，处50万元以上70万元以下的罚款；

（二）造成6人以上10人以下死亡，或者30人以上50人以下重伤，或者3000万元以上5000万元以下直接经济损失的，处70万元以上100万元以下的罚款。

事故发生单位对较大事故发生负有责任且有谎报或者瞒报情节的，处100

万元的罚款。

第十六条 事故发生单位对重大事故发生负有责任的，依照下列规定处以罚款：

（一）造成10人以上15人以下死亡，或者50人以上70人以下重伤，或者5000万元以上7000万元以下直接经济损失的，处100万元以上300万元以下的罚款；

（二）造成15人以上30人以下死亡，或者70人以上100人以下重伤，或者7000万元以上1亿元以下直接经济损失的，处300万元以上500万元以下的罚款。

事故发生单位对重大事故发生负有责任且有谎报或者瞒报情节的，处500万元的罚款。

第十七条 事故发生单位对特别重大事故发生负有责任的，依照下列规定处以罚款：

（一）造成30人以上40人以下死亡，或者100人以上120人以下重伤，或者1亿元以上1.2亿元以下直接经济损失的，处500万元以上1000万元以下的罚款；

（二）造成40人以上50人以下死亡，或者120人以上150人以下重伤，或者1.2亿元以上1.5亿元以下直接经济损失的，处1000万元以上1500万元以下的罚款；

（三）造成50人以上死亡，或者150人以上重伤，或者1.5亿元以上直接经济损失的，处1500万元以上2000万元以下的罚款。

事故发生单位对特别重大事故发生负有责任且有下列情形之一的，处2000万元的罚款：

（一）谎报特别重大事故的；

（二）瞒报特别重大事故的；

（三）未依法取得有关行政审批或者证照擅自从事生产经营活动的；

（四）拒绝、阻碍行政执法的；

（五）拒不执行有关停产停业、停止施工、停止使用相关设备或者设施的行政执法指令的；

（六）明知存在事故隐患，仍然进行生产经营活动的；

（七）一年内已经发生2起以上较大事故，或者1起重大以上事故，再次发生特别重大事故的；

（八）地下矿山负责人未按照规定带班下井的。

第十八条 事故发生单位主要负责人未依法履行安全生产管理职责，导致事故发生的，依照下列规定处以罚款：

（一）发生一般事故的，处上一年年收入30%的罚款；

（二）发生较大事故的，处上一年年收入40%的罚款；

（三）发生重大事故的，处上一年年收入60%的罚款；

（四）发生特别重大事故的，处上一年年收入80%的罚款。

第十九条 个人经营的投资人未依照《安全生产法》的规定保证安全生产所必需的资金投入，致使生产经营单位不具备安全生产条件，导致发生生产安全事故的，依照下列规定对个人经营的投资人处以罚款：

（一）发生一般事故的，处2万元以上5万元以下的罚款；

（二）发生较大事故的，处5万元以上10万元以下的罚款；

（三）发生重大事故的，处10万元以上15万元以下的罚款；

（四）发生特别重大事故的，处15万元以上20万元以下的罚款。

第二十条 违反《条例》和本规定，事故发生单位及其有关责任人员有两种以上应当处以罚款的行为的，安全生产监督管理部门或者煤矿安全监察机构应当分别裁量，合并作出处罚决定。

第二十一条 对事故发生负有责任的其他单位及其有关责任人员处以罚款的行政处罚，依照相关法律、法规和规章的规定实施。

第二十二条 本规定自公布之日起施行。

6.5.3 《生产安全事故应急预案管理办法》(部分)

第四十四条 生产经营单位有下列情形之一的，由县级以上安全生产监督管理部门依照《中华人民共和国安全生产法》第九十四条的规定，责令限期改正，可以处5万元以下罚款；逾期未改正的，责令停产停业整顿，并处5万元以上10万元以下罚款，对直接负责的主管人员和其他直接责任人员处1万元以上2万元以下的罚款：

（一）未按照规定编制应急预案的；

（二）未按照规定定期组织应急预案演练的。

第四十五条 生产经营单位有下列情形之一的，由县级以上安全生产监督管理部门责令限期改正，可以处1万元以上3万元以下罚款：

（一）在应急预案编制前未按照规定开展风险辨识、评估和应急资源调查的；

（二）未按照规定开展应急预案评审的；

（三）事故风险可能影响周边单位、人员的，未将事故风险的性质、影响范围和应急防范措施告知周边单位和人员的；

（四）未按照规定开展应急预案评估的；

（五）未按照规定进行应急预案修订的；

（六）未落实应急预案规定的应急物资及装备的。

生产经营单位未按照规定进行应急预案备案的，由县级以上人民政府应急管理等部门依照职责责令限期改正；逾期未改正的，处3万元以上5万元以下的罚款，对直接负责的主管人员处1万元以上2万元以下罚款。

6.5.4 《安全生产责任保险实施办法》(部分)

第二十六条 对生产经营单位应当投保但未按规定投保或续保、将保费以各种形式摊派给从业人员个人、未及时将赔偿保险金支付给受害人的，保险机构预防费用投入不足、未履行事故预防责任、委托不合法的社会化服务机构开展事故预防工作的，安全生产监督管理部门、保险监督管理机构及有关部门应当提出整改要求；对拒不整改的，应当将其纳入安全生产领域联合惩戒“黑名单”管理，对违反相关法律法规规定的，依法追究其法律责任。

第二十七条 相关部门及其工作人员在对安全生产责任保险的监督管理中收取贿赂、滥用职权、玩忽职守、徇私舞弊的，依法依规对相关责任人严肃追责；涉嫌犯罪的，移交司法机关依法处理。

6.5.5 《特种作业人员安全技术培训考核管理规定》(部分)

第三十七条 考核发证机关或其委托的单位及其工作人员在特种作业人员考核、发证和复审工作中滥用职权、玩忽职守、徇私舞弊的，依法给予行政处分；构成犯罪的，依法追究刑事责任。

第三十八条 生产经营单位未建立健全特种作业人员档案的，给予警告，并处1万元以下的罚款。

第三十九条 生产经营单位使用未取得特种作业操作证的特种作业人员上岗作业的，责令限期改正，可以处5万元以下的罚款；逾期未改正的，责令停产停业整顿，并处5万元以上10万元以下的罚款，对直接负责的主管人员和其他直接责任人员处1万元以上2万元以下的罚款。

煤矿企业使用未取得特种作业操作证的特种作业人员上岗作业的，依照《国务院关于预防煤矿生产安全事故的特别规定》的规定处罚。

第四十条 生产经营单位非法印制、伪造、倒卖特种作业操作证，或者使用非法印制、伪造、倒卖的特种作业操作证的，给予警告，并处1万元以上3万元以下的罚款；构成犯罪的，依法追究刑事责任。

第四十一条 特种作业人员伪造、涂改特种作业操作证或者使用伪造的特种作业操作证的，给予警告，并处1000元以上5000元以下的罚款。

特种作业人员转借、转让、冒用特种作业操作证的，给予警告，并处2000元以上1万元以下的罚款。

6.5.6 《建设项目安全设施“三同时”监督管理办法》(部分)

第二十七条 建设项目安全设施“三同时”违反本办法的规定，安全生产监督管理部门及其工作人员给予审批通过或者颁发有关许可证的，依法给予行政处分。

第二十八条 生产经营单位对本办法第七条第（一）项、第（二）项、第（三）项和第（四）项规定的建设项目有下列情形之一的，责令停止建设或者停产停业整顿，限期改正；逾期未改正的，处50万元以上100万元以下的罚款，对其直接负责的主管人员和其他直接责任人员处2万元以上5万元以下的罚款；构成犯罪的，依照刑法有关规定追究刑事责任：

（一）未按照本办法规定对建设项目进行安全评价的；

（二）没有安全设施设计或者安全设施设计未按照规定报经安全生产监督管理部门审查同意，擅自开工的；

（三）施工单位未按照批准的安全设施设计施工的；

（四）投入生产或者使用前，安全设施未经验收合格的。

第二十九条 已经批准的建设项目安全设施设计发生重大变更，生产经营单位未报原批准部门审查同意擅自开工建设的，责令限期改正，可以并处1万元以上3万元以下的罚款。

第三十条 本办法第七条第（一）项、第（二）项、第（三）项和第（四）项规定以外的建设项目有下列情形之一的，对有关生产经营单位责令限期改正，可以并处5000元以上3万元以下的罚款：

（一）没有安全设施设计的；

（二）安全设施设计未组织审查，并形成书面审查报告的；

（三）施工单位未按照安全设施设计施工的；

（四）投入生产或者使用前，安全设施未经竣工验收合格，并形成书面报告的。

第三十一条 承担建设项目安全评价的机构弄虚作假、出具虚假报告，尚未构成犯罪的，没收违法所得，违法所得在10万元以上的，并处违法所得二倍以上五倍以下的罚款；没有违法所得或者违法所得不足10万元的，单处或者并处10万元以上20万元以下的罚款，对其直接负责的主管人员和其他直接责任人员处2万元以上5万元以下的罚款；给他人造成损害的，与生产经营单位承担连带赔偿责任。

对有前款违法行为的机构，吊销其相应资质。

第三十二条 本办法规定的行政处罚由安全生产监督管理部门决定。法律、行政法规对行政处罚的种类、幅度和决定机关另有规定的，依照其规定。

安全生产监督管理部门对应当由其他有关部门进行处理的“三同时”问题，

应当及时移送有关部门并形成记录备查。

6.5.7 《生产经营单位安全培训规定》(部分)

第二十九条 生产经营单位有下列行为之一的，由安全生产监管监察部门责令其限期改正，可以处1万元以上3万元以下的罚款：

(一) 未将安全培训工作纳入本单位工作计划并保证安全培训工作所需资金的；

(二) 从业人员进行安全培训期间未支付工资并承担安全培训费用的。

第三十条 生产经营单位有下列行为之一的，由安全生产监管监察部门责令其限期改正，可以处5万元以下的罚款；逾期未改正的，责令停产停业整顿，并处5万元以上10万元以下的罚款，对其直接负责的主管人员和其他直接责任人员处1万元以上2万元以下的罚款：

(一) 煤矿、非煤矿山、危险化学品、烟花爆竹、金属冶炼等生产经营单位主要负责人和安全管理人员未按照规定经考核合格的；

(二) 未按照规定对从业人员、被派遣劳动者、实习学生进行安全生产教育和培训或者未如实告知其有关安全生产事项的；

(三) 未如实记录安全生产教育和培训情况的；

(四) 特种作业人员未按照规定经专门的安全技术培训并取得特种作业人员操作资格证书，上岗作业的。

县级以上地方人民政府负责煤矿安全生产监督管理的部门发现煤矿未按照本规定对井下作业人员进行安全培训的，责令限期改正，处10万元以上50万元以下的罚款；逾期未改正的，责令停产停业整顿。煤矿安全监察机构发现煤矿特种作业人员无证上岗作业的，责令限期改正，处10万元以上50万元以下的罚款；逾期未改正的，责令停产停业整顿。

第三十一条 安全生产监管监察部门有关人员在考核、发证工作中玩忽职守、滥用职权的，由上级安全生产监管监察部门或者行政监察部门给予记过、记大过的行政处分。

6.5.8 《安全生产事故隐患排查治理暂行规定》(部分)

第二十七条 承担检测检验、安全评价的中介机构，出具虚假评价证明，尚不够刑事处罚的，没收违法所得，违法所得在五千元以上的，并处违法所得二倍以上五倍以下的罚款，没有违法所得或者违法所得不足五千元的，单处或者并处五千元以上二万元以下的罚款，同时可对其直接负责的主管人员和其他直接责任人员处五千元以上五万元以下的罚款；给他人造成损害的，与生产经营单位承担连带赔偿责任。

对有前款违法行为的机构，撤销其相应的资质。

第二十八条 生产经营单位事故隐患排查治理过程中违反有关安全生产法律、法规、规章、标准和规程规定的，依法给予行政处罚。

第二十九条 安全监管监察部门的工作人员未依法履行职责的，按照有关规定处理。

6.6 附件 重大生产安全事故隐患判定标准

6.6.1 工贸行业重大生产安全事故隐患判定标准(2017版)

为准确判定、及时整改工贸行业重大生产安全事故隐患，有效防范遏制重特大生产安全事故，根据《中华人民共和国安全生产法》和《中共中央、国务院关于推进安全生产领域改革发展的意见》，国家安全监管总局制定了《工贸行业重大生产安全事故隐患判定标准（2017版）》。具体内容如下：

本判定标准适用于判定工贸行业的重大生产安全事故隐患（以下简称重大事故隐患），危险化学品、消防（火灾）、特种设备等有关行业领域对重大事故隐患判定标准另有规定的，适用其规定。

工贸行业重大事故隐患分为专项类重大事故隐患和行业类重大事故隐患，专项类重大事故隐患适用于所有相关的工贸行业，行业类重大事故隐患仅适用于对应的行业。

（一）专项类重大事故隐患

一、存在粉尘爆炸危险的行业领域

1. 粉尘爆炸危险场所设置在非框架结构的多层建构筑物内，或与居民区、员工宿舍、会议室等人员密集场所安全距离不足。

2. 可燃性粉尘与可燃气体等易加剧爆炸危险的介质共用一套除尘系统，不同防火分区的除尘系统互联互通。

3. 干式除尘系统未规范采用泄爆、隔爆、惰化、抑爆等任一种控爆措施。

4. 除尘系统采用正压吹送粉尘，且未采取可靠的防范点燃源的措施。

5. 除尘系统采用粉尘沉降室除尘，或者采用干式巷道式构筑物作为除尘风道。

6. 铝镁等金属粉尘及木质粉尘的干式除尘系统未规范设置锁气卸灰装置。

7. 粉尘爆炸危险场所的20区未使用防爆电气设备设施。

8. 在粉碎、研磨、造粒等易于产生机械点火源的工艺设备前，未按规范设置去除铁、石等异物的装置。

9. 木制品加工企业，与砂光机连接的风管未规范设置火花探测报警装置。

10. 未制定粉尘清扫制度，作业现场积尘未及时规范清理。

二、使用液氨制冷的行业领域

1. 包装间、分割间、产品整理间等人员较多生产场所的空调系统采用氨直接蒸发制冷系统。

2. 快速冻结装置未设置在单独的作业间内，且作业间内作业人员数量超过9人。

三、有限空间作业相关的行业领域

1. 未对有限空间作业场所进行辨识，并设置明显安全警示标志。

2. 未落实作业审批制度，擅自进入有限空间作业。

(二)行业类重大事故隐患

一、冶金行业

1. 会议室、活动室、休息室、更衣室等场所设置在铁水、钢水与液渣吊运影响的范围内。

2. 吊运铁水、钢水与液渣起重机不符合冶金起重机的相关要求；炼钢厂在吊运重罐铁水、钢水或液渣时，未使用固定式龙门钩的铸造起重机，龙门钩横梁、耳轴销和吊钩、钢丝绳及其端头固定零件，未进行定期检查，发现问题未及时整改。

3. 盛装铁水、钢水与液渣的罐（包、盆）等容器耳轴未按国家标准规定要求定期进行探伤检测。

4. 冶炼、熔炼、精炼生产区域的安全坑内及熔体泄漏、喷溅影响范围内存在积水，放置有易燃易爆物品。金属铸造、连铸、浇铸流程未设置铁水罐、钢水罐、溢流槽、中间溢流罐等高温熔融金属紧急排放和应急储存设施。

5. 炉、窑、槽、罐类设备本体及附属设施未定期检查，出现严重焊缝开裂、腐蚀、破损、衬砖损坏、壳体发红及明显弯曲变形等未报修或报废，仍继续使用。

6. 氧枪等水冷元件未配置出水温度与进出水流量差检测、报警装置及温度监测，未与炉体倾动、氧气开闭等连锁。

7. 煤气柜建设在居民稠密区，未远离大型建筑、仓库、通信和交通枢纽等重要设施；附属设备设施未按防火防爆要求配置防爆型设备；柜顶未设置防雷装置。

8. 煤气区域的值班室、操作室等人员较集中的地方，未设置固定式一氧化碳监测报警装置。

9. 高炉、转炉、加热炉、煤气柜、除尘器等设施的煤气管道未设置可靠隔离装置和吹扫设施。

10. 煤气分配主管上支管引接处，未设置可靠的切断装置；车间内各类燃气管线，在车间入口未设置总管切断阀。

11. 金属冶炼企业主要负责人和安全生产管理人员未依法经考核合格。

二、有色行业

1. 吊运铜水等熔融有色金属及渣的起重机不符合冶金起重机的相关要求；横梁、耳轴销和吊钩、钢丝绳及其端头固定零件，未进行定期检查，发现问题未及时处理。

2. 会议室、活动室、休息室、更衣室等场所设置在铜水等熔融有色金属及渣的吊运影响范围内。

3. 盛装铜水等熔融有色金属及渣的罐（包、盆）等容器耳轴未定期进行检测。

4. 铜水等高温熔融有色金属冶炼、精炼、铸造生产区域的安全坑内及熔体泄漏、喷溅影响范围内存在非生产性积水；熔体容易喷溅到的区域，放置有易燃易爆物品。

5. 铜水等熔融有色金属铸造、浇铸流程未设置紧急排放和应急储存设施。

6. 高温工作的熔融有色金属冶炼炉窑、铸造机、加热炉及水冷元件未设置应急冷却水源等冷却应急处置措施。

7. 冶炼炉窑的水冷元件未配置温度、进出水流量差检测及报警装置；未设置防止冷却水大量进入炉内的安全设施（如：快速切断阀等）。

8. 炉、窑、槽、罐类设备本体及附属设施未定期检查，出现严重焊缝开裂、腐蚀、破损、衬砖损坏、壳体发红及明显弯曲变形等未报修或报废，仍继续使用。

9. 使用煤气（天然气）的烧嘴等燃烧装置，未设置防突然熄火或点火失败的快速切断阀，以切断煤气（天然气）。

10. 金属冶炼企业主要负责人和安全生产管理人员未依法经考核合格。

三、建材行业

1. 水泥工厂煤磨袋式收尘器（或煤粉仓）未设置温度和一氧化碳监测，或未设置气体灭火装置。

2. 水泥工厂筒型储存库人工清库作业外包给不具备高空作业工程专业承包资质的承包方且作业前未进行风险分析。

3. 燃气窑炉未设置燃气低压警报器和快速切断阀，或易燃易爆气体聚集区域未设置监测报警装置。

4. 纤维制品三相电弧炉、电熔制品电炉，水冷构件泄漏。

5. 进入筒型储库、磨机、破碎机、篦冷机、各种焙烧窑等有限空间作业时，未采取有效的防止电气设备意外启动、热气涌入等隔离防护措施。

6.玻璃窑炉、玻璃锡槽，水冷、风冷保护系统存在漏水、漏气，未设置监测报警装置。

四、机械行业

1.会议室、活动室、休息室、更衣室等场所设置在熔炼炉、熔融金属吊运和浇注影响范围内。

2.吊运熔融金属的起重机不符合冶金铸造起重机技术条件，或驱动装置中未设置两套制动器。吊运浇注包的龙门钩横梁、耳轴销和吊钩等零件，未进行定期探伤检查。

3.铸造熔炼炉炉底、炉坑及浇注坑等作业坑存在潮湿、积水状况，或存放易燃易爆物品。

4.铸造熔炼炉冷却水系统未配置温度、进出水流量检测报警装置，没有设置防止冷却水进入炉内的安全设施。

5.天然气（煤气）加热炉燃烧器操作部位未设置可燃气体泄漏报警装置，或燃烧系统未设置防突然熄火或点火失败的安全装置。

6.使用易燃易爆稀释剂（如天拿水）清洗设备设施，未采取有效措施及时清除集聚在地沟、地坑等有限空间内的可燃气体。

7.涂装调漆间和喷漆室未规范设置可燃气体报警装置和防爆电气设备设施。

五、轻工行业

1.食品制造企业涉及烘制、油炸等设施设备，未采取防过热自动报警切断装置和隔热防护措施。

2.白酒储存、勾兑场所未规范设置乙醇浓度检测报警装置。

3.纸浆制造、造纸企业使用水蒸气或明火直接加热钢瓶汽化液氯。

4.日用玻璃、陶瓷制造企业燃气窑炉未设燃气低压警报器和快速切断阀，或易燃易爆气体聚集区域未设置监测报警装置。

5.日用玻璃制造企业炉、窑类设备本体及附属设施出现开裂、腐蚀、破损、衬砖损坏、壳体发红及明显弯曲变形。

6.喷涂车间、调漆间未规范设置通风装置和防爆电气设备设施。

六、纺织行业

1.纱、线、织物加工的烧毛、开幅、烘干等热定型工艺的汽化室、燃气贮罐、储油罐、热煤炉等未与生产加工、人员密集场所明确分开或单独设置。

2.保险粉、双氧水、亚氯酸钠、雕白粉（吊白块）等危险品与禁忌物料混合贮存的；保险粉露天堆放，或储存场所未采取防水、防潮等措施。

七、烟草行业

1.熏蒸杀虫作业前，未确认无关人员全部撤离仓库，且作业人员未配置防毒面具。

2.使用液态二氧化碳制造膨胀烟丝的生产线和场所，未设置二氧化碳浓度报警仪、燃气浓度报警仪、紧急联动排风装置。

八、商贸行业

在房式仓、筒仓及简易仓囤进行粮食进出仓作业时，未按照作业标准步骤或未采取有效防护措施作业。

6.6.2 化工和危险化学品生产经营单位重大生产安全事故隐患判定标准（试行）

依据有关法律法规、部门规章和国家标准，以下情形应当判定为重大事故隐患：

一、危险化学品生产、经营单位主要负责人和安全生产管理人员未依法经考核合格。

二、特种作业人员未持证上岗。

三、涉及“两重点一重大”的生产装置、储存设施外部安全防护距离不符合国家标准要求。

四、涉及重点监管危险化工工艺的装置未实现自动化控制，系统未实现紧急停车功能，装备的自动化控制系统、紧急停车系统未投入使用。

五、构成一级、二级重大危险源的危险化学品罐区未实现紧急切断功能；涉及毒性气体、液化气体、剧毒液体的一级、二级重大危险源的危险化学品罐区未配备独立的安全仪表系统。

六、全压力式液化烃储罐未按国家标准设置注水措施。

七、液化烃、液氨、液氯等易燃易爆、有毒有害液化气体的充装未使用万向管道充装系统。

八、光气、氯气等剧毒气体及硫化氢气体管道穿越除厂区（包括化工园区、工业园区）外的公共区域。

九、地区架空电力线路穿越生产区且不符合国家标准要求。

十、在役化工装置未经正规设计且未进行安全设计诊断。

十一、使用淘汰落后安全技术工艺、设备目录列出的工艺、设备。

十二、涉及可燃和有毒有害气体泄漏的场所未按国家标准设置检测报警装置，爆炸危险场所未按国家标准安装使用防爆电气设备。

十三、控制室或机柜间面向具有火灾、爆炸危险性装置一侧不满足国家标准关于防火防爆的要求。

十四、化工生产装置未按国家标准要求设置双重电源供电，自动化控制系统未设置不间断电源。

十五、安全阀、爆破片等安全附件未正常投用。

十六、未建立与岗位相匹配的全员安全生产责任制或者未制定实施生产安全事故隐患排查治理制度。

十七、未制定操作规程和工艺控制指标。

十八、未按照国家标准制定动火、进入受限空间等特殊作业管理制度，或者制度未有效执行。

十九、新开发的危险化学品生产工艺未经小试、中试、工业化试验直接进行工业化生产；国内首次使用的化工工艺未经过省级人民政府有关部门组织的安全可靠性论证；新建装置未制定试生产方案投料开车；精细化工企业未按规范性文件要求开展反应安全风险评估。

二十、未按国家标准分区分类储存危险化学品，超量、超品种储存危险化学品，相互禁配物质混放混存。

6.6.3 烟花爆竹生产经营单位重大生产安全事故隐患判定标准（试行）

依据有关法律法规、部门规章和国家标准，以下情形应当判定为重大事故隐患：

一、主要负责人、安全生产管理人员未依法经考核合格。

二、特种作业人员未持证上岗，作业人员带药检维修设备设施。

三、职工自行携带工器具、机器设备进厂进行涉药作业。

四、工（库）房实际作业人员数量超过核定人数。

五、工（库）房实际滞留、存储药量超过核定药量。

六、工（库）房内、外部安全距离不足，防护屏障缺失或者不符合要求。

七、防静电、防火、防雷设备设施缺失或者失效。

八、擅自改变工（库）房用途或者违规私搭乱建。

九、工厂围墙缺失或者分区设置不符合国家标准。

十、将氧化剂、还原剂同库储存、违规预混或者在同一工房内粉碎、称量。

十一、在用涉药机械设备未经安全性论证或者擅自更改、改变用途。

十二、中转库、药物总库和成品总库的存储能力与设计产能不匹配。

十三、未建立与岗位相匹配的全员安全生产责任制或者未制定实施生产安全事故隐患排查治理制度。

十四、出租、出借、转让、买卖、冒用或者伪造许可证。

十五、生产经营的产品种类、危险等级超许可范围或者生产使用违禁药物。

十六、分包转包生产线、工房、库房组织生产经营。

十七、一证多厂或者多股东各自独立组织生产经营。

十八、许可证过期、整顿改造、恶劣天气等停产停业期间组织生产经营。

十九、烟花爆竹仓库存放其它爆炸物等危险物品或者生产经营违禁超标产品。

二十、零售点与居民居住场所设置在同一建筑物内或者在零售场所使用明火。

6.6.4 煤矿重大生产安全事故隐患判定标准

第一条 为了准确认定、及时消除煤矿重大生产安全事故隐患（以下简称煤矿重大事故隐患），根据《安全生产法》和《国务院关于预防煤矿生产安全事故的特别规定》（国务院令第446号）等法律、法规，制定本判定标准。

第二条 本标准适用于判定各类煤矿重大事故隐患。

第三条 煤矿重大事故隐患包括以下15个方面：

（一）超能力、超强度或者超定员组织生产；

（二）瓦斯超限作业；

（三）煤与瓦斯突出矿井，未依照规定实施防突出措施；

（四）高瓦斯矿井未建立瓦斯抽采系统和监控系统，或者不能正常运行；

（五）通风系统不完善、不可靠；

（六）有严重水患，未采取有效措施；

（七）超层越界开采；

（八）有冲击地压危险，未采取有效措施；

（九）自然发火严重，未采取有效措施；

（十）使用明令禁止使用或者淘汰的设备、工艺；

（十一）煤矿没有双回路供电系统；

（十二）新建煤矿边建设边生产，煤矿改扩建期间，在改扩建的区域生产，或者在其他区域的生产超出安全设计规定的范围和规模；

（十三）煤矿实行整体承包生产经营后，未重新取得或者及时变更安全生产许可证而从事生产，或者承包方再次转包，以及将井下采掘工作面和井巷维修作业进行劳务承包；

（十四）煤矿改制期间，未明确安全生产责任人和安全管理机构，或者在完成改制后，未重新取得或者变更采矿许可证、安全生产许可证和营业执照；

（十五）其他重大事故隐患。

第四条 “超能力、超强度或者超定员组织生产”重大事故隐患，是指有下列情形之一的：

（一）矿井全年原煤产量超过矿井核定（设计）生产能力110%的，或者矿井月产量超过矿井核定（设计）生产能力10%的；

（二）矿井开拓、准备、回采煤量可采期小于有关标准规定的最短时间组织生产、造成接续紧张的，或者采用“剃头下山”开采的；

（三）采掘工作面瓦斯抽采不达标组织生产的；

（四）煤矿未制定或者未严格执行井下劳动定员制度的。

第五条 “瓦斯超限作业”重大事故隐患，是指有下列情形之一的：

（一）瓦斯检查存在漏检、假检的；

（二）井下瓦斯超限后不采取措施继续作业的。

第六条 “煤与瓦斯突出矿井，未依照规定实施防突出措施”重大事故隐患，是指有下列情形之一的：

（一）未建立防治突出机构并配备相应专业人员的；

（二）未装备矿井安全监控系统和地面永久瓦斯抽采系统或者系统不能正常运行的；

（三）未进行区域或者工作面突出危险性预测的；

（四）未按规定采取防治突出措施的；

（五）未进行防治突出措施效果检验或者防突措施效果检验不达标仍然组织生产建设的；

（六）未采取安全防护措施的；

（七）使用架线式电机车的。

第七条 “高瓦斯矿井未建立瓦斯抽采系统和监控系统，或者不能正常运行”重大事故隐患，是指有下列情形之一的：

（一）按照《煤矿安全规程》规定应当建立而未建立瓦斯抽采系统的；

（二）未按规定安设、调校甲烷传感器，人为造成甲烷传感器失效的，瓦斯超限后不能断电或者断电范围不符合规定的；

（三）安全监控系统出现故障没有及时采取措施予以恢复的，或者对系统记录的瓦斯超限数据进行修改、删除、屏蔽的。

第八条 “通风系统不完善、不可靠”重大事故隐患，是指有下列情形之一的：

（一）矿井总风量不足的；

（二）没有备用主要通风机或者两台主要通风机工作能力不匹配的；

（三）违反规定串联通风的；

（四）没有按设计形成通风系统的，或者生产水平和采区未实现分区通风的；

（五）高瓦斯、煤与瓦斯突出矿井的任一采区，开采容易自燃煤层、低瓦斯矿井开采煤层群和分层开采采用联合布置的采区，未设置专用回风巷的，或者突出煤层工作面没有独立的回风系统的；

（六）采掘工作面等主要用风地点风量不足的；

（七）采区进（回）风巷未贯穿整个采区，或者虽贯穿整个采区但一段进风、一段回风的；

（八）煤巷、半煤岩巷和有瓦斯涌出的岩巷的掘进工作面未装备甲烷电、风电闭锁装置或者不能正常使用的；

（九）高瓦斯、煤与瓦斯突出建设矿井局部通风不能实现双风机、双电源且自动切换的；

（十）高瓦斯、煤与瓦斯突出建设矿井进入二期工程前，其他建设矿井进入三期工程前，没有形成地面主要通风机供风的全风压通风系统的。

第九条 “有严重水患，未采取有效措施”重大事故隐患，是指有下列情形之一的：

（一）未查明矿井水文地质条件和井田范围内采空区、废弃老窑积水等情况而组织生产建设的；

（二）水文地质类型复杂、极复杂的矿井没有设立专门的防治水机构和配备专门的探放水作业队伍、配齐专用探放水设备的；

（三）在突水威胁区域进行采掘作业未按规定进行探放水的；

（四）未按规定留设或者擅自开采各种防隔水煤柱的；

（五）有透水征兆未撤出井下作业人员的；

（六）受地表水倒灌威胁的矿井在强降雨天气或其来水上游发生洪水期间未实施停产撤人的；

（七）建设矿井进入三期工程前，没有按设计建成永久排水系统的。

第十条 “超层越界开采”重大事故隐患，是指有下列情形之一的：

（一）超出采矿许可证规定开采煤层层位或者标高而进行开采的；

（二）超出采矿许可证载明的坐标控制范围而开采的；

（三）擅自开采保安煤柱的。

第十一条 “有冲击地压危险，未采取有效措施”重大事故隐患，是指有下列情形之一的：

（一）首次发生过冲击地压动力现象，半年内没有完成冲击地压危险性鉴定的；

（二）有冲击地压危险的矿井未配备专业人员并编制专门设计的；

（三）未进行冲击地压预测预报，或者采取的防治措施没有消除冲击地压危险仍组织生产建设的。

第十二条 “自然发火严重，未采取有效措施”重大事故隐患，是指有下列情形之一的：

（一）开采容易自燃和自燃的煤层时，未编制防止自然发火设计或者未按设计组织生产建设的；

（二）高瓦斯矿井采用放顶煤采煤法不能有效防治煤层自然发火的；

（三）有自然发火征兆没有采取相应的安全防范措施并继续生产建设的。

第十三条 “使用明令禁止使用或者淘汰的设备、工艺”重大事故隐患，是指有下列情形之一的：

（一）使用被列入国家应予淘汰的煤矿机电设备和工艺目录的产品或者工艺的；

（二）井下电气设备未取得煤矿矿用产品安全标志，或者防爆等级与矿井瓦斯等级不符的；

（三）未按矿井瓦斯等级选用相应的煤矿许用炸药和雷管、未使用专用发爆器的，或者裸露放炮的；

（四）采煤工作面不能保证2个畅通的安全出口的；

（五）高瓦斯矿井、煤与瓦斯突出矿井、开采容易自燃和自燃煤层（薄煤层除外）矿井，采煤工作面采用前进式采煤方法的。

第十四条 “煤矿没有双回路供电系统”重大事故隐患，是指有下列情形之一的：

（一）单回路供电的；

（二）有两个回路但取自一个区域变电所同一母线端的；

（三）进入二期工程的高瓦斯、煤与瓦斯突出及水害严重的建设矿井，进入三期工程的其他建设矿井，没有形成双回路供电的。

第十五条 “新建煤矿边建设边生产，煤矿改扩建期间，在改扩建的区域生产，或者在其他区域的生产超出安全设计规定的范围和规模”重大事故隐患，是指有下列情形之一的：

（一）建设项目安全设施设计未经审查批准，或者批准后做出重大变更后未经再次审批擅自组织施工的；

（二）改扩建矿井在改扩建区域生产的；

（三）改扩建矿井在非改扩建区域超出设计规定范围和规模生产的。

第十六条 “煤矿实行整体承包生产经营后，未重新取得或者及时变更安全生产许可证从事生产的，或者承包方再次转包，以及将井下采掘工作面和井巷维修作业进行劳务承包”重大事故隐患，是指有下列情形之一的：

（一）生产经营单位将煤矿承包或者托管给没有合法有效煤矿生产建设证照的单位或者个人的；

（二）煤矿实行承包（托管）但未签订安全生产管理协议，或者未约定双方安全生产管理职责合同而进行生产的；

（三）承包方（承托方）未按规定变更安全生产许可证进行生产的；

（四）承包方（承托方）再次将煤矿承包（托管）给其他单位或者个人的；

（五）煤矿将井下采掘工作面或者井巷维修作业作为独立工程承包（托管）给其他企业或者个人的。

第十七条 “煤矿改制期间，未明确安全生产责任人和安全管理机构，或者在完成改制后，未重新取得或者变更采矿许可证、安全生产许可证和营业执照”重大事故隐患，是指有下列情形之一的：

（一）改制期间，未明确安全生产责任人而进行生产建设的；

（二）改制期间，未健全安全生产管理机构和配备安全管理人员进行生产建设的；

（三）完成改制后，未重新取得或者变更采矿许可证、安全生产许可证、营业执照而进行生产建设的。

第十八条 “其他重大事故隐患”，是指有下列情形之一的：

（一）没有分别配备矿长、总工程师和分管安全、生产、机电的副矿长，以及负责采煤、掘进、机电运输、通风、地质测量工作的专业技术人员的；

（二）未按规定足额提取和使用安全生产费用的；

（三）出现瓦斯动力现象，或者相邻矿井开采的同一煤层发生了突出，或者煤层瓦斯压力达到或者超过 0.74MPa 的非突出矿井，未立即按照突出煤层管理并在规定时限内进行突出危险性鉴定的（直接认定为突出矿井的除外）；

（四）图纸作假、隐瞒采掘工作面的。

第十九条 本标准自印发之日起施行。国家安全监管总局、国家煤矿安监局 2005 年 9 月 26 日印发的《煤矿重大安全生产隐患认定办法（试行）》（安监总煤矿字〔2005〕133 号）同时废止。

6.6.5 金属非金属矿山重大生产安全事故隐患判定标准（试行）

一、金属非金属地下矿山重大生产安全事故隐患

（一）安全出口不符合国家标准、行业标准或设计要求。

（二）使用国家明令禁止使用的设备、材料和工艺。

（三）相邻矿山的井巷相互贯通。

（四）没有及时填绘图，现状图与实际严重不符。

（五）露天转地下开采，地表与井下形成贯通，未按照设计要求采取相应措施。

（六）地表水系穿过矿区，未按照设计要求采取防治水措施。

（七）排水系统与设计要求不符，导致排水能力降低。

（八）井口标高在当地历史最高洪水位 1 米以下，未采取相应防护措施。

（九）水文地质类型为中等及复杂的矿井没有设立专门防治水机构、配备探放水作业队伍或配齐专用探放水设备。

（十）水文地质类型复杂的矿山关键巷道防水门设置与设计要求不符。

（十一）有自燃发火危险的矿山，未按照国家标准、行业标准或设计采取防火措施。

（十二）在突水威胁区域或可疑区域进行采掘作业，未进行探放水。

（十三）受地表水倒灌威胁的矿井在强降雨天气或其来水上游发生洪水期间，不实施停产撤人。

（十四）相邻矿山开采错动线重叠，未按照设计要求采取相应措施。

（十五）开采错动线以内存在居民村庄，或存在重要设备设施时未按照设计要求采取相应措施。

（十六）擅自开采各种保安矿柱或其形式及参数劣于设计值。

（十七）未按照设计要求对生产形成的采空区进行处理。

（十八）具有严重地压条件，未采取预防地压灾害措施。

（十九）巷道或者采场顶板未按照设计要求采取支护措施。

（二十）矿井未按照设计要求建立机械通风系统，或风速、风量、风质不符合国家标准或行业标准的要求。

（二十一）未配齐具有矿用产品安全标志的便携式气体检测报警仪和自救器。

（二十二）提升系统的防坠器、阻车器等安全保护装置或信号闭锁措施失效；未定期试验或检测检验。

（二十三）一级负荷没有采用双回路或双电源供电，或单一电源不能满足全部一级负荷需要。

（二十四）地面向井下供电的变压器或井下使用的普通变压器采用中性接地。

二、金属非金属露天矿山重大生产安全事故隐患

（一）地下转露天开采，未探明采空区或未对采空区实施专项安全技术措施。

（二）使用国家明令禁止使用的设备、材料和工艺。

（三）未采用自上而下、分台阶或分层的方式进行开采。

（四）工作帮坡角大于设计工作帮坡角，或台阶（分层）高度超过设计高度。

（五）擅自开采或破坏设计规定保留的矿柱、岩柱和挂帮矿体。

（六）未按国家标准或行业标准对采场边坡、排土场稳定性进行评估。

（七）高度200米及以上的边坡或排土场未进行在线监测。

（八）边坡存在滑移现象。

（九）上山道路坡度大于设计坡度10%以上。

（十）封闭圈深度30米及以上的凹陷露天矿山，未按照设计要求建设防洪、排洪设施。

（十一）雷雨天气实施爆破作业。

（十二）危险级排土场。

三、尾矿库重大生产安全事故隐患

（一）库区和尾矿坝上存在未按批准的设计方案进行开采、挖掘、爆破等活动。

（二）坝体出现贯穿性横向裂缝，且出现较大范围管涌、流土变形，坝体出现深层滑动迹象。

（三）坝外坡坡比陡于设计坡比。

（四）坝体超过设计坝高，或超设计库容储存尾矿。

（五）尾矿堆积坝上升速率大于设计堆积上升速率。

（六）未按法规、国家标准或行业标准对坝体稳定性进行评估。

（七）浸润线埋深小于控制浸润线埋深。

（八）安全超高和干滩长度小于设计规定。

（九）排洪系统构筑物严重堵塞或坍塌，导致排水能力急剧下降。

（十）设计以外的尾矿、废料或者废水进库。

（十一）多种矿石性质不同的尾砂混合排放时，未按设计要求进行排放。

（十二）冬季未按照设计要求采用冰下放矿作业。

参考文献

[1] 国家安全生产监督管理总局.安全评价：上册.3版北京：煤炭工业出版社，2005.

[2] 王凯全.石油化工流程的危险辨识.沈阳：东北大学出版社，2002.

[3] 王凯全.石油化工安全技术.沈阳：沈阳出版社，2001.

[4] 刘铁民.注册安全工程师教程.徐州：中国矿业大学出版社，2003.

[5] 陈宝智.安全原理.北京：冶金工业出版社，2002.

[6] 廖学品.化工过程危险性分析.北京：化学工业出版社，2000.

[7] 陈宝智.危险源辨识，控制和评价.成都：四川科学技术出版社，1996.

[8] 何学秋.安全工程学.徐州：中国矿业大学出版社，2000.

[9] 蔡风英.化工安全工程.北京：科学出版社，2001.

[10] 李志宪.各国事故预防立法概况.劳动保护杂志，1998(9).

[11] 王凯全，邵辉，等.事故理论与分析技术.北京：化学工业出版社，2004.

[12] 罗云，吕海燕，白福利.事故分析预测与事故管理.北京：化学工业出版社，2006.